中国科学院大学研究生教材系列

时间频率理论与方法

张首刚　李孝辉　董绍武　高玉平　编著

科学出版社

北京

内 容 简 介

为了使学生全面、系统地了解时间频率的基础知识，培养学生在时间频率方面的基本研究能力，使学生掌握从事时间频率方面工程建设的基础技能，作者团队在十余年讲授时间频率理论与应用课程的基础上，对讲义进行系统整理而形成本书。书中系统介绍时间频率方面的基础理论，主要包括时间的测量与传递、原子钟原理与实现、天文时间基准观测和国家标准时间产生四个方面，全面描述时间对经济社会、国防建设和科学研究的重要作用。

本书可作为时间频率行业的入门必修课程，也可作为时间频率、卫星导航等领域初学者的参考书。

图书在版编目（CIP）数据

时间频率理论与方法 / 张首刚等编著. —— 北京 ：科学出版社，2025.
2. ——（中国科学院大学研究生教材系列）. —— ISBN 978-7-03-081165-3

Ⅰ . TB939

中国国家版本馆CIP数据核字第202500C4F3号

责任编辑：张艳芬　徐京瑶 / 责任校对：崔向琳
责任印制：师艳茹 / 封面设计：无极书装

科学出版社出版

北京东黄城根北街 16 号
邮政编码：100717
http://www.sciencep.com

北京富资园科技发展有限公司印刷
科学出版社发行　各地新华书店经销

*

2025 年 2 月第　一　版　　开本：720 × 1000　1/16
2025 年 2 月第一次印刷　　印张：19 1/4
字数：388 000

定价：150.00 元
（如有印装质量问题，我社负责调换）

前　言

近年来，随着高精度地基授时系统、北斗卫星导航系统、国家导航定位授时体系、空间站高精度时间频率实验系统等的启动，与时间频率的相关研究呈现蓬勃发展的态势，国家对时间频率方面的人才需求也急剧上升。然而，时间频率属于综合性较强的交叉学科，除了中国科学院大学之外，还没有其他高校专门开设直接面向时间频率基础知识的研究生课程，该领域的专业入门级书籍相对较少，不便于时间频率领域的从业人员快速掌握时间频率方面的基础技能。作者在中国科学院大学开设"时间频率理论与应用"这门研究生课程已经超过 10 年，每年都会根据学生的情况对课程讲义进行调整和修改，并且根据时间频率学科的发展不断增加新的内容，现在课程的基本框架和基本知识已经基本固定。

基于以上两方面的考虑，作者认为很有必要出版一部全面介绍时间频率基础理论的行业入门级教材，使时间频率、卫星导航等相关专业的学生能够系统了解时间频率基础知识，提升时间频率方面的研究能力，掌握从事时间频率方面工程建设的基础技能。

本书根据时间的产生、测量、传递和应用的技术特点，设计如下四方面内容。

第一是时间的测量与传递，由第 1～4 章组成。在对时间频率的基本概念进行阐述的基础上，介绍时间频率测量的发展历史与未来趋势，分析时间频率测量的基本仪器——电子计数器，给出测量数据的分析方法，最后介绍时间频率传递与授时方法。

第二是原子钟原理与实现，由第 5 章和第 6 章组成。从原子的量子能级结构特点出发，介绍光与原子相互作用所导致的量子跃迁以及原子钟实现的原理，重点分析铯束原子钟和冷原子钟的工作原理，给出这两种原子钟的实现方法。

第三是天文时间基准测量，由第 7 章和第 8 章组成。依据地球自转建立的世界时是目前国际标准时间——协调世界时产生的基础要素。利用毫秒脉冲星建立脉冲星时间尺度，具有安全、可靠、长期频率稳定度高等特点，将脉冲星时用于原子时守时工作中，有望提高原子时的稳定度和可靠性。

第四是国家标准时间的产生，由第 9 章和第 10 章组成。在对原子钟的特性进行分析的基础上，给出国际权度局等知名时间产生机构根据原子钟时间综合出原子时的时间尺度算法，并给出卫星导航系统时间的产生特点。

本教材的出版获得中国科学院大学教材出版中心的资助。由于时间频率的技术特点复杂，编写人员需要有较为深厚的研究基础。合作编写本书的其他三位作者(李孝辉研究员、董绍武研究员与高玉平研究员)均在中国科学院国家授时中心有二十年以上的从业经历,能够掌握所在领域的发展方向,所编写的内容都是他们研究工作的核心,相信会对读者有所帮助。本书在编写过程中,得到了阮军研究员、孙富宇副研究员、刘娅研究员、赵志雄高级工程师、赵成仕副研究员、尹东山副研究员、袁海波研究员、武文俊研究员等的帮助,在此表示感谢。于宁老师担任本课程助教多年,一直在与学生进行沟通,听取学生对课程的意见,帮助任课老师改进课程内容,对本书的改进起到了关键作用,在此表示真挚的谢意。

限于作者水平,书中难免存在不妥之处,敬请读者批评指正。

张首刚

2024 年 9 月 14 日

目　　录

第1章　时间频率发展态势分析

时间是测量精度最高的基本物理量，稳定可靠的频率是时间产生的基础，本章在对时间频率基本概念进行阐述的基础上，介绍时间频率的发展历史与未来趋势。作为维持社会运行的基本参量，高精度的时间频率体现出国家的实力，支撑着国民经济、国防安全的长远发展。国家时间频率体系的主要目标就是统一时间，本章主要介绍国家时间频率体系的基本构成和现状。

1.1　时间频率与国家时间频率体系

时间是一个基本的物理量，为动力学系统和时序过程的测量及定量研究提供了必不可少的基准，是一切活动的基础。高精度时间频率已经成为一个国家科技、经济、军事和社会生活中至关重要的参量，涉及国家安全和发展，其应用范围从基础研究领域(天文学、地球动力学、物理学等)到工程技术领域(信息传递、电力输配、深空探测、空间旅行、导航定位、武器实验、地震监测、计量测试等)，关系到国计民生的各个方面(交通运输、金融证券、邮电通信等)。

时间也是从事国防建设和维护国家安全的重要参数。现代高技术战争是陆、海、空多军兵种高度配合下的立体化战争。体系与体系的对抗广泛涉及信息战、电子战、战场感知、精确打击、导弹攻防及空间作战等各个领域。统一的、高精度的时间频率标准不仅是信息化条件下多军兵种联合作战的前提，而且是提高信息化武器装备作战效能的基础。没有统一的、高精度的时间标准，就不可能实现体系内各军兵种、各种武器装备的协同作战；没有高精度的频率源，就会影响通信、导航、雷达和电子对抗等各种高技术电子设备的有效性，进而影响部队的战斗力。因此，统一的、高精度的时间频率标准已经成为现代高技术战争的核心技术之一[1]。

长期以来，美国、俄罗斯等国家都非常重视本国时间频率标准的建立和管理工作。早在1971年，美国国防部就颁布了5160.51指令，对其所属单位使用的精密时间和时间间隔标准进行了规范。1985年，新发布的5160.51指令进一步阐明了美国标准时间的建立与保持、政策协调、使用要求及相关责任，明确规定了美国时间频率标准和标准时间的管理机构，实现了美国国家全球化战略时间频率标准的高度统一。

第二次世界大战结束不久，苏联就建立了本国的国家时间频率标准。目前，俄罗斯国家时间频率的最高协调机构是由俄罗斯联邦国防部、俄罗斯联邦国家标准化与计量委员会及其他九个部委联合组成的部际委员会，国家标准时间由国家授时和频率及地球公转参数测定站管理协调。

1.1.1　时间频率的定义

时间是表征物质运动的最基本物理量。时间的含义包括两个概念：时间间隔和时刻。时间间隔描述物质运动的久暂，表示时间持续的长短；时刻描述物质运动在某一瞬间对应于绝对时间坐标的量度，也就是描述物质运动在时间坐标中的属性。时间间隔与时刻，二者既有各自的属性，又相互紧密联系，统称为时间。频率是单位时间内周期性过程重复、循环或振动的次数，是建立时间系统的基础，时间和频率紧密关联，统称为时间频率。目前，时间是测量精度最高的基本物理量[2]。

目前，国际上常用的时间尺度有世界时（universal time, UT）、国际原子时（international atomic time, TAI）和协调世界时（coordinated universal time, UTC）。世界时是以地球自转运动周期为基础，通过天文观测确定的时间尺度；国际原子时是利用原子振荡频率确定的以原子时秒长为基础的时间尺度；协调世界时以国际原子时秒长为基础，在时刻上尽量靠近世界时（不超过 ±0.9s），目前协调世界时采用闰秒实现与世界时时刻的一致。协调世界时既保持了原子时的均匀性能，又保持了世界时与地球自转的相关性能，是目前官方使用的国际标准时间[3]。

1.1.2　时间频率对社会发展的重要性

从远古时期开始，时间频率就是人类活动中不可或缺的组成部分，因此时间频率的重要性不言而喻。

在农业社会，人们对时间的需求主要表现在对农时的要求。为了在合适的时间进行耕种、收获，人们通过天象观测等手段制定了精确的农历。到了大航海时代，导航成为当时航海家远航的瓶颈问题，地理纬度很容易通过六分仪观测太阳测定，但地理经度的测定有相当的难度，由于地球的自转，若要测量地理经度，则需要精确地测量两地的时间差，对海上经度的测量转换为对时间的测量，要求使用高精密的机械钟进行守时，这促进了时间测量技术的发展；现代社会对时间的需求更是成为人们生产生活的基础，主要体现在以下方面。

（1）时间具有独特的计量学特征。

与其他物理量分级传递不同，在七个基本物理量中，时间是唯一可以直接将国家标准传递到用户的物理量，该特质使得时间的应用最为普遍，成为现代精密测量的基础。2018 年 11 月 16 日，国际计量大会通过决议，将千克、安培、开尔文和摩尔四个基本物理量的基本单位改由常数定义，并于 2019 年 5 月 20 日起正式生效。这样，在七个基本物理量中，所有定义都直接或者间接由时间的定义导出，时间的重要性进一步凸显，成为最重要的一个基本物理量。时间是七个基本物理量中测量精度最高的物理量。对物质世界认识的不断追求，驱使人们不断提高时间频率的测量精度。

（2）时间频率也是人们日常生活和工作中最常用的基本参量。

时间频率的应用范围从重大的科学实验、工业控制、邮电通信、大地测量、现代数字化技术、计算机以及高科技的人造卫星、宇宙飞船、航天飞机、导航、定位乃至人类的日常生活。随着社会的发展，对信息传输和处理速度的要求越来越高，需要更高精度的时间频率基准和更精密的时间频率测量技术。

（3）高精度时间频率研究对科学技术的发展具有重要的推动作用。

著名科学家门捷列夫认为测量是科学的基础。追求认知和改造自然能力的不断提高，驱使着人们不断深入研究时间频率测量和时间频率精度的提高，人们可以更深层次地探索自然规律，推动基础科学研究的进步。同样，高精度时间频率的成果是最前沿的物理理论和最先进的技术结晶，其研究涉及原子分子物理、量子物理、量子电子学、光学、固体物理、材料科学、激光物理与技术、电子技术、微波技术、真空技术和自动控制技术等领域。在诺贝尔物理学奖的名单中，迄今已有十四位获奖者的贡献与时间频率的发展有关（近二十年有四次）。物理学基本理论的检验需要很高的频率测量精度，通过测量精细结构常数随时间的变化来检验广义相对论，需要频率测量精度优于 10^{-18}；通过激光干涉进一步检验引力波的存在，需要频率测量精度优于 10^{-19}。人们在设法寻找物理关系将其他物理量的测量转换为时间频率的测量，以提高其测量精度和便利性，时间频率测量精度的提高对现代科学技术的发展有着深远的影响。

（4）高精度时间频率直接关系着国家安全和社会发展。

时间频率已经成为一个国家科技、经济、军事和社会生活中至关重要的参量，其应用范围从基础研究渗透到了工程技术应用领域，例如，具有战略意义的卫星导航系统为军民用户提供了精确的位置信息、速度信息和时间信息，而卫星导航系统的基础是时间频率测量。高精度时间频率是信息化高新军事装备的心脏，是实施一体化联合作战的必备前提。各类军事信息基础设施、数据链装备、"杀手锏"武器及作战平台的建设都离不开统一的高精度时间频率。美国和俄罗斯等国家大力发展导航定位授时体系，对时间频率的发展进行了长远规划。

1.1.3　对时间频率的需求

时间频率的用户范围极广，统一来说，用户对时间频率的需求有以下三个方面。

　　首先是对标准时间的需求。指挥控制、联合作战、侦察预警等场合需要相互协作的各方有一个共同的时间来约束自己的行为，这就需要标准时间，一般对标准时间的需求为秒量级到纳秒量级，纳秒量级的需求相对较少。时间基准不统一，就不可能实施真正意义上的联合作战。

　　其次是对时间同步的需求。导航定位、雷达组网、敌我识别等场合需要几个测站之间同步，即几个测站的时间只需要同步到同一个时间，以至于这个时间与标准时间的偏差是多少并不影响系统的使用。对时间同步的需求相对较高，组网雷达等场合已经有皮秒量级的时间同步要求。

　　有时，对时间同步的需求可以转换为对标准时间的需求，例如，A 站和 B 站要求相互之间的时间同步到 5ns，有两种方式：一种方式是，在 A 站和 B 站之间进行时间比对，测量两个地方的钟差，这就是单纯的对时间同步的需求；另一种方式是，A 站与标准时间同步到 3ns，B 站与标准时间同步到 3ns，那么 A 站和 B 站也同步到 $\sqrt{3^2 + 3^2} \approx 5.6\text{ns}$，这就转换为对标准时间的需求。

　　最后是对标准频率的需求。通信、侦察、雷达等场合对系统发射的频率准确度和稳定度有一定要求。一般卫星导航系统的授时精度只有 10ns 量级，根据一段时间内用户时间的变化可以导出用户时钟的频率偏差，1 天时间可以将频率校准到 1×10^{-13} 量级。

1.1.4　国家时间频率体系

　　时间频率体系的任务是产生标准时间，并将标准时间发播给用户使用。时间频率体系与其他体系的分级传递不同，时间频率体系可以直接将标准时间发播到用户，不需要分级传递。

　　从应用环节来看，时间频率体系的主体包括三个环节[4]：守时、授时和定时。

1. 守时

　　守时就是标准时间产生，我国的国家标准时间为中国科学院国家授时中心产生和维持的协调世界时 UTC（NTSC）（NTSC 为国家授时中心（National Time Service Center））。中国计量科学研究院（National Institute of Metrology, China, NIM）和北京无线电计量测试研究所（中国航天科工集团第二研究院二〇三所）也产生了协调世界时的物理实现，只是时间的单位"秒"计量的参考。

　　在发达国家都在建设的国家时间频率体系中，守时的大趋势是资源的融合和共享，利用分布全国的守时资源产生更加可靠的国家标准时间。

2. 授时

　　授时就是向用户传递标准时间，目前已有卫星授时、长波授时、短波授时、低频时码授时、电话授时、网络授时等多种授时手段。

如果对时间的要求在毫秒量级或微秒量级，则有两种以上的授时手段可以使用。如果对时间的要求在纳秒量级，则目前只有卫星授时可用，我国和美国、英国等国家都在发展长波差分授时的方法，将长波授时的精度提高到 10ns 量级，可以与卫星导航系统授时实现并行服务，提高用时的安全性。如果用户需要更高精度的时间，则只能与标准时间之间建立专用的共视时间比对、卫星双向时间频率传递、光纤时间传递等手段。

3. 定时

定时就是接收授时信号，产生用户需要的各种时间频率参考信号，一般由时间统一系统实现。

时间统一系统使用各种定时接收机接收授时信号，测量本地时间与标准时间的偏差，控制本地时间与标准时间同步。

一般时间统一系统有几种功能：授时信号接收、完好性分析（监测授时信号的异常和本地的异常）、时间保持（在授时信号异常时不影响系统使用）、时间输出（输出与标准时间一致的信号）。

广义上的时间统一系统需要根据用户的使用需求，产生用户需要的个性化的时间信号、频率信号、时码信号。因此，有些应用把定时称为用时。

从量值传递的角度，人们对温度、光强、质量等量值的使用是分级的，国家基准通过计量检定等方法，传给下一等级的计量标准，每一级标准都要向上一级标准进行溯源，与上一级标准保持一致，以统一全国的量值。

时间这个量值却是不同的，可以直接将标准时间传递到用户，也就是说，对于各种用户，只需要接收授时信号，就可以直接同步到标准时间，不需要进行分级传递。

例如，市场的时间不一定需要与其市里的时间同步，如果市场的时间和市里的时间都同步到标准时间，那么它们相互之间也实现了时间同步。由于市里对时间的精度要求较高，可以规定市里需要同步到 1μs，市场需要同步到 1ms，规定好后，由其自身选择接收卫星授时还是长波授时。

因此，对于时间频率体系，在守时、授时完善以后，各用户只需要根据应用场景的不同规定与标准时间同步的指标选择相应的时间统一系统即可，可以将时间频率装备体系简化为定时装备体系，即对各种时间统一系统进行约束即可。

1.2　时间频率发展规律与发展态势

时间频率的产生是为了满足人们对生产和生活的需求以及人们对自然探索的

需求，时间频率随着人们需求的发展而发展。

1.2.1　时间频率发展的总体趋势

时间频率应用的领域越来越广，要求越来越高，几乎涉及人类活动的各个方面，时间频率有着强烈的应用背景，随着人们需求的发展而发展。

在刀耕火种的农业社会，人们对时间的需求只限于局部应用，只需要进行地方时的观测；到了大航海时代，人们的活动范围逐渐增大，航海定位和科学研究对时间精度要求的逐步提高，促进了世界时、原子时的产生和发展。

目前，时间成为七个基本物理量中测量精度最高的物理量。人们通过一定的物理关系把其他物理量测量转换成对时间(频率)的测量。对物质世界认识的不断追求，驱使人们不断提高时间频率的测量精度。作为时间测量基本设备的原子钟是基于原子跃迁的精密准确的电磁振荡信号源，是多学科的集成，涉及原子分子物理、量子物理、激光物理及激光技术、精密光谱技术、光学及精密机械技术、微波技术、电子技术、真空技术和自动化控制技术等学科。从原子钟到时间频率测量比对，再到时间传递和应用，涉及诸多学科领域。时间频率在现代战争中起着关键作用，使常规战术武器展现出前所未有的精确打击能力，在近年来的几次局部战争中发挥了不能替代的作用。

时间频率领域的研究主要围绕两个问题[1]：①时间频率标准的高精度产生；②时间频率标准的多手段传递。不同的用户对时间精度有不同的需求，需要通过各种手段将时间传递到用户，满足用户的需求。时间频率领域的发展可以归纳为时间频率测量的发展和时间频率传递的发展，本节对这两个问题分别进行说明。

1.2.2　时间频率测量的发展规律

时间频率测量的应用需求随着社会的发展而提高，时间频率测量的发展历程体现了人类科学技术的发展。

最古老的时间测量工具是日晷。日晷的种类繁多，有巨大的朝天方尖碑状，有地面倾斜小棍式，还有可以随手携带的小型日晷。

在农牧社会，人类对时间的需求主要体现在农事的安排上。历法反映、记录天体运行和时间的流逝，是农业生产的主要依据。

对时间测量更详细的划分是人类的一大进步，古巴比伦人把一天等分成 24h，每小时 60min，每分钟 60s。这种计时方式也是世界各国普遍采用的方式，并一直沿用至今。与之相对应的，需要进行小时等更精细时间的测量。

时钟已经从最早的靠天计时转变为依靠人类自己制作的单摆、晶体振荡器等具有周期现象的工具来计时，但这些仍然不能满足人们探索宇宙、追求极限的需求，这就促成了原子钟的研究。

根据量子物理学的基本原理，原子由原子核和电子组成，电子绕原子核高速旋转，在不同的旋转轨道具有不同的能量，这些能量是不连续的，称为能级。当电子从一个高能级跃迁至低能级时，便会释放电磁波。这种电磁波的频率是不连续的，也就是人们所说的跃迁频率。同一种原子的同一种跃迁的跃迁频率是一定的，例如，铯 133 的跃迁频率为 9192631770Hz，因此铯原子可以作为一种谐振器来保持高度精确的时间。

20 世纪 30 年代，拉比和他的学生在哥伦比亚大学的实验室研究了原子和原子核的基本特性。在该研究中，拉比发明了一种称为磁共振的技术，依靠该技术能够测量出原子的振荡频率，他还因此获得了 1944 年的诺贝尔奖。同年，拉比提出用原子的振荡频率来制作高精度的时钟，他还特别提出要利用原子的超精细跃迁频率。这种超精细跃迁指的是原子核和电子之间不同磁作用的变化而引起的两种具有细微能量差别的状态之间的跃迁。

1949 年，美国国家标准局（现为美国国家标准与技术研究院（National Institute of Standards and Technology, NIST））率先研制出氨钟；1955 年，英国国家物理实验室研制出第一台实用原子钟；1964 年，美国惠普公司研制出商业化的铯原子钟 HP5060A，并将其用于守时；1991 年，高精度铯原子钟 HP5071A 投入使用，提高了守时的精度，成为目前国际上主要的守时原子钟[5]。

在原子时形成过程中，需要基准型原子钟对原子时的频率进行校准，国际上对基准型原子钟的研究非常重视，基准型原子钟的发展也非常迅速。现在，原子钟的精度已经更高，相当于上百亿年误差累积也不会超过 1s。

在原子钟精度逐步提高的同时，随着自转周期稳定的毫秒脉冲星的发现，天文时间基准获得了人们的关注。2018 年，欧洲航天局已建成脉冲星时实验系统 "PulChron"，用于伽利略导航卫星的时间保持系统中，以提高伽利略时间的稳定性、可靠性。可以预见，天文时间基准的建立和应用将成为新的研究热点。

1.2.3　时间频率传递的发展规律

守时系统建立的时间频率标准需要通过授时系统发送至用户使用。在各个时期，人们利用当时尽可能多的通信手段进行授时。图 1.2.1 给出了不同历史时期的授时方法及其授时精度。

在生产力低下的古代，人们对时间的需求处于较低层次，通过类似击鼓打更等方式进行授时。后来，虽然发展出较为成熟的晨钟暮鼓的方法，但基本上还属于声音传播的方式。

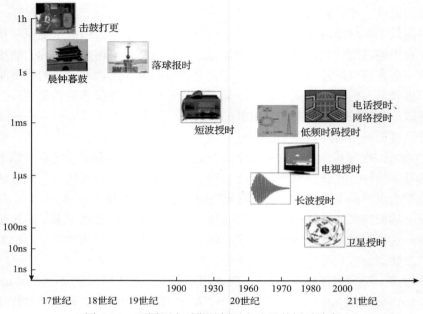

图 1.2.1　不同历史时期的授时方法及其授时精度

在航海时代，开始采用落球和闪光等光信号的方式传播时间。人们在重要商埠的码头、港口竖起高杆，在高杆顶端挂上球，按约定时刻落下球，借以向海员报告精确的天文时间；夜间则采用闪光的方式进行授时。这种授时方法的精度约为秒量级，为海员忠实服务了近百年。

无线电技术的出现为授时系统的发展带来了划时代的变革。目前，随着现代信息传播技术的发展，许多信息传播手段都被用来进行授时。常用的授时方法有精度在毫秒量级的短波授时、电话授时、低频时码授时，微秒量级的长波授时，以及纳秒量级的卫星授时等。

目前，授时方法可分为陆基和星基两类。短波授时、低频时码授时、长波授时等属于陆基授时方法，该授时方法的发射站位于地面，一般覆盖范围小，精度在 0.1μs～1ms；星基授时主要是基于卫星导航系统的单向授时，该授时方法覆盖范围大，实现精度最高可达 15ns，是目前精度最高的授时方法。

授时方法的发展与人们的需求密切相关，目前从秒量级到 10ns 量级授时精度的用户都能找到相应的授时方法。对于要求授时精度为纳秒量级的用户，只能使用如共视、卫星双向时间频率传递等高精度时间传递系统[8,9]。这些高精度时间传递系统的成本高且用户容量有限，迫切需要研究更高精度的授时方法。

在授时精度提高的同时，用时的安全性（弹性）也成为研究的热点问题。2016 年 12 月，中国九部委联合发文启动国家重大科技基础设施——高精度地基授时系统的建设计划，美国在半年后启动了"重启罗兰计划"，这些项目的建设目标就是提高授时的安全性和准确性。

2018 年 12 月，美国总统签署《国家授时与抗毁性法案》，要求美国交通部在两年内建立全球定位系统(global positioning system, GPS)地面备用授时系统，确保在 GPS 信号被破坏、降级、不可靠或不可用的情况下，能够继续为军民用户提供无损、非降级的授时信号。

2020 年 2 月，美国总统签署"关于通过负责任地使用定位、导航与授时(PNT)服务以增强国家授时体系弹性的行政令"，要求商务部提出研究方案，建设与全球导航卫星系统(global navigation satellite system, GNSS)相互独立的授时系统。同时，要求不同部门提出增强 GPS 安全性的建设方案和使用方案。

2020 年 2 月，英国商业、能源和工业战略部发布了"国家授时中心"建设计划，为英国应急服务响应和其他关键的服务提供更具弹性的精密授时系统。英国的"国家授时中心"将采用陆基技术提升国家安全性和弹性，是卫星授时的重要备份。

发达国家做的这些工作，旨在对卫星导航系统的授时进行补充和增强，发展多元弹性授时系统，改善和提高卫星授时的可靠性、安全性和准确性，完善时间频率体系的服务能力。

总体来说，时间频率领域的发展，就是如何将更精确的、更可靠的时间频率标准传递到用户，需要基础理论、基础研究的支撑，也需要重要工程技术的支撑。

1.3　时间频率体系的现状

鉴于时间频率对国家经济、国防建设、科学研究的重要作用，各个国家都非常重视时间频率学科的发展，通过国家时间频率体系的建设促进时间频率学科的发展。

1.3.1　时间频率领域发展的总体情况

在国防建设和国民经济发展需求的牵引下，我国时间频率体系的发展经历了从无到有、从初级到较高级、从局域到全局的发展过程。我国国家时间频率体系的建设和发展具备了一定的基础。

协调世界时是世界上通用的时间频率标准，但协调世界时是滞后的纸面时间尺度，不能实时应用，而且不能满足实际应用的需求，各个国家都由守时实验室产生协调世界时的物理实现，作为国家的标准时间。

我国的国家时间频率标准是中国科学院国家授时中心产生和维持的协调世界时 UTC(NTSC)。由于协调世界时(UTC)的秒长是原子时的秒长，要产生独立自主的 UTC(NTSC)，需要以地方原子时为依托，我国也建立了唯一的独立地方原子时 TA(NTSC)。

时间测量的研究是一个动态的过程，需要不断提高原子钟、测量、控制等守时方法的研究水平，并从工程上实现，持续提高守时水平。我国目前拥有世界第二、亚洲最大的守时钟组，研究水平和工程实现能力居世界前列，在全球近 90 个守时实验室中，TA(NTSC)稳定度在世界第 2～4 名，UTC(NTSC)与 UTC 的偏差控制在 2ns 以内，2024 年，时间控制精度、时间偏差处于国际第二。我国的授时能力得到了明显发展，有些规划走在了世界前列。但是，我国守时的自主性仍有待提高，部分守时设备依赖进口，世界时数据也主要依赖国外。

1.3.2　我国时间频率测量的现状

时间频率测量，主要包括原子钟研制、世界时测量、脉冲星时间尺度和守时技术，与国际水平相比，我国时间频率测量的发展呈现不均匀的发展态势。

1. 原子钟研制的现状

我国原子钟研制始于 20 世纪 60 年代。1965 年底，我国成功研制出铯气泡原子钟(北京大学、原国防科工委第十七研究所)，实现了氨分子主动原子钟(中国科学院上海天文台、中国科学院武汉物理与数学研究所)，比国际上最早的原子钟晚了十几年。

进入 20 世纪 70 年代，由于战备需要，我国原子钟研制的发展很快。改革开放初期，已有多家科研院所和厂家成功研制出传统铷原子钟，并进入批量生产，为我国时间频率系统的早期建立和导弹卫星发射等国防科技实验做出了贡献。我国成功研制出氢原子钟、大型铯束时间频率基准钟，完成了小型磁选态铯原子钟原理样机。

在 20 世纪 80 年代以后，由于备战形势变化，加上外国原子钟的大量进口，国内原子钟的研制生产陷于停滞状态，仅少数坚持下来，如继续研制传统铷原子钟的四川天奥电子科技公司、北京大学、中国科学院武汉物理与数学研究所，研制氢原子钟的中国科学院上海天文台和北京无线电计量科学研究所。我国的原子钟研究水平与国际水平的差距进一步加大。

自 21 世纪以来，随着导航的发展，国家对原子钟的需求更加迫切，美国加紧了对华高精度时间频率设备出口的限制。国际原子钟科学技术迅速发展，刺激了我国科技界对原子钟事业的投入，经过近十年的努力，建设人才队伍并提高技术水平，取得了一些可喜成果。

在国家相关部门的有效组织下，传统星载铷原子钟已运行于我国卫星导航系统，并具备规模化的批量生产能力。氢原子钟的性能和可靠性得到提高，可以用于守时系统。被动型氢原子钟、光抽运铯束原子钟、铯原子喷泉时间频率基准钟均有了长足的发展。新型原子钟的研究也在蓬勃发展，中国科学院国家授时中心与四川成都天奥电子股份有限公司研制出的世界第一款光抽运守时小铯原子钟已经在国际原子时中获权，成为第一台为国际原子时贡献权重的中国原子钟。此外，与原子钟相关的技术，如光纤时间频率传递技术、飞秒光梳频率合成技术和窄线宽超稳激光器技术等取得了显著进展。

2. 世界时测量的现状

世界时的时刻对应于平太阳在天空中的位置，反映地球绕瞬时自转轴的旋转角度。通常使用的是世界时的第一种改正，简写为 UT1[10]。

UT1 是实现天球与地球参考架坐标联系的参数之一，应用领域几乎涉及所有的精确空间技术。对于一切需要在地面目标和空间目标之间建立坐标联系的研究工作，如空间目标的地基定位、天文测地、航天器以及弹道导弹的轨道设计和测控等方面，都需要高精度的 UT1。UT1 的精度直接影响航天器跟踪测量精度、精密定轨精度和科学应用产品的精度。现代空间导航和深空探测等技术的快速发展，对 UT1 的实时监测和短期预报精度提出了越来越高的要求，在很多情况下，甚至需要实时的或准实时的 UT1。

目前，UT1 的服务主要是通过国际合作实现的，由国际地球自转服务（International Earth Rotation Service, IERS）负责处理全世界合作台站的甚长基线干涉测量（very long baseline interferometry, VLBI）、卫星激光测距（satellite laser ranging, SLR）、GNSS 等技术的观测资料，获得 UT1，并以月报（Bulletin-B）和周报（Bulletin-A）的形式通过互联网向全球用户提供服务。其中，月报给出最佳的 UT1 参数估计结果，通常滞后一个月以上，月报的 UT1 精度约为 0.01ms；而周报给出近一周 UT1 结果及此后一年的预报值，周报的 UT1 精度约为 0.02ms。

然而，国际合作的存在并不意味着任何国家都可以获得满意的服务。2020 年 12 月 24 日～2021 年 1 月 3 日，在长达 10 天的时间内，IERS 的地球自转参数服务停更 7 天。美国政府出于安全考虑，2020 年 10 月永久关闭美国国家航空航天局匿名数据下载服务，其中包括来自美国海军天文台（United States Naval Observatory, USNO）的世界时 UT1 及地球自转参数数据下载服务。2022 年 3 月 25 日开始，IERS 因"紧急维护"停止服务长达 15 天。

美国、俄罗斯、欧洲及日本等一直保持其独立的 UT1 测定工作，保持着各自的 UT1 快速服务能力。USNO 承担着美国国内 UT1 服务的工作，负责其国内的 UT1 观测协调和综合处理等工作。俄罗斯等利用其国内的光学观测，并结合国内的 VLBI、SLR 来综合解算 UT1。德国和新西兰则致力于利用大型激光陀螺仪测量地球自转参数的研究。

我国在 1991 年前由陕西天文台(中国科学院国家授时中心前身)、北京天文台、云南天文台、上海天文台和中国科学院测量与地球物理研究所等单位合作进行地球自转参数的光学天文观测,1991 年以后便不再进行自主的 UT1 观测,完全依赖 IERS。为改变我国世界时过度依赖国际合作的不利局面,中国科学院国家授时中心开始研制新型的世界时测量仪器,并建立了自主的世界时测量系统。

我国的世界时测量系统由数字照相天顶筒、VLBI、国际 GNSS 监测评估系统(international GNSS monitoring & assessment system, iGMAS)和光纤陀螺仪组成。其中,数字照相天顶筒和 VLBI 均可通过组网直接解算世界时,数字照相天顶筒可靠性高、自主性强,但精度较低,VLBI 测量精度高,二者均受天气影响,不能实现连续观测。iGMAS 和光纤陀螺仪连续性好、测量精度高,但二者均是对地球自转角速度的测量,需要利用 VLBI 或数字照相天顶筒的测量结果进行校准。中国科学院国家授时中心正在将四种技术进行融合,以建成我国自主、实时、安全、可靠的高精度世界时测量系统。

目前,中国科学院国家授时中心已经建立地球自转参数测量与服务中心,通过专线、互联网、邮件的方式向用户提供世界时服务。

3. 脉冲星时间尺度的现状

1982 年,Backer 等[11]发现了毫秒脉冲星 PSR B1937+21,其自旋周期为 1.56ms,比早先发现的脉冲星的定时稳定性要好 3 个量级,年平均的相对频率稳定度达 10^{-14} 量级或更好,脉冲星这一性能可与原子时相比拟甚至更好,因此建立新的天文时间尺度——脉冲星时间尺度成为可能[12]。

自 1967 年发现脉冲星以来,天文学家致力于脉冲星的巡天工作,发现的脉冲星数量急剧增加,对影响脉冲星系统测定的定时稳定性能的因素进行了更深入的研究,如脉冲星电波信号经过星际介质造成信号的色散、星际介质的电磁场传播模型、脉冲星自旋周期的变化率、本征运动及其与太阳系距离、太阳系历表以及作为时间参考的原子时性能。

天文学家力图改进脉冲星观测的技术与方法,并建立脉冲星国际合作观测计划:1990 年,Foster 等[13]发展了脉冲星定时阵概念;Parkes 脉冲星定时阵对许多作为精密定时的候选者进行了长期观测,并对脉冲星周期的不规则变化进行了研究[14];2010 年,Hobbs 等[15]提出了脉冲星国际定时阵,其宗旨是探测低频重力波,改进太阳系历表,发展脉冲星时间尺度。

除了脉冲星观测获得了长足发展以外,在建立脉冲星时间尺度方面也有了重大进展:1986 年,Il'in 等[16]提议建立新的天文时间尺度——脉冲星时间尺度;1996 年,Petit 等[17]提出了利用脉冲星观测定时结果的平均来建立综合脉冲星时间尺度,并用相对论转换公式转换成地心系统,称为脉冲星时 PT;1997 年,Matsakis 等[18]

对脉冲星时和原子时进行了分析比较，10 年尺度上单颗脉冲星的稳定性能可与原子时尺度相比拟或更好，但在几年尺度上有些脉冲星自旋周期变慢。这些研究为综合脉冲星时的建立奠定了基础，以寻找更稳定的脉冲星，也许在不久的将来天文的脉冲星时与原子时这两个完全不同物理背景定义的时间尺度会联系在一起。国际天文学联合会成立了专门的脉冲星时间尺度工作组来推动脉冲星时间尺度的建立，期望脉冲星时在长期频率稳定度性能方面对原子时做出贡献。

我国在脉冲星时间尺度研究方面取得了长足发展，1996 年中国科学院新疆天文台用 25m 天文射电望远镜实现了脉冲星计时观测，现正在推进毫秒脉冲星定时观测实验。随着国家深空计划的推进，建立了一批大口径天线，如 2004 年建成的北京密云 50m 天线，2006 年建成的云南昆明 40m 天线，2012 年建成的上海天马 65m 天线，2014 年建成的陕西昊平 40m 天线，2016 年建成的贵州 FAST500m（five-hundred-meter aperture spherical radio telescope, 500m 口径球面射电望远镜）天线[19]，以及 2023 年开工建设的新疆 110m 天线和正在规划建设的景东 120m 天线，这些新的大口径天线的建立为脉冲星巡天和建立脉冲星时间尺度提供了平台。中国科学院启动了"脉冲星计时观测和导航应用研究"计划，这些研究平台和研究计划将推进我国脉冲星研究进入国际先进行列。

4. 守时技术的现状

UTC（NTSC）作为我国的国家标准时间，是协调世界时的物理实现，需要符合协调世界时的相关定义。协调世界时的秒长是原子时的秒长，要产生独立自主的UTC（NTSC），需要以地方原子时为依托。基于这个目标，中国科学院国家授时中心建成了地方原子时系统，产生和保持地方原子时 TA（NTSC），这是我国唯一的独立地方原子时系统。从 1979 年开始一直运行到现在，维持了良好的稳定度和连续性。

中国科学院国家授时中心保持国家标准时间 UTC（NTSC），拥有国内最大的守时钟组，包括铯原子钟 21 台，氢原子钟 8 台，在全球近 90 个参加计算的实验室中权重约占 10%，排名第二。

中国计量科学研究院保持 UTC（NIM），通过共视和双向两种方式实现国际时间比对，有 2 台铯原子钟和 6 台氢原子钟参与国际原子时计算，装备 2 台铯喷泉基准钟。

中国航天科工集团第二研究院二〇三所保持 UTC（BIRM），通过共视实现国际时间比对，原子钟没有参与国际原子时计算。

1.3.3　时间频率传递的现状

时间频率传递包括远程时间频率传递和授时，实验室内的精密时间频率测量是远程时间比对的必要手段，本节把测量设备的发展也纳入时间频率传递中。

1. 授时技术现状

授时技术的发展具有悠久的历史，近五十年更是授时技术高速发展的时期。先进的天地结合的授时体系已经成为发达国家庞大工业、经济、军事等发展不可或缺的高科技支撑。

最典型的授时系统就是美国拥有的 GPS，其发挥了举世瞩目的作用。同时，美国还拥有遍布全球的陆基无线电导航授时系统(罗兰 C 系统)，也承担了部分授时任务，并且在不断地完善和发展中。GPS 易受攻击等弱点，使美国意识到陆基和空基互为备份的重要战略意义[13,14]。

2001 年，美国交通部发布了对 GPS 弱点的评估报告后，美国对陆基无线电导航授时系统(罗兰 C 系统)的支持力度持续加强，从 2007 年起逐年加大投入进行现代化改造。

俄罗斯的格洛纳斯导航卫星系统(global navigation satellite system, GLONASS)在进行授时的同时也保留着多台站、多体制的陆基授时系统。欧洲陆基低频连续波系统的开发也比较成功，目前，正在积极建设伽利略导航卫星系统(Galileo navigation satellite system, Galileo)。欧洲已经在计划将罗兰 C 系统与导航卫星系统综合在一起的工作，由 GALA(Galileo overall architecture definition，伽利略总体架构定义)项目评估罗兰 C 系统作为欧洲 Galileo 系统一个部分的可能性。

我国的北斗三号卫星导航系统已经正式运行，可为全球提供 10ns 量级的授时，长短波授时系统、低频时码授时系统等系统持续提供服务，多种点对点时间服务系统已经投入使用，立体交叉的授时体系基本建成。"十三五"国家重大科技基础设施项目——高精度地基授时系统正在建设中，建成以后将使长波授时覆盖全国，将建立世界上精度最高、规模最大的光纤授时系统，使我国的授时服务领先世界。

2. 测量设备的现状

时间频率标准源的研究是对精密与准确的不断快速提升，几乎每 7 年提高一个量级，时间频率的计量和精密测量必须与此相适应。时间频率的精密测量不仅为量子计量、等离子体诊断、天文观测、激光通信、生物、化学、物理等领域的发展提供了保障，而且是目前精密检验物理学基本理论和定律(如量子力学、相对论、引力场等)、精确测量物理常数(如精细结构常数 α、朗德 g 因子等)的重要支撑。在诺贝尔物理学奖的名单中，有 11 位获奖者的贡献涉及频率的计量。可以说，高精度时间频率基准研究的突破，必将积极推进我国基础科学和应用科学的发展。

基于原子钟的超高精度时间频率测量需求，随着原子频率标准等频率源研制水平的不断提高和应用范围的不断扩大，要求更精密的测量技术，必将带动时间频率测量的发展。时间频率测量的发展主要是精密时间间隔测量和精密频率测量的发展。

美国、日本、欧洲等均对时间间隔测量技术进行了大量研究，发展出大量成熟的精密时间间隔测量技术。美国国家科学院把时间间隔测量技术作为评估国家国防力量的重要标志之一，并把它列为国家必须大力发展的科学技术之一。最近几年，国内对时间间隔测量技术的研究也获得了较快的发展，进行了具有一定特色的研究工作，但与国外相比还显不足。在时间间隔测量设备的研制方面，测量精度等与国外同类设备相比尚有一定的差距。

精密频率测量技术在最近几年也得到了飞速发展，主要表现为测量精度的提高、测量通道数的增加和测量数据后端处理能力的增强等方面。精密频率测量中使用最多的是差拍频率测量方法，在目前公开的资料中，测量精度最高的商业设备为美国 Microchip 公司的 5125A，对 10MHz 频率信号测量每秒的阿伦(Allan)方差优于 3×10^{-15}。

由于国内工艺水平等方面的限制，仅依靠硬件设备的测量精度与国外相比还有很大差距，我国研究人员开发出一些方法来提高测量精度。中国科学院国家授时中心开发出的基于数字采样的差拍频率测量方法就是其中一种，对差拍器输出的正弦波信号进行采样，通过对采样后的数字信号进行处理来估计待测频率。该方法利用多采样点平均代替传统差拍方法的过零点单点检测，以平滑电路噪声，突破目前工艺水平的局限性，测量精度达 6×10^{-15}，达到国外同类产品水平。

总之，国内的时间频率测量能力相比国外尚有一定差距，但在某些方面，如频率信号的数字处理方法等方面，国内的发展水平已经达到或接近国际先进水平。

3. 远程时间比对现状

目前，用于国际原子时时间比对的技术有基于通信卫星的卫星双向时间频率传递方法和导航卫星共视法[15]。

卫星双向时间频率传递方法是由两个远程守时实验室通过卫星进行时间信号的传递，信号传播路径相似，基本上可以消除传播路径时延变化所造成的影响，是目前精度最高的远程时间比对方法，但设备昂贵、运行费用高等因素限制了它的推广应用。

导航卫星共视法以导航卫星星载钟的时间为中介，相距遥远的两个守时实验室同步观测同一颗卫星，测定各实验室时间与卫星钟时间之差，通过比较两实验室的观测结果来确定两实验室时间的相对偏差，其最大优点是比对结果不受卫星钟误差的影响。与卫星双向时间频率传递方法相比，导航卫星共视法具有设备便宜、运行费用低、操作简单、可连续运行等特点，从而得到了广泛应用。导航卫星共视法被提出已有近四十年，并不断得到改进和创新，由最初的单系统、单频、单通道、单观测量发展到现在的多系统、多频、多通道、多观测量，比对精度得到明显改善。

中国科学院国家授时中心作为国际原子时计算的一个参加单位，分别于 1990 年和 1998 年率先在国内采用导航卫星共视法和卫星双向时间频率传递方法，参加国际原子时的时间比对，并同时开展了相关数据处理和关键技术研究。近年来，中国科学院国家授时中心基于卫星共视技术实现的高精度远程时间复现系统，能实现准确度优于 2ns 的共视时间比对。同时，在国家科研项目的资助下，中国科学院国家授时中心研制出多通道卫星双向时间比对系统，提出了利用卫星双向时间频率传递方法进行卫星精密定轨的方法，并应用于卫星导航系统建设中。目前，中国科学院国家授时中心正在开展卫星导航系统载波相位时间频率比对方法的研究。

精密时间比对技术应随着原子钟技术的快速发展而发展，这样才能满足时间计量和精密时间应用的需求。导航卫星共视法因具有精度高、使用费用低等特点而发展迅速，获得了广泛应用。

1.4　时间频率体系的未来发展

时间频率领域的发展，主要体现在精度提高、系统融合能力、安全自主和服务广度四个方面。

1) 精度提高

精度提高是永恒的目标，高精度的定位需要高精度的原子钟和时间同步。下一代的卫星导航系统，精度和可靠性都会得到显著提高，实时定位精度可能突破分米量级，甚至达到厘米量级，这对时间频率提出了更高的要求。如何应对卫星导航未来发展的需要，合理规划时间频率体系，是一个需要攻关的重点问题之一，发展精度更高的光钟，提高星上时间产生与星地、星星之间的时间比对精度，利用脉冲星时间尺度，是主要的研究方向。

2) 系统融合能力

在系统融合能力方面，卫星授时固有的局限性使得信号易受到物理遮挡，在室内、地下、水下等环境下尚不具备服务能力，在复杂电磁环境下容易受到干扰，并且无法对深空用户提供有效服务。因此，仅靠提升卫星授时能力不能满足用户对授时的广泛需求，需要发展地基授时系统，提高授时服务能力。

在系统融合能力方面，守时系统和授时系统的融合度需要进一步提高。时间频率体系的一些重要项目对守时系统的融合进行了规划和布局，国家重大科技基础设施也对高精度、高可靠的授时系统进行了设计，但守时系统和授时系统的整体布局大融合仍需提高，充分发挥守时实验室在定位、导航与授时体系中的作用，从定位、导航与授时融合的角度设计守时实验室的功能任务，提高守时系统与授时系统的融合度。

3）安全自主

在安全自主方面，时间频率体系是一个国家综合国力的体现，涉及国家安全和利益，尤其是"导航战""授时战"的出现，对时间基准服务的对抗能力提出了新的要求。首先，要改变的是关键设备的自主研制能力。守时原子钟等关键设备依靠进口，世界时自主测量能力弱，对国家安全造成了一定的威胁，特别是在目前的国际大环境下，关键设备自主研制的重要性愈加凸显。其次，要改变的是各种服务系统的维持能力。提高自主研制的光钟性能，实现高稳定、高可靠的星载光钟，提高时间频率信号的性能，在异常时能够摆脱对外部环境的依赖，提高时间基准服务系统的自主维护能力，改善完好性识别能力，提高应对"导航战""授时战"的能力。最后，通过守时、授时和用时的有机融合，从供给侧提供多源的授时服务，从用户侧提高完好性判断能力、自主维持能力，有效应对各种干扰和攻击，实现安全用时。

4）服务广度

在时间服务广度方面，需要加快研究，以满足多场景应用需求。在提高室内、地下、深海时间服务能力的同时，向地月空间发展。我国建成空间站、完成载人航天工程"三步走"战略后，将把地月空间开发利用作为历史性目标进行战略规划，2030 年之前人类将实现数十次月球和地月的空间探测活动，抢占拉格朗日平动点、月球两极永久光照区等地月空间独特位置区域的天然资源作为活动支撑点，具有重要的战略意义。为适应未来深空军事竞争与科学研究需求，迫切需要提高时间参考架的性能，在地月空间和月球表面提供授时服务，率先构建地月空间导航定位授时系统，满足未来我国深空探测、深空战略攻防任务需求。同时，深空探测和深空战略攻防等任务对测控提出了更高的要求，现有的地基测控受限于地球几何尺度，测控精度有限。需要考虑利用月球建立授时基准，不仅能准确获取月球运动规律，还可为地月空间深空探测任务提供高精度授时、导航和通信一体化服务，使深空航天器在相当长的时间内不依赖地基测控的支持。

1.5　思　考　题

1. 时间频率体系主要包括守时、授时、定时系统，其主要目标是统一一个国家或者地区的时间和频率，请分析守时、授时和定时的区别及其在时间频率体系中的作用。

2. 人们对时间的要求随着科学技术水平的发展而提高，请分析原始社会、大航海时代和现代社会人们对时间需求的精度差异以及获得时间的手段。

3. 晨钟暮鼓、落球报时是古代传递时间的手段，而无线电授时是现代传递时间的手段，传递时间主要是给出钟面时间和路径时延两个要素，请说明这些授时手段对路径时延的处理方法。

4. 我国的标准时间是 UTC（NTSC），有些场合说我国的标准时间是北京时间，请说明 UTC（NTSC）与北京时间的异同，为什么可以这样说。

5. 请分析"授时战"对国家时间频率体系的要求。

参 考 文 献

[1] 中国天文学会. 天文学学科发展报告（2007-2008）[M]. 北京: 中国科学技术出版社, 2008.

[2] 李孝辉, 杨旭海, 刘娅, 等. 时间频率信号的精密测量[M]. 北京: 科学出版社, 2010.

[3] Allan D W, Ashby N, Hodge C C. The Science of Timekeeping[M]. Washington: Hewlett Packard Company, 1997.

[4] 吴海涛, 李孝辉, 卢晓春, 等. 卫星导航系统时间基础[M]. 北京: 科学出版社, 2011.

[5] Allan D W, Gray J E, Machlan H E. The national bureau of standards atomic time scale: Generation, stability, accuracy and accessibility[R]. Gaithersburg: NIST, 1974.

[6] Ashby N, Allan D W. Practical implications of relativity for a global coordinate time scale[J]. Radio Science, 1979, 14（4）: 649-669.

[7] Clairon A, Ghezali S, Santarelli G, et al. The LPTF preliminary accuracy evaluation of cesium fountain frequency standard[C]. Proceedings of the Tenth European Frequency and Time Forum, Brighton, 1996: 218-223.

[8] 许龙霞. 基于共视原理的卫星授时方法[D]. 北京: 中国科学院大学, 2012.

[9] Li Z G, Li H X, Zhang H. The reduction of two-way satellite time comparison[J]. Chinese Astronomy and Astrophysics, 2003, 27（2）: 226-235.

[10] Mccarthy D D, Pilkington J D H. Time and the Earth's rotation[C]. Proceedings of the 82nd Symposium of the International Astronomical, San Fernando, 1978: 307-312.

[11] Backer D C, Kulkarni S R, Heiles C, et al. A millisecond pulsar[J]. Nature, 1982, 300（5893）: 615-618.

[12] Guinot B. Atomic time scales for pulsar studies and other demanding applications[J]. Astronomy and Astrophysics, 1988, 192: 370-373.

[13] Foster R S, Backer D C. Constructing a pulsar timing array[J]. Astrophysical Journal, 1990, 361: 300-308.

[14] Manchester R N, Hobbs G, Bailes M, et al. The parkes pulsar timing array project[J]. Publications of the Astronomical Society of Australia, 2013, 30: e017.

[15] Hobbs G, Archibald A, Arzoumanian Z, et al. The international pulsar timing array project: Using pulsars as a gravitational wave detector[J]. Classical and Quantum Gravity, 2010, 27(8): 084013.

[16] Il'in V G, Isaev L K, Pushkin S B, et al. Pulsar time scale-PT[J]. Metrologia, 1986, 22: 65-67.

[17] Petit G, Tavella P. Pulsars and time scales[J]. Astronomy and Astrophysics, 1996, 308: 290-298.

[18] Matsakis D N, Taylor J H, Eubanks T M. A statistic for describing pulsar and clock stability[J]. Astronomy and Astrophysics, 1997, 326(3): 924-928.

[19] 吴鑫基. 中国脉冲星观测研究的发展历程[J]. 科学, 2023, 75(3): 48-52, 69.

第 2 章　时间频率信号的测量方法

电子计数器是进行时间频率测量的基本仪器，本节从电子计数器进行时间间隔测量和频率测量的原理开始，介绍时间间隔测量和频率测量的基本原理，分析测量误差的分布规律。在了解时间间隔基本测量方法的基础上，介绍测量电路的改进措施和测量方法的改进措施。频率测量的实质是比较待测频率与参考频率的差值，偏差频率产生器是使用较多的器件，最后介绍偏差频率产生器的原理。

2.1　精密时间间隔测量

时间间隔测量，就是测量两个物理事件发生的时间间隔。一般情况下，用专门的传感器将物理事件转换为待测的电脉冲，测量两个电脉冲发生的时间差，这就是时间间隔测量的基本任务。随着技术的发展，时间间隔测量已经成为一门学科，应用在日常生活、基础物理实验和前沿技术的各个方面，成为现代科技的一项基础性支撑技术[1,2]。

2.1.1　电子计数器测量时间间隔

时间间隔测量，就是用已知的小时间间隔去填充大时间间隔，通过小时间间隔的数目来确定待测时间间隔的值。精密时间间隔测量是指精度为纳秒量级或者更优的测量，在该过程中，测量误差不仅是计数小时间间隔的误差，输入信号的电路、连接形式都可能带来测量误差。为了提高测量的精度，人们设计了很多精巧的方法。

1. 时间间隔测量的基本原理

为了更容易理解时间间隔测量的原理，本节从一个杯子容积的测量入手。假设有一个空杯子，现在想要测量杯子的容积，该怎么测量呢？用填充法测量杯子的容积如图 2.1.1 所示，可以取一些体积相同的珠子放入杯中，珠子的数量乘以每个珠子的体积就得到杯子的体积。看到这里，你可能会笑这测量也太粗糙了，先不说每个珠子的体积不一定相等，珠子与珠子之间的空隙也太大了，这也能称为测量？这就是测量，任何测量都是有误差的，珠子大小的变化、珠子间的空隙以及珠子计数的错误都是测量的误差。换成体积更小的小米填充，误差就会小一点，用小米比用珠子测量准确度更高。更进一步地，换成用水填充，误差会更小，但不是没有误差。实际上，精密时间间隔测量与杯子容积测量的原理是相同的。

图 2.1.1　用填充法测量杯子的容积

时间间隔测量的基本原理如图 2.1.2 所示。有两个脉冲信号，开始脉冲和停止脉冲，需要测量这两个脉冲之间的时间间隔。可以另外产生一个周期为 10ns 的脉冲组，在该脉冲组中，每两个脉冲之间的间隔都相同，都是 10ns。如果计算出开始脉冲和停止脉冲之间的脉冲组中发生了 10 个脉冲，就可以很容易地算出待测时间间隔是 10×10ns=100ns，这就是时间间隔测量。用一系列电路实现前面所说的脉冲计数，就形成了电子计数器。

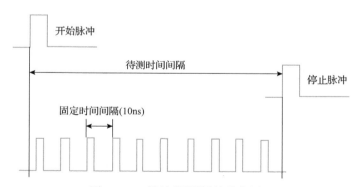

图 2.1.2　时间间隔测量的基本原理

时间间隔测量仪(time interval meter, TIM)把时间间隔 T 转换成数字形式的值（二进制码），通常以小数形式表示。因此，时间间隔测量仪也称为时间数字转换器(time to digital converter, TDC)。最初，一般把小量程的非内插时间间隔测量仪称为时间数字转换器，其量程为 100～200ns；把大量程的内插时间间隔测量仪称为时间计数器(time counters, TC)[3]。

需要说明的是，以上关于时间数字转换器和时间计数器的分类不是严格定义的，而且时间计数器经常称为时间数字转换器。

时间间隔测量经常用于科学研究（核物理和天文学的实验）以及工业（集成电路和硬件的动态测试）、电信业（高速数字传输的估计）、测地学和军用设备（激光测距系统）等行业中。在各行业中，时间间隔测量仪最基本且最重要的技术参数如下[4]。

（1）量程，指计数器能够测量的时间间隔的范围。

（2）测量的不稳定度，指测量结果与真值的偏离程度，包括不稳定度的 A 类评定和 B 类评定。

（3）量化阶数，或为最低有效位（least significant bit, LSB）、分辨率。

（4）死时间，指一次测量结束到下一次测量开始之间的最小间隔，其间，即使有开始信号到达，计数器也不会开始测量。

（5）读出速度，指计数器测量结果向外输出的速度，影响着测量仪在连续测量或高速测量场合下的性能表现。

2. 用电子计数器测量时间间隔和周期

图 2.1.3 是电子计数器时间间隔测量的原理结构图。有开始信号和停止信号两个输入，这两个信号是传感器探测到物理事件后输出的电信号，需要测量这两个电信号之间的时间间隔。

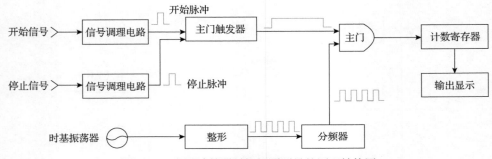

图 2.1.3   电子计数器时间间隔测量的原理结构图

传感器输出的电信号并不一定能直接进行测量，需要利用信号调理电路将其转换成开始脉冲和停止脉冲，这是主门触发器能识别的脉冲信号。主门触发器在开始脉冲到来时输出高电平，在停止脉冲到来时回到低电平，形成了待测的时间间隔，送入主门。

主门的另一路输入是固定间隔的脉冲，这个脉冲起源于时基振荡器。时基振荡器一般选用性能比较优良的、固定频率的振荡器，大多数振荡器能锁定到外接的更高精度的频率基准上，提高了其准确度。

时基振荡器输出的正弦波信号经整形放大后变成方波信号，这些方波信号按照正弦波信号的周期产生，时间间隔也是固定的。在有些情况下，会将方波信号进行分频，产生主门更容易识别的周期脉冲，该脉冲就是固定周期的时基脉冲。

接下来就是主门的工作，在待测时间间隔内，主门打开，开始对时基脉冲进行计数，计数器从 1 开始向上累计，等待测时间间隔结束后停止计数。计数值乘以时基脉冲的周期就得到待测时间间隔，在计数寄存器中存储，然后转换为用户可以识别的形式在显示屏显示或者通过接口发送出去。

3. 用电子计数器测量周期

要想说明周期测量的原理，需要从周期的定义入手。信号的周期 p 是频率的倒数，即

$$p = \frac{1}{f} = \frac{t}{n} \tag{2.1.1}$$

式中，n 为信号经历的周期；t 为完成这些振荡所需要的时间。

由式（2.1.1）可以看出，信号的周期是该信号完成一个（振荡）周期所耗费的时间。如果能测量到若干个周期所耗费的时间，则可以根据周期数平均得到该周期信号的平均周期，通常称其为多周期平均技术。

图 2.1.4 是计数器测量周期工作模式的基本原理图。在该工作模式下，主门打开所持续时间取决于输入信号的周期，而与时基信号的频率无关，计数寄存器通过对输入信号一个周期内分频器输出的脉冲个数进行计数获得输入信号的周期。其中，输入信号也可以由信号调理电路进行十进制分频，这样门时间就可以延长为输入信号一个周期的十倍、百倍而不是仅有一个周期，这就是多周期平均技术的基础。

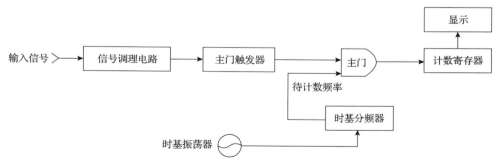

图 2.1.4　计数器测量周期工作模式的基本原理图

如果测量低频信号，则通过周期测量会提高分辨率。例如，用 8 位显示的计数器在 1s 的门时间对 100Hz 进行一次频率测量，计数 100 次，将显示 00000100Hz。而当采用同样的计数器对 100Hz 进行单周期测量时，如果时基为 10MHz，则最小分辨率为 100ns，计数器将显示 0.0100000s，分辨率将提高 100 倍。

开始脉冲和停止脉冲并不一定要求来自两个输入端，有时时间间隔指的是如图 2.1.5 所示的不同电压到来时的时间间隔，这就要求信号调理电路能够产生电压为 1V 时的开始脉冲和电压为 2V 时的停止脉冲。

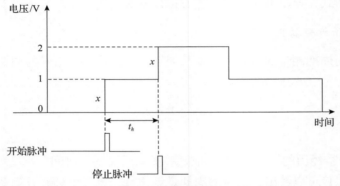

图 2.1.5　通过调整主门触发器电压测量时间间隔 t_h

有些测量，如周期的测量，要求在第一个上升沿到来时形成开始脉冲，在第二个上升沿到来时形成停止脉冲，计数器通过测量这一段时间间隔确定待测信号的周期。

2.1.2　电子计数器的输入电路

测量的第一步是把待测的脉冲信号送进计数器，在理想情况下非常容易，直接用一根电缆就可以完成，但实际上，由于噪声、元器件反应快慢、不同测量场景等的变化，需要设计抑制噪声的、适应各种测量场景的电路。

1. 抑制噪声的迟滞比较器

当利用电子计数器进行测量时，需要根据正弦波信号产生方波信号。这个功能的实现比较简单，需要一个如图 2.1.6 所示的比较器即可。其输入信号与输出信号如图 2.1.7 所示，输入信号 V_i 为正弦波信号，需要在输入信号电压高于某一电压 (V_R) 处产生方波上升沿，将比较器的另一输入接入固定的电压 V_R，比较器在输入信号达到 V_R 时输出高电平，低于 V_R 时输出低电平，这就产生了需要的方波信号。

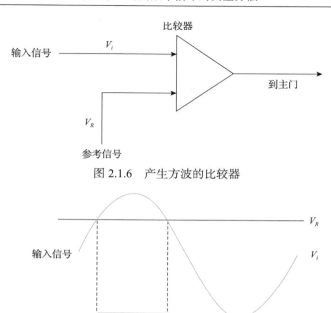

图 2.1.6 产生方波的比较器

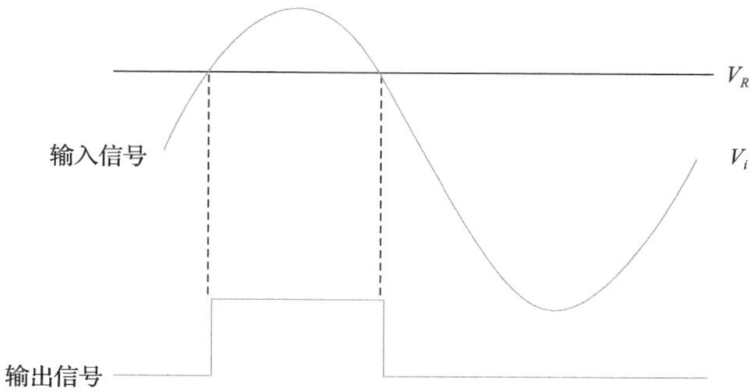

图 2.1.7 输入信号与输出信号

　　理想与现实总是存在差距的，在实际中，如图 2.1.7 所示的理想信号是不存在的，实际正弦波信号会附加很多噪声，如图 2.1.8 所示。此时，使用比较器不会产生理想方波信号，产生的是一堆杂乱的短方波信号，根本不能用于测量。

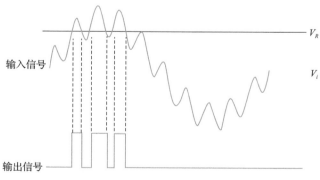

图 2.1.8 附加噪声的正弦波信号

　　使用迟滞比较器可以解决上述问题，图 2.1.9 给出了一种迟滞比较器结构，就是将比较器的输出和输入中间连接一个电阻，将输出电压通过反馈支路加到同相输入端，形成正反馈，这样就构成了减少噪声影响的迟滞比较器。

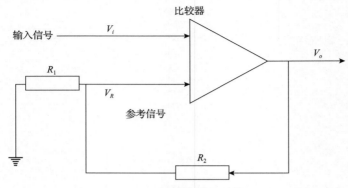

图 2.1.9　迟滞比较器结构

迟滞比较器的输入输出电压关系如图 2.1.10 所示。参考电压不是一个常数，而是两个值，分别称为迟滞电压上限（V_{R+}）和迟滞电压下限（V_{R-}）。

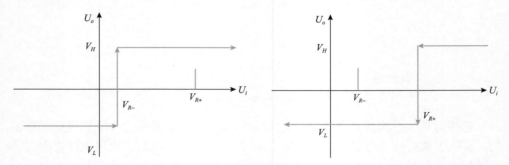

图 2.1.10　迟滞比较器的输入输出电压关系

在输入电压（V_i）较小时，输出电压（V_o）处于低电平（V_L），此时的参考电压为 $V_{R-} = \dfrac{R_1}{R_1 + R_2} V_L$。也就是说，输入电压逐渐增大，当输入电压大于 V_{R-} 时，输出电压变为高电平（V_H）。

参考电压 $V_{R+} = \dfrac{R_1}{R_1 + R_2} V_H$，如果此时有一个干扰，则输入电压降低，回到 V_{R-} 以下，因为参考电压升高到了 V_{R+}，所以比较器仍然会保持在高电平，不会再回到低电平。

如果输入电压降低到 V_{R+} 以下，输出电压才会回到低电平，则此时的参考电平会回到 V_{R-}。同样，如果此时电平重回到 V_{R+} 以上，参考电平为 V_{R-}，则输出电平并不会发生变化。

迟滞比较器对干扰的抑制作用如图 2.1.11 所示，通过适当调整电阻 R_1 和 R_2，可以调整 V_{R-} 和 V_{R+}，两者的偏差越大，迟滞比较器的抗干扰能力越强，但灵敏度会随之下降，一般计数器输入电路设计需要在两者中寻找最佳结合点。

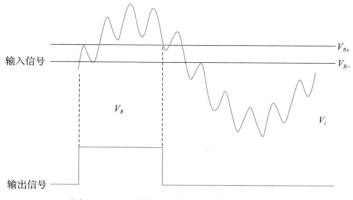

图 2.1.11　迟滞比较器对干扰的抑制作用

2. 阻抗匹配

　　为了更形象地理解阻抗不匹配时的反射问题，举两个例子。第一个例子，练习拳击时，要打沙包，通常要找一个重量合适、硬度也合适的沙包，这样练习比较舒服。如果把沙包里的沙子换成铁砂，还用以前的力打上去，手就会很疼，更严重的手会受伤，这是因为负载过重，产生了很大的反弹。相反，如果把沙包里的沙子换成很轻的棉花，一拳打上去就会扑空，同样会受不了，这是因为负载过轻。第二个例子，在夜间下楼梯时，偶尔会误判楼梯级数，保持下楼梯的姿态却踏在了平地上，会"闪"一下，有可能会闪到腰，这种现象即负载不匹配，计数器可能就是这个感觉。

　　阻抗匹配是指待测信号源与计数器输入之间一种合适的搭配方式。待测信号源向计数器输出电压信号，计数器内形成一个环路将电压转换成电流，以驱动计数器工作。

　　待测信号源可以相当于一个电压源，在计数器接入后，电压源就向计数器输出电流。从简单的开始，先分析直流电源驱动负载的情况[5]。

　　实际中使用的直流电源总是有内阻的。在分析电路时，可以把实际的直流电源等效为一个理想的电压源与一个电阻串联，该电阻就是直流电源的内阻。在测量时，计数器是电压源的一个负载，假设电阻为 R，并将电压源的电动势写作 U，内阻写作 r，则可以计算出流过负载电阻 R 的电流，$I = \dfrac{U}{R+r}$，由于 r 不变，负载电阻 R 越小，输出到计数器的电流越大。负载电阻 R 上的电压为 $U_o = IR = \dfrac{U}{1+r/R}$，可以看出，负载电阻 R 越大，输出到计数器的电压 U_o 越大。

在实际应用中，并不单一地要求直流电源输出电压或者电流最大，而是要求两者的综合效应——输出到负载电阻 R 上的功率最大，这样才便于测量。现在分析输出到负载电阻 R 上的功率，即

$$P = I^2 R = \left(\frac{U}{R+r}\right)^2 \cdot R = \frac{U^2}{\dfrac{(R-r)^2}{R} + 4r} \tag{2.1.2}$$

对于一个给定的直流电源或者信号源，其内阻 r 是固定的，而负载电阻 R 是由计数器设计出来的。注意式 (2.1.2) 分母中的 $\dfrac{(R-r)^2}{R}$，当 $R = r$ 时，$\dfrac{(R-r)^2}{R}$ 取最小值 0，此时分母最小，负载电阻 R 可以获得最大的输出功率 $P_{\max} = \dfrac{U^2}{4r}$。换句话说，当负载电阻与信号源内阻相等时，负载可获得最大输出功率，这就是阻抗匹配。

前面的分析是针对纯电阻电路的，一般适用于直流电路，此结论同样适用于低频电路和高频电路。不同的是，当交流电路中含有电容元件或电感元件时，该结论需要调整，需要信号源与负载阻抗共轭匹配，即阻抗的实部相等，虚部互为相反数。在低频电路中，一般不考虑传输线的匹配问题，只考虑信号源与负载之间的匹配情况，因为低频信号的波长相对于传输线很长，所以传输线可以看作短线，反射可以不予考虑。

由以上分析可知：对于一个信号源，如果要求输出到计数器上的电流大一些，则需要选择比较小的负载电阻；如果要求输出到计数器上的电压大一些，则需要选择比较大的负载电阻；但在测量中，需要找到两者的最佳匹配点，就是输出到计数器上的功率最大，即设计计数器和信号源的电阻相同。一般计数器测量的信号源都是在特定负载条件下设计的，如果换为不同的信号源，则需要特别注意信号源的内阻特征，如果负载电阻改变，发生阻抗失配现象，则达不到最佳的测量性能，甚至会产生错误的测量。

当阻抗失配时，有三种调节方法。第一种方法，引入变压器进行阻抗转换。第二种方法，在计数器的输入电路上，并联或者串联其他的电容和电感元件，以改变输入电阻，该方法经常在调试射频电路时使用。第三种方法，可以考虑串联或者并联其他电阻，一些信号源的阻抗比较低，可以串联一个合适的电阻来与计数器阻抗相匹配。有些高速信号源，可能需要串联一个几十欧的电阻，以提高信号源阻抗。有些计数器的输入阻抗较高，可以加入并联电阻，以与信号源的阻抗相匹配。

计数器输入通道的阻抗一般为 1MΩ，但是当输入信号频率较高时，一般使用

50Ω的输入阻抗。为了方便使用，一般选用 50Ω和 1MΩ两种计数器阻抗。

3．一个典型的输入电路分析

图 2.1.12 是计数器的输入电路。本节从这个电路入手分析待测信号是怎样进入计数器的。需要特别说明的是，计数器不仅测量脉冲信号的时间间隔进行测量，也可以测量信号的频率、周期等，计数器输入电路的设计就是如何适应这种复杂的情况。

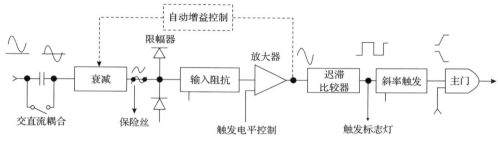

图 2.1.12　计数器的输入电路

计数器的输入信号常含有直流分量，通过电容滤掉直流分量，使待测信号进入计数器，经过衰减和保险丝，确保输入信号的功率在可测试范围内。

为了适应测量正脉冲和负脉冲的情况，计数器通常会设置斜率控制。斜率控制可以设计为两种情况：第一种情况是在输入信号的上升沿从一个较低的电压升高，当电压达到迟滞电压上限（V_{R+}）时，迟滞比较器被触发并产生一个待测脉冲信号；第二种情况与之相反，是在输入信号的下降沿从一个较高的电压降低，当电压达到迟滞电压下限（V_{R-}）时，迟滞比较器被触发并产生一个待测脉冲信号。通过这两种情况的设置，计数器能够适应测量上升脉冲和下降脉冲的情况。

整体上来说，经过图 2.1.12 计数器的输入电路后，输入信号已经转换为能够被触发器识别、计数的工作脉冲，输入信号中的噪声也降到了较低水平，可以进行准确测量。

2.1.3　电子计数器的主要测量误差

当计数器进行时间间隔测量时，难免会受到各种噪声的干扰，导致测量结果不准，这些干扰有来自待测信号本身的噪声，也有计数器的噪声，计数器的噪声主要包括随机噪声和系统噪声。

1．计数间隔带来的误差

时间间隔测量的基本原理就是对短周期的发生间隔进行计数，一般称为粗计数，如图 2.1.13 所示，用周期为 T_0 的参考时钟对待测时间间隔 T 进行测量。由于待测时间间隔 T 与时钟是异步的，测量的时间间隔存在图 2.1.13 所示的两种不确定性，测量的最大量化误差约为 $\pm T_0$，主要取决于待测时间间隔 T 的真值及其与时钟脉冲的位置关系，这是时间间隔计数器中最大的误差，通常称为 ± 1 个字计数误差。

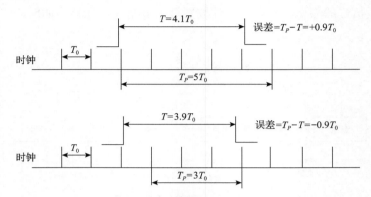

图 2.1.13　粗计数误差（T_P 是计数结果）

通过对同一待测时间间隔 T 进行多次测量并把结果求平均值可以提高计数测量结果的精度。测量 100 次误差是测量 1 次误差的 10%。但是该方法的缺点是测量所需的时间较长，并且有可能没有重复出现的间隔可供多次测量。粗计数方法的局限性在于单次分辨率较低，在 1GHz 速率的参考时钟下才能达到 1ns 测量精度。为了实现这样的设计，需要稳定的 1GHz 时钟发生器和高速的计数装置，而这些往往都是非常昂贵的。

2. 输入电路带来的误差

计数器输入电路可以简化成如图 2.1.14 所示的形式，包括衰减器、放大器和施密特触发器。其中，施密特触发器是必需的，它能改变放大器的输出，使其与计数寄存器的内部格式兼容。

图 2.1.14　计数器输入电路的简化形式

计数器的灵敏度是指计数器能识别并进行计数的特定输入信号的最小值。灵敏度常按照输入正弦的均方根（root mean square, RMS）值来指定。对于脉冲型信号的输入，其最小的脉冲振幅灵敏度被指定为触发电平值的 $2\sqrt{2}$ 倍。

　　计数器的灵敏度是由放大器的增益和施密特触发器的滞后电压差决定的。但计数器并不是对输入信号越敏感越好，一般情况下常规计数器拥有一个很高灵敏度的前端，并允许一个很宽范围内的频率输入，因此噪声会引起伪触发。计数器最适宜的灵敏度在很大程度上依赖输入的阻抗，阻抗越高，计数器越容易受到噪声的影响，从而使计数器产生错误的计数。

　　计数器的输入在一定程度上也就是迟滞比较器的输入，因此必须考虑迟滞电压和计数器敏感度的峰峰值之间的区别。

　　在时间间隔测量中，触发器误差的一般计算表达式为

$$\text{rms} = \sqrt{\frac{x^2 + e_{nA}^2}{\left(\Delta V / \Delta T\right)_A^2} + \frac{x^2 + e_{nB}^2}{\left(\Delta V / \Delta T\right)_B^2}} \tag{2.1.3}$$

式中，x 为计数器噪声；$e_{nA/nB}$ 为 A（开始）通道或 B（停止）通道的噪声均方根；$\left(\Delta V / \Delta T\right)_{A/B}$ 为 A 通道或 B 通道的信号电压在触发点的变化速率。由式 (2.1.3) 可以看出，通过提升输入通道脉冲上升沿电压的变化速率可以降低触发误差。

　　在时间间隔测量中，触发器电平定时误差是另一个由不确定的实际触发点引起的系统误差，这种不确定性不是因为噪声，而是因为由迟滞电压和漂移引起的触发器电平读数的偏移量。触发器电平误差引起的定时误差可以表示为

$$\text{d}T = \frac{触发器电平误差}{信号在触发点上的移动速率} \tag{2.1.4}$$

　　在时间间隔测量中，开始通道和停止通道放大器上升时间和传播时延的极小不匹配都会引起时间间隔测量系统误差；失配的探针或者电缆长度也会引起外部系统误差。另外，与其他任何物理元器件一样，计数器的主门也存在传播时延，并且在开关转换时耗费一定的时间。这些有限的开关时间也被计算在总开门计数的门时间中。如果开关时间与被测量的高频信号的周期相比明显，则计数器的测量结果就会出错；如果二者相比不明显，则计数器的测量误差可以忽略。对于 500MHz 信号，其周期为 2ns，如果主门的开关时间远小于 1ns，则计数误差是不明显的。因此，在实际应用中，为了测量 500MHz 的信号，必须在计数器的主门、输入和计数寄存器电路等器件中使用高速设备，例如，HP5345A 电子计数器通过使用特殊设计的发射器到发射器耦合逻辑电路实现对高速信号的测量。

　　3. 时基振荡器带来的误差

　　时基振荡器的实际频率与其标称频率的不同所导致的误差会被直接转换为测量误差。如果一个偏差为 10^{-8} 的振荡器的标称频率是 10MHz，则其实际输出频率

是 10MHz + 0.01MHz，其周期也变为 100ns $-10^{-8}\times100$ns=100ns -10^{-6}ns。

如果将晶体振荡器作为时基振荡器，测量 1s 的时间间隔，则需要累计 10^7 个脉冲，带来的时间间隔测量误差为 $10^7\times10^{-6}$ns=10ns。如果将晶体振荡器作为时基振荡器，测量 10s 的时间间隔，则需要累计 10^8 个脉冲，带来的时间间隔测量误差为 $10^8\times10^{-6}$ns=100ns。

2.1.4　提高测量精度的方法

利用计数器进行测量，一般直接使用粗计数方法只能达到约 1ns 的测量精度，而现在的技术已经达到皮秒量级甚至飞秒量级的时间间隔测量精度，一般把优于 1ns 的时间间隔测量称为精密时间测量。

在精密时间测量中，通常不采用增大计数频率的方法，因为即使使用 1GHz 的计数频率，也只能达到 1ns 的测量精度，按照这种思路，要想达到 1ps 的测量精度，则要使用 1000GHz 的计数频率，所需要的成本是无法负担的。因此，人们想到了内插方法等方法，可以在不改变计数频率的情况下大幅度提高测量精度，并且所需成本也没有增加太多。

一般计数器都采用粗计数和细计数相结合的测量方法，见图 2.1.15。首先采用脉冲填充方法测量图中的间隔 $n\tau_0$，然后取出 τ_1 和 τ_2 进行独立测量，最终的测量结果为 $n\tau_0 + \tau_1 - \tau_2$。

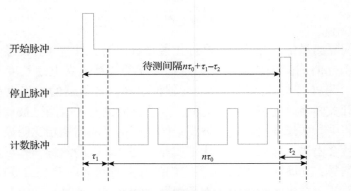

图 2.1.15　粗计数和细计数相结合的测量方法

1. 用时间延展方法进行时间数字转换

经典时间延展方法早在真空管时代就出现了。时间延展器的工作原理与电压放大器类似，因此有时也称为时间放大器。在稳定状态下，二极管的导电电流 $I_2 \ll I_1$。如图 2.1.16 所示，在对时间间隔 T 进行测量时，电容 C 在 T 时间内以恒

定电流 I_1-I_2 充电，然后以一个很小的电流 I_2 放电。延展因子定义为 $K=(I_1-I_2)/I_2$，此时放电时间按比例拉长，即 $T_r = TK$。总的时间 T_r+T 由快速比较器检测，通过粗计数器测量，最低有效位被优化到 $LSB=T_0/(K+1)$。忽略量化误差和线性误差的影响，当计数值为 n 时，测量结果为 $nT_0/(K+1)$。

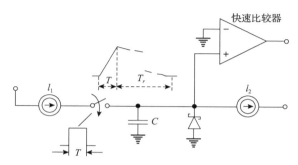

图 2.1.16　将待测时间间隔 T 线性延展

很明显，时间延展方法包含双变换：时间/电压、电压/数字。该方法也用在核物理实验、高精度激光测距系统和测试互补金属氧化物半导体(complementary metal oxide semiconductor, CMOS)电路的动态参数过程中。在这些应用中一般采用低成本的数字电路作为时间延展器，这种集成的时间数字转换器是用双极型晶体管和 CMOS 结合在一起的集成电路(bipolar CMOS, BiCMOS)技术设计的。

时间延展方法所能获得的最高分辨率约为 10ps，可以使用两次延展的方法进行改进。在该方法中，当 $T_0=10ns$($f_0=100MHz$)、$K=10000$ 时，单次分辨率为 1ps。但是，此时的抖动约为 5ps，线性误差约为 10ps。高分辨率测量的主要优点是小的量化误差可以被忽略。

时间延展方法的缺点是转换时间长，所能测量的速度受到限制。一般可以使用两阶内插方法或多阶内插方法来缩短转换时间，由这种方法实现的电路简单，但通常只在内插时间计数器中应用。

将待测时间间隔转换为电压进行数字采样，如图 2.1.17 所示，这是一种提高测量速度的方法，首先对电容以恒定电流充电，将待测时间间隔转换成电压(幅度)，然后通过集成的模数转换器将模拟电压转换成数字形式进行测量；在测量完成后，电容迅速放电以减少测量的死时间。这种方法的转换时间等于 A/D(模拟/数字)转换器所用时间，并成功应用于很多设计中，如计数器 SR620。通过使用调制解调器和高分辨率的集成 A/C(模拟/电容)转换器，使其在测量时间间隔过程中能够得到较高的分辨率。实际上，最低有效位的值可以达到 1~20ps。

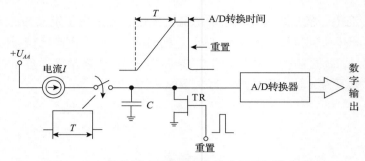

图 2.1.17　将待测时间间隔转换为电压进行数字采样

2. 用游标方法进行时间数字转换

上述两种方法都是模拟方法，在时间间隔测量历史中，首先出现的纯数字的时间转换方法是游标方法，它实际上是数字的时间拉伸方法。基于游标方法的时间数字转换如图 2.1.18 所示，游标转换器最基本的结构是有两个稳定的振荡器 SG1 和 SG2，它们分别产生频率为 $f_1 = 1/T_1$ 和 $f_2 = 1/T_2$ 的信号，这两个频率信号之间相差很小，此时增加的分辨率是 $r = T_1 - T_2$。假设时间间隔 T 有开门信号和关门信号，分别通过 C 端口输入，从 D 端口输入使能信号（EN），R 为复位信号，Q 是用于启动两个振荡器 SG1 和 SG2 的输出信号。其中开门信号启动振荡器 SG1，关门信号启动振荡器 SG2 并开始计数。当同步电路 CC 检测出两个发生器产生的脉冲触发沿同步时，时间数字转换即完成。此时，两个计数器 CTR1 和 CTR2 分别存储了数字 n_1、n_2。若忽略量误差的影响，则得到的测量结果是

$$T = (n_1 - 1)T_1 - (n_2 - 1)T_2 = (n_1 - n_2)T_1 + (n_2 - 1)r \tag{2.1.5}$$

如果 $T < T_1$，则 $n_1 = n_2$，$T = (n_2 - 1)r$，只有计数器 CTR2 有效。最长的转换时间为 $n_{2\max}T_2 = T_1T_2/r$，例如，当 $T_1 = 10\text{ns}$、$T_2 = 9.9\text{ns}$（$r = 100\text{ps}$）时，时间间隔 T 为 990ns。

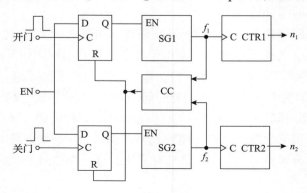

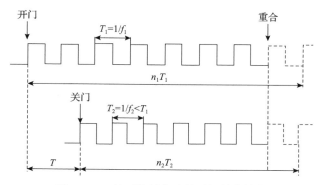

图 2.1.18　基于游标方法的时间数字转换

游标方法可以获得小于 100ps 的分辨率，在改进的设计中分辨率可以达到 1ps。使用游标方法可以得到更高的测量精度，要求所使用的振荡器应该具有非常高的精度和稳定度，这对设计来说是一种挑战，尤其是对于时间间隔较长的情况。基于这种情况，可以使用两个游标转换器的双内插方法来解决这一问题。

3. 用抽头延迟线方法进行时间数字转换

基于抽头延迟线方法进行时间间隔测量是一种相对简单的方法。其中，延迟线由很多延迟单元组成，每个延迟单元都有相同的传输时延 τ。通过采样初始脉冲在线路中传播时线路的状态完成对时间间隔的测量。最初使用的是传统的同轴电缆，但是随着半导体技术的持续发展，诞生了基于集成延迟线的新方法。20 世纪 80 年代初，新的集成时间数字转换器使用锁相环或延迟锁定环技术，从而实现了高稳定测量和校准。

抽头延迟线可以由不同的结构组成，在图 2.1.19(a)中，最简单的抽头延迟线由 N 个锁存器组成，其初始状态是复位状态(关门为高，开门为低)。开门脉冲信号的上升沿传播经过一串传播时延为 τ 的锁存器，直到关门的下降沿出现，锁存所有触发器的状态(采样线路的当前状态)，并停止传输。此时，测量的时间间隔是所有存储了 H(高)状态的触发器传输时间的和，或者说 $T=k\tau$，其中 k 是存储了 Q=H 状态触发器的最高位。输出数据可从锁存器输出序列中获得，这种序列码可以转换为自然二进制码或二进制码的十进制数(binary-coded decimal, BCD)码。

延迟线还可以由一串缓冲器组成，每个缓冲器的时延也为 τ。图 2.1.19(b)关门脉冲的上升沿到来时采样线路的状态,然后在 N 个触发器的数据端 D 进行保持。测量结果取决于存储了 H 状态触发器的最高位。时间间隔分析仪 HP5371A 就采用了这种结构，其分辨率可达 200ps。

如果将图 2.1.19(b)所述结构中时钟端 C 和数据端 D 的输入进行交换，则可以得到如图 2.1.19(c)所示的结构，线路工作时类似于多相位时钟对关门信号的输入状态进行采样。当关门脉冲上升沿出现时，最近的时钟边缘将触发器的输出改变成 H 状态。如果通过附加逻辑还能触发下一个触发器，则其输出在时延 τ 后也会置 H 状态，以此类推。此时，测量结果是由存储了 H 状态触发器的最低位决定的。

　　以上描述的延迟线介绍了直接的时间数字转换，没有经过中间过程。通过采样处理可以忽略转换时间，这样的时间数字转换器也称为闪存时间数字转换器。在忽略读出时间的情况下，图 2.1.19(a) 电路的死时间等于复位所有锁存器所需时间。在开门端口置 L 状态后，线路开始逐步复位，此时时间数字转换器的死时间为 $N\tau$。但是，在进行并行复位（就是分别复位所有锁存器的输入）操作时，死时间就会变得很短，甚至可以忽略。在图 2.1.19(b) 和图 2.1.19(c) 中分别对寄存器的输入复位，也可以使死时间变得很短，从而可以忽略。

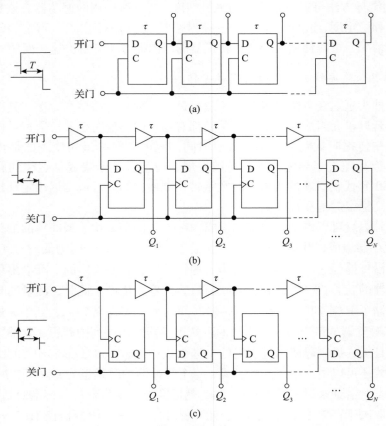

图 2.1.19　用延迟线实现时间数字转换

　　应该指出的是，使用抽头延迟线方法测量时间间隔与使用快速稳定的时钟驱动计数器方法进行测量是等价的，例如，由锁存器组成的线路 τ =2ns，等价于由频率为 500MHz 的参考时钟驱动的计数器，但是线路中锁存器的数量 N 远大于等价计数器中寄存器的数量($N=2^n$)。使用计数器方法可以轻松地扩展测量范围，增加一个触发器($n'=n+1$)即可实现测量范围翻倍；而抽头延迟线方法要想实现同样的效果，需要将线路的长度增加到原来的 2 倍，即 $n'=2N$。

　　脉冲收缩延迟线方法是对基本延迟线方法的改进，能提高分辨率，常用于空间设备时间数字转换器的设计中。

2.2　精密频率测量

　　精密频率测量方法基本上分为两种：一种是对传统计数方法的改进；另一种是通过下变频等手段将高频信号转换为低频信号，通过对低频信号的传统测量实现精密测量的方法[6,7]。本节分析几种常用的精密频率测量方法，最后介绍精密频率测量的关键器件——偏差频率产生器的原理和实现方法。

2.2.1　电子计数器测量频率

　　频率是单位时间内信号振荡的次数，这是频率的定义，也给出了频率测量的两种方法：①测量一次振荡发生的周期可以计算频率；②测量单位时间内振荡的次数也可以计算频率。两种测量方法各有特点，但都是比较初级的频率测量，可以由电子计数器完成测量。电子计数器是一种通用的测量设备，不仅可以用来测量时间间隔，还可以用来测量频率、周期、频率比等。

　　1. 频率测量的原理

　　周期信号的频率 f 定义为每单位时间内周期信号经过的周期数，用公式表示为

$$f = n / T \tag{2.2.1}$$

式中，n 为周期信号在时间间隔 T 中经过的周期数，若 T=1s，则频率表示每秒经过 n 个周期或 nHz。

　　式(2.2.1)给出了频率测量的两个重点：单位时间和频率发生的个数。频率测量的原理如图 2.2.1 所示，使用一个时间产生器产生一个持续时间为 1s 的脉冲信号，在这段时间内对待测频率发生的个数进行计数，1s 发生的脉冲数等于待测频率。图 2.2.1 中待测脉冲信号发生了 10 次振荡，待测频率就是 10Hz。

　　计数器测量频率的基本原理图如图 2.2.2 所示。常规计数器通过计算时间 t 内经历的周期数 n，再除以时间间隔 t，就得到了周期信号的频率 f。

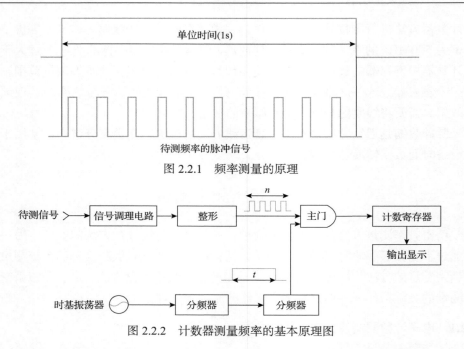

图 2.2.1　频率测量的原理

图 2.2.2　计数器测量频率的基本原理图

在图 2.2.2 中, 待测信号可能是正弦波、方波、三角波等各种形式的频率信号, 将其输入到计数器电路中, 首先被调理成满足计数器内部电路要求的信号形式, 在经过脉冲整形后形成一系列脉冲信号, 其中每一个脉冲信号与输入信号的同一个周期相对应。这一系列的脉冲信号输入到主门。

在测量过程中, 主门打开时间 t(也称为门时间)由主门的另一个输入决定。主门打开时间来源于时基振荡器。由式(2.2.1)可知, 频率测量的精确度也取决于时间 t 的精确度。因此, 很多计数器使用高精度的 1MHz、5MHz 或者 10MHz 的晶体振荡器作为时基振荡器的源器件, 此外大部分的时基振荡器可以锁定到外部更好的频率源上, 提高了时基振荡器的准确度和稳定度。

分频器把时基振荡器的输出信号作为其输入, 并且提供一个输出脉冲链, 该脉冲链可以通过门时间开关进行控制, 它是由时基信号进行十进制分频后产生的。式(2.2.1)中的时间 t(门时间)由选择时基分频器输出的脉冲链决定。在主门打开期间, 计数寄存器计算出输入信号通过主门的脉冲数目, 从而计算出输入信号的频率, 并将计算结果显示在数字显示设备上, 例如, 如果计数器计算出的脉冲数是 50000, 而选择的门时间是 1s, 则输入信号的频率为 50000Hz。

2. 通过时间间隔的变化分析频率偏差

准确度是测量值或计算值与其定义的符合程度, 表征的是与理想值的关系。

例如，时间偏差是待测脉冲与一个完全符合标准时间的脉冲之间的差，频率偏差是待测频率与标准频率之间的差，这些都是准确度的概念。

时间偏差一般用时间间隔计数器测量，计数器有两个输入，开门信号开始测量，关门信号停止测量，计数器计算开门信号与关门信号内时基周期的个数。计数器的分辨率由其时基确定，10MHz 时基计数器的分辨率为 100ns。更精确的计数器采用内插方法测量时基周期以下的部分，一般分辨率为 1ns，高的能达到几十皮秒。

频率偏差既可以在时域测量，也可以在频域测量。最简单的频率测量包括使用频率计数器对待测设备输出进行计数并显示其频率。该测量的参考可以是计数器的时基，也可以是外部时基。频率偏差可以定义为

$$\frac{f_m - f_0}{f_0} \tag{2.2.2}$$

式中，f_m 为频率计数器的读数，即待测频率测量值；f_0 为待测振荡器频率的标称值。

频率偏差时域测量的一种方法是在时域比较待测频率信号和参考频率信号的相位。相位关系变化的两个正弦波信号如图 2.2.3 所示，测量两个正弦波信号的相位偏差，上面的一个是待测频率的输出信号，下面一个是参考频率信号。如果两个信号频率相同，则它们的相位关系保持不变，在示波器上静止不动。如果两个信号频率不同，则参考频率信号与待测频率信号的相位发生相对移动，通过测量待测频率信号相对参考频率信号的移动速度可以确定两者之间的频率偏差。图 2.2.3 中竖线画出了每个信号的过零点，底部的实线表示两个信号的相位偏差，图中的相位偏差在增加，表明待测频率大于参考频率。

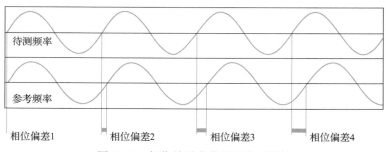

图 2.2.3　相位关系变化的两个正弦波

由于示波器显示的限制，信号间相位变化的分辨率不高，直接进行高准确度的频率测量是不现实的。使用时间间隔计数器通过比相的方式可以进行更高精度的相位比较。如果输入的两个信号频率相同，则两个信号之间相位的时间间隔不

会发生变化，如果输入的两个信号频率不同，如图 2.2.3 所示，则相位偏差会发生变化，变化的速率就是频率偏差。在没有平均的情况下，时间间隔计数器的分辨率确定其能够测量的最小频率偏差，例如，分辨率为 100ns 的计数器可以测出 1s 内 $1×10^{-7}$ 的频率变化，分辨率为 20ps 的计数器可以测出 1s 内 $2×10^{-11}$ 的频率变化。

因为 5MHz 和 10MHz 的频率变化较快，一般时间间隔计数器的响应速度不够，无法直接测量两者的时间间隔，所以可以利用分频设备将待测频率转换为低频。分频设备包括分频器和混频器。分频器相对简单，可编程对不同的频率进行分频。混频器成本高，要求更多的硬件和另外的参考振荡器，只能有一个输入频率，但其信噪比较分频器要高，适合高精度的测量。

采用分频器，使用时间间隔计数器进行测量，测量结果是相位的变化速率，通过相位的变化速率可以得到频率偏差为 $-\dfrac{\Delta t}{T}$，式中，Δt 为经过一个测量周期后的时间变化量；T 为测量的周期。

为了说明这一点，假设一个 24h 的测量，其相位变化量为 +1μs，在计算频率偏差时，测量周期的单位也要变成微秒，则频率偏差为

$$-\frac{\Delta t}{T} = -\frac{+1\mu s}{86400×10^{6}\mu s} = -1.16×10^{-11} \tag{2.2.3}$$

可以看出，24h 相位变化 +1μs 的设备相对于参考频率的频率偏差为 $-1.16×10^{-11}$。通常测量多个数据，利用最小二乘法估计曲线的斜率作为 Δt，该信息通常用类似图 2.2.4 的相位图表示，图中画出了频率偏差为 $1×10^{-9}$ 的振荡器，其相位变化率是 1ns/s。

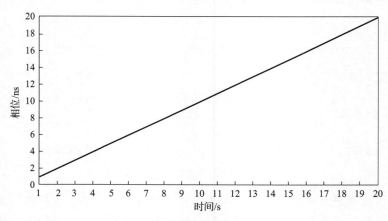

图 2.2.4　相位图

如果标称频率已知，那么无量纲的频率偏差可以转换为以 Hz 为单位。为了说明这一点，考虑标称频率为 5MHz 的振荡器，频率偏差为 -1.16×10^{-11}，乘以标称频率就可以转换为以 Hz 为单位的频率偏差，即

$$5\times10^{6}\times(-1.16\times10^{-11})=-5.80\times10^{-5}=-0.0000580$$

实际输出频率是标称频率加上频率偏差，即

$$5000000\mathrm{Hz}-0.0000580\mathrm{Hz}=4999999.999942\mathrm{Hz}$$

2.2.2　提高测量精度的方法

直接使用计数器进行频率测量，测量精度很难高于 1×10^{-10}，如果使用相位偏差的长期变化来分析频率偏差，则需要付出较多的时间成本，为了提高测量精度，需要使用变频的方法，将频率转换到低频进行测量。

1. 时间间隔计数器方法

时间间隔计数器方法将参考频率和待测频率分别经过整形比较器和 N 分频器，得到低频信号（通常是秒脉冲），然后使用一个高分辨率的时间间隔计数器测量其时间偏差。时间间隔计数器方法原理图如图 2.2.5 所示。

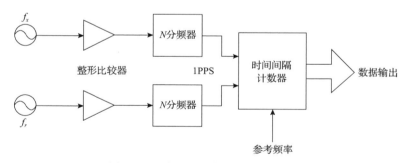

图 2.2.5　时间间隔计数器方法原理图

通常具有高分辨率的时间间隔计数器的测量系统采用上述方法，其分辨率不受分频数的影响，分频数取决于测量的最小间隔和在相位溢出之前采集数据的长度（相位溢出很难从数据中剔除）。例如，假设一个频率偏差为 2×10^{-6} 的待测频率的分频输出是 1PPS（pulse per second，即脉冲数/秒），则大约每 3.8 天就要发生一次相位溢出。时间间隔计数器方法通过时间间隔计数器测量时间偏差，因此计数器的内部时基误差、触发误差等因素直接反映为该测量方法的测量误差。

2. 差拍频率测量方法

差拍频率测量方法是一种通过普通的周期计数器获得高分辨率的经典方法，其基本原理是下变频和周期计数，将待测信号与作为参考的基准频率信号进行混频处理，得到待测信号相对于参考信号的频率偏差信号（又称为差拍信号），差拍信号的频率较低，采用普通计数器计算差拍信号周期实现频率的测量。差拍频率测量方法通过提取待测信号相对于参考信号的相位偏差信息作为差拍信号，考虑到差拍信号的频率值远小于原待测信号，较之直接测量待测信号，差拍频率测量方法大大提高了测量的分辨率[8,9]。

差拍频率测量方法原理图如图 2.2.6 所示。混频器两端输入的信号需要首先经过放大器进行调理，然后得到叠加了噪声和多次谐波的差拍信号，需要经过低通滤波器滤除谐波和噪声，最后使用周期计数器进行测量，同时将周期计数器内部时钟锁定到具有更高稳定度的参考频率信号上，能够提供更准确的计数时基。

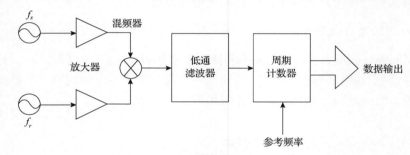

图 2.2.6　差拍频率测量方法原理图

混频对频率的下变频作用，可以将频率测量的分辨率提高差拍因子倍，例如，当待测频率标称值 $f_x = 10\text{MHz}$ 和参考频率 $f_r = 9.9999\text{MHz}$ 时，混频后的差拍信号频率值 $F = 100\text{Hz}$，即周期为 0.01s，若周期计数器的分辨率为 100ns，则由周期计数器时基的 ±1 个字计数误差引起的周期测量相对误差为

$$\frac{\Delta\tau}{\tau} = \frac{\pm100\times10^{-9}}{0.01} = \pm1\times10^{-5} \tag{2.2.4}$$

差拍因子为

$$\frac{f_r}{F} = \frac{10\times10^6}{100} = 1\times10^5 \tag{2.2.5}$$

总的分辨率为

$$\frac{\Delta f_x}{f_x} = \frac{\Delta \tau}{f_r \tau^2} = \frac{100 \times 10^{-9}}{10 \times 10^6 \times (0.01)^2} = 1 \times 10^{-10} \qquad (2.2.6)$$

在上述条件下，相当于差拍频率测量方法将分辨率提高了 10^5 倍。

差拍频率测量方法的主要误差来源除了计数器引入的触发误差、计数误差外，还应当包括混频器、低通滤波器等器件引入的噪声对测量结果的影响，根据不同的器件参数，该指标也能够进行量化，差拍频率测量方法测量精度提高的限制主要在于低噪声混频器。

差拍频率测量方法的主要不足之处在于：要求选作参考的信号频率标称值与待测频率标称值之间存在差值，且参考信号的频率稳定度要高于待测信号，而具有非标准频率值的高稳定度、高准确度的参考信号产生问题亟待解决；同时，差拍频率测量方法的分辨率受差拍因子(待测频率标称值/差拍信号频率值)的影响，测量分辨率只能提高差拍因子倍；考虑到低通滤波器和频率偏差源的设计等因素，还需要关于频率偏差的先验知识；另外，由于测量系统中采用了周期计数器，所以还存在死时间问题。

3. 双混频时间偏差方法

双混频时间偏差方法结合了时间间隔计数器方法和差拍频率测量方法的优点，首先分别将待测频率信号和参考频率信号转换为低频差拍信号，差拍信号的调理与差拍频率测量方法类似，然后使用一个时间间隔计数器测量两个完全对称通道输出的低频差拍信号的时间偏差。双混频时间偏差方法原理图如图 2.2.7 所示，其中频率偏差源要求与参考信号有一定的频率偏差。

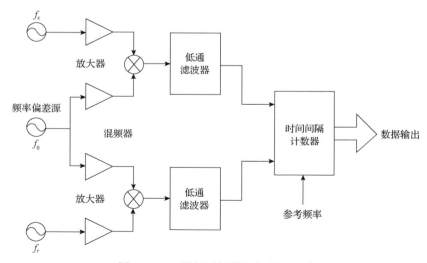

图 2.2.7 双混频时间偏差方法原理图

　　双混频时间偏差方法是测量具有相同标称值的原子钟组频率值最精确的方法，双混频结构可以通过添加包含放大器、混频器和差拍信号的过零检测器在内的混频通道来扩展系统测量容量，配置通道最重要的原则是要保证各通道组成器件的参数尽量一致，便于任意两个通道间信号的比较能较好地抵消系统共有误差。该结构不特别要求公共源具有特别的低噪声或高精度，因为理论上公共源的误差影响在双平衡时间偏差测量中能够被抵消。但由于通道的不一致性，实际上影响是存在的，应用中可以通过检测重合的过零点或者在两次过零检测间增加内插数据的方法进一步降低公共源噪声的影响。在测量系统中，双混频时间偏差方法中两个混频器输出的差拍信号的相位应尽量接近，以利于测量精度的提高，通常会在系统中添加移相器，通过增强两个通道的一致性来达到此目的。双混频时间偏差方法的另一个优点是它不需要将参考频率标准的频率调偏于待测频率标准的频率，对于具有高精度且不易调偏的频率源，在测量稳定度时不调偏的频率源显然更为适宜。

　　双混频时间偏差测量系统的测量分辨率取决于时间间隔计数器的分辨率和差拍因子两方面，例如，10MHz 的频率信号与输出频率为 10Hz～10MHz 的公共振荡器混频（差拍因子为 $10 \times 10^6 / 10 = 1 \times 10^6$），使用分辨率为 100ns（10MHz）的时间间隔计数器（周期测量相对误差为 10^{-5}）能实现 10ps 的分辨率。

　　双混频时间偏差方法测量的稳定度计算：假设测量采样时间 $\tau = T_F = 1/F$ 时的频率稳定度，则需要使用时间间隔计数器连续测量两路输入信号的时间偏差 ΔT_1、ΔT_2 的值。

$$\frac{\Delta f_i}{F} = \frac{\Delta T_{i+1} - \Delta T_i}{T_F} \tag{2.2.7}$$

$$y_i = \frac{f_i - f_0}{f_0} = \frac{f_i + \Delta f_i - f_0}{f_0} = \frac{\Delta f_i}{f_0} = \frac{F(\Delta T_{i+1} - \Delta T_i)}{f_0 T_F} = \frac{F^2}{f_0}(\Delta T_{i+1} - \Delta T_i) \tag{2.2.8}$$

而采样时间 $\tau = 1/F$ 的阿伦方差为

$$\sigma_y(\tau) \approx \sqrt{\frac{1}{2mf_0^2}\sum_{i=1}^{m}(f_{i+1} - f_i)^2} = \sqrt{\frac{1}{2m}\sum_{i=1}^{m}(y_{i+1} - y_i)^2}$$

$$= \frac{F^2}{f_0}\sqrt{\frac{1}{2m}\sum_{i=1}^{m}(\Delta T_{i+2} - \Delta T_{i+1} + \Delta T_i)^2} \tag{2.2.9}$$

　　如果测量采样时间 $\tau = \rho \cdot T_F$ 时的频率稳定度（ρ 为正整数），则时间间隔计数器只需每隔 $\tau = \rho \cdot T_F$ 时间测量一次时间间隔值 ΔT_i，仍按式(2.2.9)计算相应的频率稳定度，此时 $F = 1/(\rho \cdot T_F)$。

综上所述，双混频时间偏差方法是一种很容易实现阿伦方差测量所需无间隙连续取样的频率稳定度测量方法，而且其对时间间隔的测量也不需要很高的精度。

作为国家级时间频率基准实验室和计量实验室等机构的首选测量方案，多通道的双混频时间偏差测量系统已经流行了很多年，美国海军天文台的喷气推进实验室等研究机构都采用了双混频结构的频率稳定度分析系统。

4. 频率偏差倍增方法

当参考频率信号和待测频率信号混频后的频率偏差很小（如远小于 1Hz）时，受计数器测量分辨率的限制，测量能力有限，频率偏差倍增方法是通过多次倍增频率偏差信号来增大进入计数器的频率偏差信号的频率值，然后使用计数器通过测周期或测频率的方法进行测量。频率偏差倍增方法原理图如图 2.2.8 所示[8-10]。

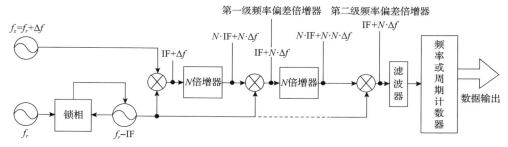

图 2.2.8　频率偏差倍增方法原理图

频率偏差倍增方法的核心思想是扩大待测频率信号与参考频率信号的频率偏差，由图 2.2.8 可知，倍增器对频率偏差信号倍增若干倍后，再利用通用计数器测频率的方法测量扩大后的频率偏差。若待测频率信号与参考频率信号的频率偏差为 Δf，锁定到参考频率信号的压控晶体振荡器输出频率为 $f_r - \text{IF}$ 的信号（IF 可以根据测量计数器的分辨率参数选取，一般 $f_r = N \cdot \text{IF}$），混频后输出的频率为 $\text{IF} + \Delta f$，N 倍增器输出 $\text{IF} + \Delta f$ 的 N 倍信号，该信号经混频器将频率下变频得到 $\text{IF} + N \cdot \Delta f$，完成了一级倍增链路，此时频率偏差信号的频率增大为原来的 N 倍。频率偏差倍增链路的倍增阶数根据设计需求自由确定，经过一级或 m 级 N 倍增后，频率偏差 Δf 扩大到 $N^m \cdot \Delta f$，再由频率计数器或周期计数器测量频率。

若待测频率信号、参考频率信号和压控晶体振荡器输出信号的频率值分别由 $f_r + \Delta f$、f_r 和 $f_r - \text{IF}$ 表示，其中 Δf 包含了系统误差和噪声引起的误差。假设系统两级 N 倍增器，则经过第一级和第二级信号转换得到的频率偏差可以表示为式（2.2.10）和式（2.2.11）。

第一级频率偏差倍增输出为

$$(\text{IF} + \Delta f) \cdot N - (f_r - \text{IF}) = (N+1) \cdot \text{IF} - f_r + N \cdot \Delta f \tag{2.2.10}$$

第二级频率偏差倍增输出为

$$\begin{aligned} &[(N+1) \cdot \text{IF} - f_r + N \cdot \Delta f] \cdot N - (f_r - \text{IF}) \\ &= (N^2 + N + 1) \cdot \text{IF} - (N+1)f_r + N^2 \cdot \Delta f \end{aligned} \tag{2.2.11}$$

若 f_r=10MHz、IF=1MHz、N=10，则式（2.2.10）和式（2.2.11）分别为 1MHz+ $10\Delta f$ 和 1MHz+$10\Delta f$ 。

前面假设包含的参考频率信号为理想无偏信号，待测频率信号的偏差为Δf，在实际情况下，选作参考频率信号的精度至少应该比待测频率信号高出一个数量级，较之待测频率信号而言，参考频率信号的频率偏差可以忽略不计，因此可以利用式（2.2.10）和式（2.2.11）表达经过倍增后的信号频率偏差。但是如果多次采用频率偏差倍增，则由倍增器、混频器等电路噪声引起的寄生调相和从后级串入前级的干扰将会影响频率测量的准确度，甚至产生自激振荡而无法正常工作，倍增级数越多，影响越严重，因此不能无限制地倍增。

频率偏差倍增方法的测量精度取决于所用倍增器、混频器的噪声电平和计数器的分辨率。频率偏差倍增器的系统分辨率可以表示为

$$R = 1/(M \cdot \text{IF} \cdot \tau) \tag{2.2.12}$$

式中，τ 为采样时间，单位为 s；$M=N^m$ 为倍增数。

由于频率偏差倍增器结构复杂，而且产生附加噪声的来源也较多，所以在高精度的测量中一般不单独使用，例如，Quartzlock 公司的 A7 系列产品就是结合了双混频和频率偏差倍增共同实现了高精度测量。

2.3　偏差频率产生技术

频率合成技术是以一个或多个参考频率源为基准，能在某一频段内合成并输出相同稳定度和准确度的离散频率信号的技术。频率合成技术一般可分为四种，即直接模拟频率合成技术、直接数字频率合成技术、间接模拟频率合成技术和间接数字频率合成技术[11]。本节将介绍几种常用的频率合成技术。

2.3.1　频率合成技术的发展

最早出现的频率合成技术是直接模拟频率合成（direct analog frequency synthesis, DAFS）技术，采用一组晶体振荡器作为基准频率，通过混频器、倍增器和分频器

对基准频率进行加减乘除后产生各种新的频率，再通过滤波器和电子开关甄选出所需要的频率信号，通过滤波放大后输出。该技术是经典技术，其优点是频率转换速度快、频率分辨率高，但其采用了很多滤波器，结构复杂，体积大，容易产生过多的谐波分量和杂散分量，大多数硬件的非线性影响无法滤除。

随后出现了间接模拟频率合成技术，它是基于锁相环（phase-locked loop, PLL）技术把一个或多个基准频率通过谐波发生器、混频器和分频器等一系列非线性器件，产生大量的谐波频率或组合频率，然后用锁相环把压控振荡器（voltage control oscillator, VCO）的频率锁定在某一组合频率上，由压控振荡器间接产生所需要的频率信号。锁相环可等效为窄带滤波器，因此频率源杂散较好。但由于锁相环完成锁定需要时间，所以其频率转换时间较长，频率间隔不能太小，而且系统内插入的压控振荡器会带来比较大的噪声。

随着半导体技术的发展，数字分频锁相环电路的性能得到大幅提升，其成本大幅降低且具有高可靠性，基于数字分频锁相环的间接数字频率合成技术开始得到广泛应用。间接数字频率合成技术在锁相环内插入了数字分频器和数字鉴相器，能够有效减少多次倍乘和滤波所需的设置时间，从而使频率转换时间减少至几纳秒。间接数字合成频率源具有体积小、成本低、频率步进小、使用方便可靠、可实现大规模集成等优点，但由于锁相环内使用了数字分频器，其输出信号的相位噪声与锁相环内数字分频器的种类和分频次数有关，分频次数越多，输出信号的相位噪声也越差。

1971 年，美国出现了直接数字频率合成的概念[11]，根据奈奎斯特取样定理，从连续信号的相位中出发将一个信号取样、量化、编码，形成一个幅值表存储于只续存储器中。合成频率时取样间隔时间不变，通过改变相位累加器的频率控制字改变相位增量，再将这种量化的离散数字信号通过数模转换器和低通滤波器（low pass filter, LPF）后即可得到模拟正弦波信号。直接数字频率合成技术转换速度快、设备简单，很快在各个行业中得到应用。

2.3.2　直接数字频率合成技术

直接数字频率合成技术极大地减少了频率转换时间，提高了频率分辨率，降低了相位噪声，因此这种信号产生技术得到了越来越广泛的应用，很多厂家已经生产出直接数字频率合成专用芯片，这些器件成为当今电子系统及设备中频率源的首选器件。

1. 直接数字频率合成技术的原理

直接数字频率合成技术是一种直接对参考时钟进行抽样、数字化，然后利用数字处理技术产生频率的方法。它最早出现于 20 世纪 70 年代，但在当时的技术及器件水平限制下，其性能指标与已存在的频率合成技术没有可比性，因此并未受到重视[11]。

直到 20 世纪 80 年代末 90 年代初，随着半导体技术的发展，直接数字频率合成技术在频率合成方面的优势才越来越明显。此后，随着输出杂散信号模型的建立和杂散信号分布规律的认识，抑制直接数字频率合成技术杂散信号的方法越来越多，主要包括对相位累加器的改进、波形存储表数据压缩、抖动注入技术以及直接数字频率合成器工艺结构和系统结构的改进等。同时，在微电子技术和大规模集成电路技术发展的带动下，直接数字频率合成技术得到了更迅猛的发展。

直接数字频率合成技术可以理解为数字信号处理中信号综合的硬件实现问题，即通过给定信号的幅度、频率、相位参数来产生所需信号波形的技术。

首先对单频连续正弦波信号进行分析。设频谱纯净且频率为 f_0 的单频连续正弦波信号 $S(t)$ 为

$$S(t) = A\sin\left(2\pi f_0 t + \theta_0\right) \tag{2.3.1}$$

为简化分析，假设该正弦波信号的幅度为 1，初始相位为 0，即 $A=1$，$\theta_0 = 0$，则可得到

$$S(t) = \sin\left(2\pi f_0 t\right) \tag{2.3.2}$$

再设该正弦波信号的相位函数为 $\theta(t)$，对其求导后可得

$$\theta'(t) = \left(2\pi f_0 t\right)' = 2\pi f_0 \tag{2.3.3}$$

即为该正弦波信号的角频率。

利用数字处理技术对该信号进行处理，分别对其相位函数和幅度函数进行离散化处理。设采样频率为 f_s，则可得到离散波形序列和离散相位序列分别为

$$S^*(n) = \sin\left(\frac{2\pi f_0 n}{f_s}\right) = \sin\left(2\pi \frac{f_0}{f_s} n\right), \quad n = 0,1,2,\cdots \tag{2.3.4}$$

$$\theta^*(n) = \frac{2\pi f_0 n}{f_s} = 2\pi \frac{f_0}{f_s} n, \quad n = 0,1,2,\cdots \tag{2.3.5}$$

离散波形序列和离散相位序列分别如图 2.3.1 和图 2.3.2 中的黑点所示，因为采样值在采样间隔内保持不变，所以如图中虚线所示，波形函数和相位函数都变成了阶梯状。

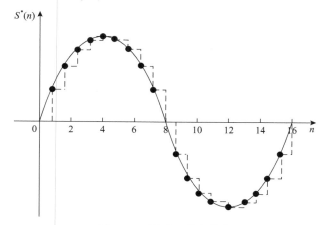

图 2.3.1　波形函数离散化

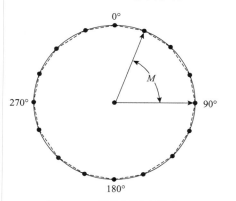

图 2.3.2　相位函数离散化

由式 (2.3.5) 可以看出, 离散相位序列呈线性, 即相邻采样值之间的相位增量是一个常数, 而且这个常数仅与信号频率 f_0 有关, 为

$$\Delta\theta = 2\pi\frac{f_0}{f_s} \tag{2.3.6}$$

再设信号频率和采样频率之间存在如下关系:

$$\frac{f_0}{f_s} = \frac{K}{M} \tag{2.3.7}$$

式中, K 和 M 均为正整数。

因此, 式 (2.3.6) 可以转换为

$$\Delta\theta = 2\pi\frac{f_0}{f_s} = 2\pi\frac{K}{M} \tag{2.3.8}$$

由式 (2.3.8) 可知，如果将 2π 的相位均匀分割为 M 等份，那么对频率为 $f = \dfrac{2\pi K}{M}$ 的正弦波信号以采样频率 f_s 采样后，其量化序列样品之间的量化相位增量为固定值 K，从而可以构造一个以常数 K 为量化相位增量的离散序列，即

$$\theta^*(n) = nK, \quad n = 0,1,2,\cdots \tag{2.3.9}$$

再将离散序列 $\theta^*(n)$ 映射至另一个离散序列 $S^*(n)$：

$$S^*(n) = \sin\left(\frac{2\pi\theta(n)}{M}\right) = \sin\left(2\pi\frac{nK}{M}\right) = \sin\left(2\pi\frac{f_0}{f_s}n\right), \quad n = 0,1,2,\cdots \tag{2.3.10}$$

可以看出，式 (2.3.10) 就是正弦波信号 $S(n)$ 以采样频率 f_s 进行采样后所得离散时间序列。此外，由奈奎斯特-香农采样定理 (Nyquist-Shannon sampling theorem) 可知，采样频率 f_s 必须大于信号频率 f_0 的 2 倍以上才能保证采样所得离散序列完全重构为原来的信号。因此，只有当 $\dfrac{f_0}{f_s} = \dfrac{K}{M} > \dfrac{1}{2}$ 时，离散序列 $S^*(n)$ 才能唯一地恢复出正弦波信号 $S(t)$。从而可知，通过常数 K 可以唯一地确定单频正弦波信号 $S(t)$ 为

$$S(t) = \sin\left(2\pi\frac{K}{M}f_s t\right) \tag{2.3.11}$$

该信号的频率为

$$f_0 = \frac{K}{M}f_s \tag{2.3.12}$$

式 (2.3.12) 就是直接数字频率合成的方程，在实际应用中，一般使用二进制形式表示 M，即 $M = 2^N$，因此式 (2.3.12) 又可以写为

$$f_0 = \frac{K}{2^N}f_s \tag{2.3.13}$$

由式 (2.3.13) 可知，当参考频率一定时，只需改变常数 K 的具体数值就可以得到不同频率的正弦波信号，一般称常数 K 为频率控制字 (frequency tuning word, FTW)。同时可知，当 $K=1$ 时，输出频率为直接数字频率合成的最小频率，即频率分辨率。

$$f_{\text{res}} = \frac{f_c}{2^N} \tag{2.3.14}$$

由此可见，直接数字频率合成器实际上相当于一个小数分频器，其最小频率

分辨率是频率控制字最低位为 1、其余位均为 0 时的输出频率，只要 N 足够大，即相位累加器有足够的长度，就总能得到所需的频率分辨率。

综上可知，在固定的采样频率下，通过控制两次连续采样之间的相位增量(小于等于π)来改变所得离散序列的频率，再经过保持和滤波，唯一地恢复出该频率的模拟信号，这就是直接数字频率合成技术的基本原理。

2. 直接数字频率合成器的基本结构

直接数字频率合成器的基本结构由相位累加器(phase accumulator, PA)、正弦查询表(或称为正弦波形存储表)、数模转换器和低通滤波器四部分组成。其中，从频率控制字寄存器开始到正弦波形存储表之间的数字部分通常称为数控振荡器(numerical control oscillator, NCO)。

直接数字频率合成技术原理框图如图 2.3.3 所示。

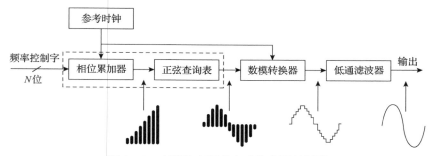

图 2.3.3　直接数字频率合成技术原理框图

相位累加器在 N 位频率控制字的控制作用下，以参考时钟频率为采样率，产生待合成信号的数字线性相位序列，将其高 P 位作为地址码通过正弦查询表 ROM (read only memery, 只读存储器)变换后产生对应信号波形的数字序列，并由数模转换器将其转换为阶梯状模拟电压信号，并输出至低通滤波器，再通过低通滤波器滤除不需要的高频分量后输出频谱纯净的正弦波信号。

2.3.3　基于锁相环技术的偏差频率产生器

锁相环电路是一种反馈控制电路，简称锁相环，其利用外部输入的参考信号控制环路内部振荡信号的频率和相位。

因为锁相环可以实现输出信号频率对输入信号频率的自动跟踪，所以锁相环通常用于闭环跟踪电路。当输出信号的频率与输入信号的频率相等时，输出电压与输入电压保持固定的相位偏差值，即输出电压与输入电压的相位被锁住，这就是锁相环名称的由来。

锁相是产生偏差频率的基本方法，本节介绍输出信号为 10.0001MHz 偏差频率产生器的实现[12]。

1. 10.0001MHz 偏差频率产生器的基本原理

10.0001MHz 偏差频率产生器采用锁相环的基本原理，利用混频技术实现了压控振荡器与参考频率源的下变频，并实现了压控振荡器输出频率与参考频率源的同步，其原理框图如图 2.3.4 所示。

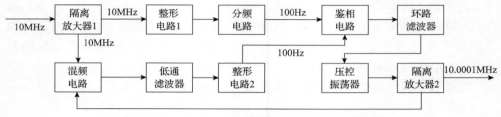

图 2.3.4　10.0001MHz 偏差频率产生器原理框图

10.0001MHz 偏差频率产生器由隔离放大器、整形电路、分频电路、鉴相电路、环路滤波器、压控振荡器、混频电路、低通滤波器组成。

隔离放大器的引入不仅可以防止后级电路干扰前一级电路，而且为后级电路提供了适当的输入电平。整形电路的作用是将模拟正弦波信号转换为边沿陡峭的数字脉冲信号，以满足相应数字芯片的要求。分频电路的作用是为鉴相电路提供适当的参考信号。鉴相电路采用数字鉴频鉴相器对输入其中的两路信号的相位和频率进行比较，输出含有相位偏差信息和频率偏差信息的误差信号。环路滤波器的引入主要是滤除鉴相电路输出信号中的高频成分，同时通过改变滤波器的参数来调整环路参数，改善环路性能。选用恒温晶体振荡器作为压控振荡器，输入不同的电压信号将使恒温晶体振荡器输出不同的频率值，通过环路滤波器的自动调整，最终输出所需的稳定频率值。混频电路实现两路信号的相乘，相乘后出现和频分量和差频分量。将混频后的信号送入低通滤波器后，将滤除和频分量，保留差频分量。经低通滤波器后的差频分量将通过整形电路调理为适宜鉴相电路处理的脉冲信号。

由氢原子钟产生的 10MHz 信号经隔离放大器 1 后分为两路信号，一路先送入整形电路 1 成为脉冲信号，此脉冲信号经分频电路分频后输出 100Hz 脉冲信号，此脉冲信号将送入鉴相电路作为参考信号；另一路与隔离放大器 2 的反馈信号混频，混频后的信号经低通滤波器滤波后，将保留 100Hz 差频信号，该差频信号经整形电路 2 整形后，将模拟正弦波信号整形为 100Hz 数字脉冲信号，将此脉冲信号送入鉴相电路，鉴相电路将对两路脉冲信号的相位进行比较，输出含有相位偏差信息的误差电压。该误差电压经环路滤波器后施加到压控振荡器上，使压控振荡器输出信号的频率发生变化，导致进入鉴相电路的信号的频率和相位发生变化，最终当进入鉴相电路的两路信号的频率相同、相位偏差恒定时，锁相环进入锁定状态。压控振荡器的信号通过隔离放大器 2 后，输出 10.0001MHz 偏差频率信号。

2. 基于锁相环技术的偏差频率产生器关键技术

鉴相电路的触发噪声在很大程度上取决于由混频电路输出的拍频信号的稳定程度，混频电路本身应采用低噪声器件，由混频电路直接输出的拍频信号包含高频分量和一些附加噪声，因此混频电路的输出信号需经过滤波网络以净化拍频信号的频谱。另外，混频电路自身灵敏度的高低和驱动电路功率的大小也对混频电路相位噪声有直接影响。

混频电路输出信号的杂散较大，至少含有 20.0001MHz 和 100Hz 两种信号，这里需要的是高频谱纯度的 100Hz 信号。这就需要设计一个高质量的低通滤波器，只有经过低通滤波器后提取出纯净的 100Hz 信号，才能完成准确鉴相。

在锁相环中，鉴相电路与压控振荡器在选定器件类型及型号后，其指标参数已经固定，可调整的空间较小，可以大范围调整的就是环路滤波器的参数。选择好环路滤波器的类型和阶数后，要在考虑阻尼因子、相位余量、同步带宽等因素下首先大概估算出滤波器的参数，然后进行细微调整。

在系统实现中，为了使后级电路不干扰频率源，而且为后级电路提供适当的输入电平，有必要在信号的输入级和输出级引入高隔离度的隔离放大器。由于该隔离放大器设计思路和方法与 9.99999MHz 偏差频率产生器中的隔离放大器一样，所以本章不再赘述。

3. 偏差频率产生器的压控振荡电路

在锁相环中，通常由压控振荡器提供输出频率，因而偏差频率产生器的带外噪声与压控振荡电路有关。

压控振荡器原理图如图 2.3.5 所示。理想的压控特性应该是线性的，即

$$\omega_v(t) = \omega_0 + K_0 u_c(t) \tag{2.3.15}$$

式中，$\omega_v(t)$ 为压控振荡器的瞬时角频率；K_0 为压控振荡器的增益，表示单位控制电压所产生的频率变化量，单位为 Hz/V 或 (rad/s)/V。

压控振荡器的形式有很多，常用的有压控晶体振荡器、LC 压控振荡器、RC 压控振荡器和负阻压控振荡器等。可以使用分立元件搭建压控振荡电路，也可以使用现成的压控振荡器配以适当的外围电路来搭建压控振荡电路。压控振荡电路在

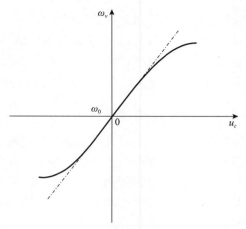

图 2.3.5　压控振荡器原理图

设计中往往要求：频率稳定度高、压控振荡器增益高、控制特性的线性区域宽且线性度好。然而，这些要求之间往往相互矛盾，难以全部实现，在设计中要折中考虑。

在高精度的时间频率测量设备中，一般都会用到锁相环技术，而且锁相环电路中的压控振荡器常采用高精度的晶体振荡器代替。

晶体振荡器通常分为压电晶体振荡器、压控晶体振荡器、温度补偿晶体振荡器、恒温晶体振荡器等。

压电晶体振荡器电路简单，价格低，但是输出频率受温度的影响大，频率稳定度低，适用于对频率稳定度、准确度要求不高的场合，通常用作时钟频率源。

压控晶体振荡器可以通过改变外电压来改变晶体振荡器输出的频率值，缺点是没有进行温度补偿，受温度影响大；优点是频率稳定度高、调频范围宽、相位噪声低等，主要应用在调频电路、锁相环电路以及移动通信系统中。

温度补偿晶体振荡器附加了温度补偿网络，能够在一定程度上解决晶体振荡器的频率-温度漂移。温度补偿晶体振荡器具有频率稳定度高、体积小、重量轻、相位噪声低、功耗低、不需要预热等优点，广泛应用于导航、通信、航空航天等电子产品中。

与上述各种晶体振荡器相比，恒温晶体振荡器是最稳定的一种晶体振荡器。恒温晶体振荡器在老化率、温度稳定性、长短期稳定度等方面都表现得非常好，广泛应用于对频率稳定度要求很高的场合，如精密的测量仪器仪表、航空航天等领域。

在本节的高精度偏差频率产生器中，需要一个稳定度很高的晶体振荡器，而且需要电压控制其频率的变化。综合考虑成本和性能，大多选择具有电压控制功能的恒温晶体振荡器，在有些高性能的应用中可以采用铷晶体振荡器。

2.3.4　基于单边带混频的偏差频率产生器

单边带混频是利用两路频率信号相乘，生成两路频率信号的频率和的高频信号和频率偏差的低频信号，利用带通滤波器滤除无用频率，最终生成需要的频率，多级级联，可以产生高精度的偏差频率。

1. 单边带混频的偏差频率产生器的基本原理

单边带混频即将一对同相信号与一对正交信号分别相乘，再相加或相减得到单边带信号，其基本原理框图如图 2.3.6 所示。

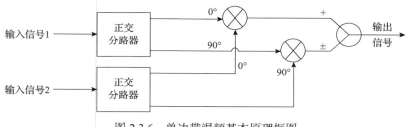

图 2.3.6　单边带混频基本原理框图

输入信号 1 经正交分路器后分为正交的两路信号，令这两路信号分别为

$$\begin{cases} x^0(t) = A\sin(\omega_1 t), & 0°支路 \\ x^{90}(t) = A\sin\left(\omega_1 t + \dfrac{\pi}{2}\right), & 90°支路 \end{cases} \quad (2.3.16)$$

式中，$x^0(t)$、$x^{90}(t)$ 分别为 0°、90°支路信号；A 为信号幅度；ω_1 为角频率。

输入信号 2 经正交分路器后分为正交的两路信号，令这两路信号分别为

$$\begin{cases} y^0(t) = B\sin(\omega_2 t), & 0°支路 \\ y^{90}(t) = B\sin\left(\omega_2 t + \dfrac{\pi}{2}\right), & 90°支路 \end{cases} \quad (2.3.17)$$

式中，$y^0(t)$、$y^{90}(t)$ 分别为 0°、90°支路信号；B 为信号幅度；ω_2 为角频率。

将式(2.3.16)、式(2.3.17)中 0°支路信号混频，可得

$$z^0(t) = \frac{1}{2}AB\cos(\omega_1 - \omega_2) - \frac{1}{2}AB\cos(\omega_1 + \omega_2)t, \quad 0°支路 \quad (2.3.18)$$

将式(2.3.16)、式(2.3.17)中 90°支路信号混频，可得

$$z^{90}(t) = \frac{1}{2}AB\cos(\omega_1 - \omega_2) + \frac{1}{2}AB\cos(\omega_1 + \omega_2)t, \quad 90°支路 \tag{2.3.19}$$

将式(2.3.18)、式(2.3.19)相加，可得输出信号为

$$z_1(t) = AB\cos(\omega_1 - \omega_2)t \tag{2.3.20}$$

将式(2.3.18)、式(2.3.19)相减，可得输出信号为

$$z_2(t) = -AB\cos(\omega_1 + \omega_2)t \tag{2.3.21}$$

由式(2.3.20)、式(2.3.21)可得，若想得到差频成分，则式(2.3.18)、式(2.3.19)相加，若想得到和频成分，则式(2.3.18)、式(2.3.19)相减。

由以上分析不难看出，单边带混频方法具有直接混频的所有优点，而且在精确控制相位的基础上，可以抵消无用边带的信号，减少了混频器带来的寄生分量，噪声低，信号频率稳定度高，但是器件性能的不稳定以及噪声的影响，使得信号很难实现长时间精确正交。

2. 9.99999MHz 偏差频率产生器的实现

本节主要介绍输出信号为 9.99999MHz 的偏差频率产生器的实现方法。

从理论上讲，得到偏差频率最理想的方法是利用一个高精度的参考频率标准，通过频率合成的方式产生。然而，频率合成往往不考虑相位之间的关系，这不仅为后级滤波器的设计增加了困难，而且可能导致所需信号被大幅削弱。因此，本节在严格控制信号相位的基础上，采用单边带混频方法实现高精度偏差频率源的研制，其原理框图如图 2.3.7 所示。图中的偏差频率产生器分为两级，第一级电路实现 9.99MHz 信号输出，第二级电路实现 9.99999MHz 信号输出。

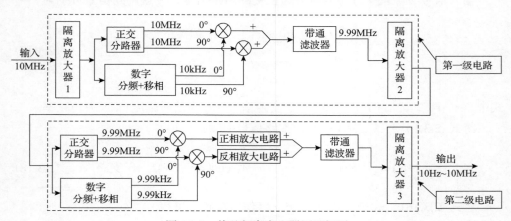

图 2.3.7　偏差频率产生器原理框图

由图 2.3.7 可知，9.99999MHz 偏差频率产生器主要由隔离放大器、正交分路器、数字分频+移相模块、混频电路、带通滤波器、正相放大电路、反相放大电路构成。两级电路的设计思路基本相同，主要包括隔离放大、信号精确正交移相、带通滤波、低噪声混频等关键技术。整个电路的基本原理如下。

1）第一级电路

10MHz 信号经正交分路器后分为正交的两路信号。令这两路信号分别为

$$\begin{cases} x_1^0(t) = A\sin(\omega_1 t), & 0°支路 \\ x_1^{90}(t) = A\sin\left(\omega_1 t + \dfrac{\pi}{2}\right), & 90°支路 \end{cases} \quad (2.3.22)$$

式中，$x_1^0(t)$、$x_1^{90}(t)$ 分别为 0°、90°支路信号；A 为信号幅度；$\omega_1 = 2\pi \times 10\text{MHz}$。

10MHz 信号采用数字处理技术分频移相后分为正交的两路信号。这两路信号均为方波信号。理想的方波信号可以表示为

$$V(t) = V_0\left[\sin(\omega_0 t) + \frac{1}{3}\sin(3\omega_0 t) + \frac{1}{5}\sin(5\omega_0 t) + \cdots\right] \quad (2.3.23)$$

从式 (2.3.23) 可以看出，奇次谐波的功率与基波相比以 $1/X^2$ 的比例下降，X 为谐波与基波的频率比。奇次谐波与 10MHz 信号混频后的信号可以使用带通滤波器滤除，因此仅以基波来说明单边带混频方法。图 2.3.7 中两路 10kHz 方波信号中各自的基波信号分别为

$$\begin{cases} y_1^0(t) = B\sin(\omega_1' t), & 0°支路 \\ y_1^{90}(t) = B\sin\left(\omega_1' t + \dfrac{\pi}{2}\right), & 90°支路 \end{cases} \quad (2.3.24)$$

式中，$y_1^0(t)$、$y_1^{90}(t)$ 分别为 0°、90°支路信号；B 为信号幅度；$\omega_1' = 2\pi \times 10\text{kHz}$。

将 $x_1^0(t)$ 与 $y_1^0(t)$ 混频后，可得

$$z_1^0(t) = \frac{1}{2}AB\cos(\omega_1 - \omega_1')t - \frac{1}{2}AB\cos(\omega_1 + \omega_1')t, \quad 0°支路 \quad (2.3.25)$$

将 $x_1^{90}(t)$ 与 $y_1^{90}(t)$ 混频后，可得

$$z_1^{90}(t) = \frac{1}{2}AB\cos(\omega_1 - \omega_1')t + \frac{1}{2}AB\cos(\omega_1 + \omega_1')t, \quad 90°支路 \quad (2.3.26)$$

$z_1^0(t) + z_1^{90}(t)$ 可得

$$z_1(t) = z_1^0(t) + z_1^{90}(t) = AB\cos(\omega_1 - \omega_1')t \tag{2.3.27}$$

再经带通滤波器后，可以将不需要的边带信号滤除，实现 9.99MHz 高精度正弦信号。

2）第二级电路

9.99MHz 信号经正交分路器后分为正交的两路信号。令这两路信号分别为

$$\begin{cases} x_2^0(t) = C\sin(\omega_2 t), & 0°支路 \\ x_2^{90}(t) = C\sin\left(\omega_2 t + \dfrac{\pi}{2}\right), & 90°支路 \end{cases} \tag{2.3.28}$$

式中，$x_2^0(t)$、$x_2^{90}(t)$ 分别为 0°、90°支路信号；C 为信号幅度；$\omega_2 = 2\pi \times 9.99\text{MHz}$。

9.99MHz 信号经复杂可编程逻辑器件分频移相后分为正交的两路方波信号。仅以基波来说明单边带混频方法，这两路 9.99kHz 方波信号中各自的基波信号分别为

$$\begin{cases} y_2^0(t) = D\sin(\omega_2' t), & 0°支路 \\ y_2^{90}(t) = D\sin\left(\omega_2' t + \dfrac{\pi}{2}\right), & 90°支路 \end{cases} \tag{2.3.29}$$

式中，$y_2^0(t)$、$y_2^{90}(t)$ 分别为 0°、90°支路信号；D 为信号幅度；$\omega_2' = 2\pi \times 9.99\text{kHz}$。

将 $x_2^0(t)$ 与 $y_2^0(t)$ 混频后，可得

$$z_2^0(t) = \frac{1}{2}CD\cos(\omega_2 - \omega_2')t - \frac{1}{2}CD\cos(\omega_2 + \omega_2')t, \quad 0°支路 \tag{2.3.30}$$

将 $x_2^{90}(t)$ 与 $y_2^{90}(t)$ 混频后，可得

$$z_2^{90}(t) = \frac{1}{2}CD\cos(\omega_2 - \omega_2')t + \frac{1}{2}CD\cos(\omega_2 + \omega_2')t, \quad 90°支路 \tag{2.3.31}$$

将 $z_2^0(t)$ 和 $z_2^{90}(t)$ 分别正相、反相放大 K 倍后相加，可得

$$z_2(t) = Kz_2^0(t) - Kz_2^{90}(t) = -KCD\cos(\omega_2 + \omega_2')t \tag{2.3.32}$$

再经带通滤波器后，可以将不需要的边带信号滤除，实现 9.99999MHz 正弦信号。

3. 单边带混频的偏差频率产生器的低噪声混频电路

在单边带混频中，混频电路是其主要电路。混频电路相当于一个乘法器，作用是获得两个输入信号频率的和频分量或差频分量。常用的混频器有二极管混频器、三极管混频器、场效应管混频器、模拟乘法器等。

（1）二极管混频器包括二极管单端混频器和二极管平衡混频器。其中，二极管单端混频器工作带宽较窄、需要的本振功率往往较大、不能消除本振噪声等，已很少使用。二极管平衡混频器的工作带宽较宽、混频失真小、动态范围大、各端口具有较高隔离度、可以抑制本振噪声，但是存在一定的变频损耗。

（2）三极管混频器的混频具有一定的混频增益、价格低、结构简单，但是失真较大、工作频率较低、组合频率干扰较大。

（3）场效应管混频器具有噪声系数低、混频失真小、动态范围大、工作频率高、具有变频增益、端口隔离度高等优点，但是一般消耗的功率较大。

（4）模拟乘法器虽然具有电路比较简单、交调互调干扰较小、变频增益较高、对输入信号的幅度要求低、动态范围大等优点，但是其工作频率不高、噪声系数较大。

在设计和选用混频器时，要尽量遵循以下原则。

（1）混频器应具备变频损耗小、噪声系数低、变频增益大等特性。

（2）要根据电路的具体情况确定混频器的工作频率范围。

（3）要考虑混频器的隔离度。

（4）尽量减小混频失真。

混频器本身是一个非线性器件，其输出会含有一系列组合频率分量，虽然高阶干扰频率信号很弱，但是低阶干扰频率信号必须加以考虑。二极管双平衡混频器可以将信号的偶次谐波分量大幅度抵消，特别是二次谐波，具有输出信号组合频率分量少、工作带宽宽等优点。虽然二极管双平衡混频器是无源器件，存在一定的变频损耗，但是在本设计方案中，进入混频器的两路信号的幅度和功率均可以通过隔离放大器进行调整。因此，选择二极管双平衡混频器产生所需的差频分量。

可以选择带宽为 $1\sim100MHz$，最小隔离度为 40dB 的二极管双平衡混频器。混频器原理图如图 2.3.8 所示，混频电路原理图如图 2.3.9 所示，其中 C_1、C_2、C_3 为隔直电容，U_1 为混频器。待混频的两路信号经隔直电容后分别送入混频器的 1 和 8 管脚，混频后的信号经隔直电容 C_3 后输出。

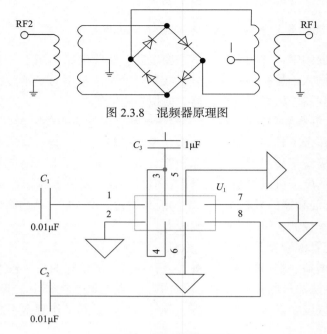

图 2.3.8　混频器原理图

图 2.3.9　混频电路原理图

2.4　思　考　题

1. 在时间间隔测量时，需要利用时基振荡器产生的频率信号对待测时间间隔进行计数，其中 ±1 误差是最大的误差部分。请分析该误差产生的原因，并给出减小这部分误差的方法。

2. 时间延展方法是时间间隔测量常用的一种方法，但其死时间相对较长。如果用 10MHz 的时基振荡器进行计数，测量停止脉冲和后一个时钟脉冲的时间间隔，计数器的充放电时间比为 1:1000，那么此计数器的死时间是多少？

3. 某电子系统需要的参考频率为 2.046MHz，请根据原子钟输出的 10MHz 频率信号，用锁相的方法为该系统提供 2.046MHz 的频率信号，画出原理框图并简要说明锁相环的工作原理，并给出每个器件输出频率的表达式。

4. 双混频时间偏差方法是精密频率测量中应用较多的一种方法，其中用到的一个关键器件是移相器，请说明双混频时间偏差方法的测量原理，并特别说明移相器的作用。

5. 若要比较两个 10MHz 信号的频差，但只有一个量程为 0.15s、分辨率为 1ns 的时间间隔计数器，请设计一个频率偏差分析仪，给出测量的原理框图并分析测量设备的性能。注意：不能使用其他计数器，可以使用混频器、滤波器等。

参 考 文 献

[1] Riley W J. Handbook of Frequency Stability Analysis[M]. Gaithersburg: NIST Special Publication, 2008.

[2] Sullivan D B. Time and frequency measurement at NIST: The first 100 years[C]. Proceedings of the 2001 IEEE International Frequncy Control Symposium and PDA Exhibition, Seattle, 2001: 4-17.

[3] Audoin C, Guinot B. The Measurement of Time: Time, Frequency, and the Atomic Clock[M]. New York: Cambridge University Press, 2001.

[4] 黄宁. 基于虚拟仪器的多通道时间间隔测量仪的研究与设计[D]. 西安: 中国科学院研究生院（国家授时中心）, 2008.

[5] 吴红芳, 姚腾飞, 张建宇. 高速 PCB 设计中的阻抗匹配与方式研究[J]. 通信电源技术, 2018, 35（2）: 46-47.

[6] Howe D A, Allan D U, Barnes J A. Properties of signal sources and measurement methods[C]. The Thirty Fifth Annual Frequency Control Symposium, Philadelphia, 1981: 20541.

[7] Levine J. Introduction to time and frequency metrology[J]. Review of Scientific Instruments, 1999, 70（6）: 2567-2596.

[8] 刘娅. 多通道数字化频率测量方法研究与实现[D]. 西安: 中国科学院研究生院（国家授时中心）, 2010.

[9] 赵亮. 高精度频率稳定度测量仪的设计和实现[D]. 西安: 西安电子科技大学, 2011.

[10] 阳丽. 采用频差倍增法的高精度时域频率稳定度测量仪的研制[D]. 武汉: 武汉理工大学, 2012.

[11] 施韶华. 基于直接数字频率合成的高精度频率源的研究与设计[D]. 西安: 中国科学院研究生院（国家授时中心）, 2008.

[12] 王国永. 高精度偏差频率产生方法研究[D]. 西安: 中国科学院研究生院（国家授时中心）, 2012.

第 3 章　时间频率信号的分析方法

产生时间频率信号的主要设备是频率源，本章主要介绍频率源输出的时域特性和频域特性以及描述方法。频域用五种幂律谱模型描述噪声，相位噪声表征输出频率的频谱特征。时域表征的困难是稳定度的表征，由于原子钟噪声的非平稳性，不能使用普通的方差进行描述，需要使用阿伦方差、阿达马(Hadamard)方差等。最后介绍时域表征和频域表征的转换方法，并分析各种噪声的识别方法。

3.1　频率源输出信号的表示

频率源的输出电压可以表示为[1,2]

$$V(t) = [V_0 + \varepsilon(t)]\sin(2\pi f_0 t + \varphi(t)) \tag{3.1.1}$$

式中，V_0 和 f_0 分别为输出的标称振幅和标称频率；$\varepsilon(t)$ 和 $\varphi(t)$ 分别为振幅变化和相位变化。

对于精密频率源，以下两个公式总能成立，即

$$\left|\frac{\varepsilon(t)}{V_0}\right| \ll 1, \quad \left|\frac{\dot{\varphi}(t)}{2\pi f_0}\right| \ll 1$$

输出信号的相位 $\Phi(t)$ 为由频率导致的相位随时间的线性变化与 $\varphi(t)$ 的叠加，即

$$\Phi(t) = 2\pi f_0 t + \varphi(t)$$

相位的变化率是频率，即 $2\pi f(t) = \dot{\Phi}(t) = 2\pi f_0 + \dot{\varphi}(t)$，则有

$$f(t) = f_0 + \frac{\dot{\varphi}(t)}{2\pi} \tag{3.1.2}$$

式 (3.1.2) 表明：一个频率源的输出频率为一个恒定的标称值 f_0 和一个由相位扰动引起的变化项之和，换句话说，频率源的输出频率表现为围绕标称频率 f_0 随机波动的特性。用 $y(t)$ 表示相对标称频率的归一化瞬时频率偏差，根据式 (3.1.2)，$y(t)$ 的定义为

$$y(t) \equiv \frac{f(t) - f_0}{f_0} \equiv \frac{\dot{\varphi}(t)}{2\pi f_0} \qquad (3.1.3)$$

同样，可以得到瞬时相对时间偏差 $x(t)$ 的定义为

$$x(t) \equiv \frac{\varphi(t)}{2\pi f_0} \qquad (3.1.4)$$

式 (3.1.4) 是相位变化 $\varphi(t)$ 的一个函数，称 $x(t)$ 为相位时间，其量纲为"秒"，而相对频率偏差 $y(t)$ 是无量纲的量，$x(t)$ 和 $y(t)$ 为连续随机过程，有如下关系式：

$$y(t) = \frac{\mathrm{d}x(t)}{\mathrm{d}t} \qquad (3.1.5)$$

令 $t_k (k=1,2,3,\cdots)$ 为离散时间序列，则 t_k 时刻所对应的相位变化的离散序列为

$$\varphi_k(t) = \varphi(t_k) \qquad (3.1.6)$$

连续随机过程 $x(t)$ 所对应的离散序列可以表示为

$$x_k \equiv \frac{\varphi_k}{2\pi f_0} \qquad (3.1.7)$$

同理，在 $t_k + \tau$ (τ 为采样时间) 时刻的相位时间为

$$x_{k+1} \equiv \frac{\varphi(t_k + \tau)}{2\pi f_0} \qquad (3.1.8)$$

在实际测量中，不可能测量随机过程 $y(t)$ 的瞬时取样值，所有的频率测量数据都是基于平均时间 τ 内的平均频率。基于平均时间 τ 内的平均相对频率偏差定义为

$$\bar{y}_k \equiv \frac{1}{\tau} \int_{t_k}^{t_k+\tau} y(t)\mathrm{d}t \qquad (3.1.9)$$

可以得到如下关系式：

$$\bar{y}_k(\tau) \equiv \frac{x_{k+1} - x_k}{\tau} \qquad (3.1.10)$$

方便起见，后面 $\bar{y}_k$ 用 y_k 表示，在测量中凡是遇到 y_k 都表示平均的概念。

利用频率分别为 f_0、$f_0 + \Delta f$ 的两个正弦波信号的相位变化，可以推导出时间频率领域的一个基础公式。这两个正弦波信号的相位分别为

$$\Phi_1(t) = 2\pi f_0 t, \quad \Phi_2(t) = 2\pi (f_0 + \Delta f) t$$

两个相位的差为 $\Delta \Phi = \Phi_2(t) - \Phi_1(t) = 2\pi (f_0 + \Delta f) t - 2\pi f_0 f = 2\pi \Delta f t$。

选择两个时刻 t_1 和 t_2，得到这两个时刻两个频率信号的相位偏差 $\Delta \Phi_{t_1}$ 和 $\Delta \Phi_{t_2}$ 为

$$\Delta \Phi_{t_1} = 2\pi \Delta f t_1, \quad \Delta \Phi_{t_2} = 2\pi \Delta f t_2$$

两个量相减，可得

$$\Delta \Phi_{t_1} - \Delta \Phi_{t_2} = 2\pi \Delta f (t_1 - t_2)$$

即 $\dfrac{\Delta \Phi_{t_1} - \Delta \Phi_{t_2}}{2\pi (t_1 - t_2)} = \Delta f$。

Φ 是频率为 f_0 的正弦波信号经历的相位，如果 τ 是该频率信号经历的时间，则信号的相位和时间的关系符合 $\dfrac{\Phi}{2\pi} = \tau f_0$，可以得到

$$\frac{\tau_1 - \tau_2}{t_1 - t_2} = \frac{\Delta f}{f_0} \tag{3.1.11}$$

式 (3.1.11) 的含义是：单位时间的相位变化等于相对频率偏差，这就是第 2 章中利用时间差可以测量频率的原因。

3.2　频率源输出特性的频域表征

频率源的频率漂移以及频率稳定度的表征都建立在一定的系统模型和噪声模型之上。对于精密频率源，其系统性不稳定因素通常为线性频率漂移，随机性不稳定因素通常为五种幂律谱噪声[3]。

3.2.1　频率源输出的系统模型

在理想情况下，$\Phi = 0$，此时频率源的输出为频率恒定的正弦波信号。但是，在实际中，一个频率源的实际输出频率往往偏离它的标称值（f_0）。其原因有两个：一是系统性不稳定因素，例如，频率源内部的老化以及外界环境因素的变化都会导致输出频率出现漂移；二是随机性不稳定因素，主要由频率源内部的噪声导致输出频率出现随机波动。

由于频率源内部的老化，其输出频率会有一个随时间变化的线性漂移。例如，石英晶体频率源和铷频率标准都会有频率漂移的现象，一些铯频率标准也有频率漂移，但是铯频率标准漂移的数量非常少。频率漂移分析结果的适当性往往要依

赖频率源的模型，通常情况下可以用式（3.2.1）和式（3.2.2）来描述一个频率源输出的系统模型：

$$y(t) = y_0 + at + y_r(t) \tag{3.2.1}$$

$$x(t) = x_0 + y_0 t + \frac{1}{2} at^2 + x_r(t) \tag{3.2.2}$$

式中，x_0 为初始相位偏差；y_0 为初始频率偏差；a 为频率漂移系数，也称为老化；$x_r(t)$ 和 $y_r(t)$ 为随机项。

当在足够长的时间内进行测量时，总可以从测量数据中消除相位偏差、频率偏差和老化，剩下的就是随机噪声项，它是影响频率稳定度的主要因素。

3.2.2　精密频率源输出的噪声模型

频率源输出频率不稳定的主要原因是随机噪声。精密频率源的随机噪声过程使用幂律谱模型来表征，即 $S_y(f) = h_\alpha f^\alpha$，其中 f 表示傅里叶频率，$S_y(f)$ 表示瞬时相对频率偏差的功率谱密度，h_α 表示幅度，α 表示幂律谱指数。该幂律谱噪声模型通常包括五种独立噪声（$\alpha = -2,\ -1,\ 0,\ 1,\ 2$），依次称为频率随机游走噪声、调频闪烁噪声、调频白噪声、调相闪烁噪声、调相白噪声，它们之间呈线性叠加关系[3,4]，即

$$S_y(f) = h_{-2} f^{-2} + h_{-1} f^{-1} + h_0 + h_1 f + h_2 f^2 = \frac{1}{(2\pi)^2} \sum_{\alpha=-2}^{2} h_\alpha f^\alpha \tag{3.2.3}$$

由于相位时间是频率的积分，所以二者的幂律谱符合以下关系[5]，即

$$S_x(f) = \frac{1}{(2\pi f)^2} S_y(f) \tag{3.2.4}$$

将式（3.2.4）代入式（3.2.3）可得到相位时间的幂律谱为

$$S_x(f) = \frac{1}{(2\pi)^2} \left(h_{-2} f^{-4} + h_{-1} f^{-3} + h_0 f^{-2} + h_1 f^{-1} + h_2 \right) = \frac{1}{(2\pi)^2} \sum_{\beta=-2}^{2} h_\beta f^\beta \tag{3.2.5}$$

幂律谱模型成为分析噪声的强有力的工具，其中一个原因就是：信号的任何周期性调制都可以在频域清晰看到。然而，对于一个噪声过程，无法得到其真正的幂律谱模型，只能由离散数据估计。由于离散化采样和有限的数据长度，所以这些估计会出现偏离。对于有限的数据，只能得到有限的频率范围，这个频率范围以外的信息则要丢失，而这个频率范围之内的信息也不真实，这就是失真。

　　幂律谱模型不能为一个时间间隔内的准确度提供一个方便的度量，只提供了影响钟稳定度的噪声类型而不是特定时间间隔内的不准确度，也就是说，噪声的幂律谱模型影响频率源输出的稳定度。

　　当描述观测噪声时，仅需要式 (3.2.5) 中的几项，因为每一项主要占频率范围的一段，五种独立噪声过程的模拟图形如图 3.2.1 所示，所对应的频域斜率特性如图 3.2.2 所示。

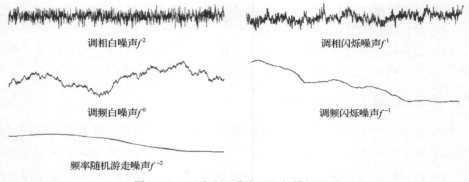

图 3.2.1　五种独立噪声过程的模拟图形

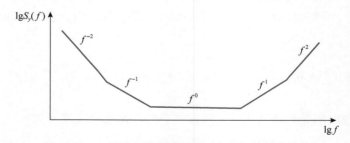

图 3.2.2　五种独立噪声过程所对应的频域斜率特性

　　这些噪声过程的产生机制描述如下：

　　(1) 频率随机游走噪声。由于频率随机游走噪声通常与载波频率非常接近，所以它不容易测量。频率随机游走噪声的产生机制通常与物理环境有关，机械振动、摆动、温度或其他一些环境作用都会引起载波频率的随机抖动。

　　(2) 调频闪烁噪声。调频闪烁噪声产生的物理机制尚不明确，一般认为，调频闪烁噪声与一个主动型频率源的物理谐振装置、电子元件的设计或选择以及环境属性有关。调频闪烁噪声在一些高质量的频率源中比较常见，但是在低质量的频率源中会被调频白噪声或调相闪烁噪声掩盖。

　　(3) 调频白噪声。调频白噪声在被动型的频率标准中比较常见，铯频率标准和铷频率标准通常都有调频白噪声的特性。

（4）调相闪烁噪声。调相闪烁噪声与频率源的物理谐振部分有关，而且会附加一些电子线路的噪声，放大器以及倍增器都会引入调相闪烁噪声。

（5）调相白噪声。调相白噪声是一种宽带相位噪声，与谐振装置无关。调相白噪声和调相闪烁噪声的产生机制相似，放大器同样会引入调相白噪声。采用一个好的放大器设计、在输出端加上一个窄带滤波器或者增大频率源的基本功率，都可以使调相白噪声保持在较低水平。

每一种噪声类型都有一个独特的性质，可以通过各种技术来鉴别。

3.2.3　频率稳定度的频域表征量

从前面的分析中可以知道，五种独立噪声过程的存在影响着频率源输出信号的稳定度，由于各种噪声的幂律谱分布不同，在不同频率点对频率稳定度的影响也不同，按照国际上早期推荐的定义和近年来 NIST 对有关特征量的规定，频率稳定度的频域表征量是相对频率起伏谱密度和相位噪声的。相位噪声是对信号时序变化的另一种测量方式，其结果在频域内显示。下面用一个振荡器信号来解释相位噪声[6,7]。

如果没有相位噪声，那么振荡器的整个功率都应集中在频率 $f=f_0$ 处。但相位噪声的出现将振荡器的一部分功率扩展到相邻频率中，产生了边带。相位噪声的概念如图 3.2.3 所示。从图 3.2.3 中可以看出，离中心频率越远，边带功率越低，f_m 是边带频率偏离中心频率的差值，相位噪声就是用来度量 f_m 处功率下降多少的参数。

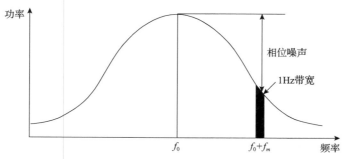

图 3.2.3　相位噪声的概念

相位噪声定义为在某一给定偏移频率 f_m 处的 dBc/Hz 值，其中 dBc 是以 dB 为单位的该频率处功率与总功率的比值。一个频率源在某一偏移频率处的相位噪声定义为在该频率处 1Hz 带宽范围内信号功率与信号总功率的比值。

在图 3.2.3 中，相位噪声是用偏移频率 f_m 处 1Hz 带宽范围内矩形的面积与整个幂律谱曲线下包含的面积之比表示的，约等于中心频率处曲线的高度与 f_m 处曲线的高度之差。相位噪声与偏移频率 f_m 的关系可以转换为图 3.2.3 所示的噪声频率(对应相位噪声中的 f_m)与功率(对应相位噪声中的功率比)关系图,可以对应找出频率源的主要噪声。

相位噪声产生的主要原因是短期频率稳定度和长期频率稳定度。短期频率稳定度是指由随机噪声引起的相位起伏或频率起伏。由温度、老化等引起的频率慢漂移则称为长期频率稳定度。通常主要考虑的是短期频率稳定度问题,可以认为相位噪声就是短期频率稳定度。

相位噪声是由频率源的内部噪声(主要是白噪声、闪烁噪声)对振荡信号的频率和相位均产生调制而引起的输出频率的随机相位或频率起伏。它描述的是在短时间间隔内引起频率源输出频率不稳定性的所有因素,是频率信号边带谱噪声的度量,是频率源短期频率稳定度的直接反映。

3.2.4　相位噪声频域测量方法

相位噪声的测量基本上分为连续波和调制波(多为脉冲调制波)两大类。每一类又可分为频率源的相位噪声(称为绝对相位噪声)和频率控制器件(二端口器件、三端口器件)的相位噪声(称为附加相位噪声)。在频域中,常用的测量方法主要有直接频谱分析仪法、相位检波器法和鉴频器法三种。但应该指出的是,在不同场合对相位噪声的要求不同,测量方法也会有所不同。随着测试技术和测量设备的发展,典型的相位噪声测量可由如美国 Agilent、Aeroflex 等仪器设备公司生产的专业相位噪声测试系统完成。本节将说明相位噪声测量的原理[8]。

在使用中,通常也可以把 $S_\phi(f)$ 当作一个功率谱密度,因为在实际测量中,是让 $V(t)$ 通过一个相位检波器,通过测量相位检波器的输出功率谱来测量相位谱密度。该测量方法主要利用了小偏离的相关关系,即

$$S_\phi(f) = \left[\frac{V_{\text{rms}}(f)}{V_s}\right]^2 \tag{3.2.6}$$

式中,$V_{\text{rms}}(f)$ 为在傅里叶变换频率 f 处每赫兹中噪声电压的均方根;V_s 为比对的两个振荡器的相位检波器的相位积分输出密度,单位为 V/rad。

在很多应用中,振荡器的频率稳定度是受到关注的一个主要方面,因此需要分析这样一个问题:频率如何随着相位波动而改变。正弦波信号的频率等于相位变化率,也就是说,通过改变相位变化率($\phi(t)$ 的变化率)可以改变 t 时间内的平均频率 $\upsilon(t)$,因此一个振荡器输出频率的波动与相位波动有关。注意:一般分析噪声时,用 $\upsilon(t)$ 表示载波频率,以区分傅里叶变换频率 f。总相位 $\phi_T(t)$ 的变化率记作 $\dot{\phi}_T(t)$,则有

$$2\pi\upsilon(t) = \dot{\phi}_T(t) \tag{3.2.7}$$

式中，"·"表示函数 ϕ_T 关于自变量 t 的微分数学运算。

根据相位的定义，可得

$$2\pi\upsilon(t) = \dot{\phi}_T(t) = 2\pi\upsilon_0 + \dot{\phi}(t) \tag{3.2.8}$$

整理可得

$$2\pi\upsilon(t) - 2\pi\upsilon_0 = \dot{\phi}(t) \tag{3.2.9}$$

或

$$\upsilon(t) - \upsilon_0 = \frac{\dot{\phi}(t)}{2\pi} \tag{3.2.10}$$

$\upsilon(t) - \upsilon_0$ 表示在 t 时刻的频率变化量，用 $\delta\upsilon(t)$ 表示。式 (3.2.10) 说明，对相位波动 $\phi(t)$ 求导再除以 2π 可得到 $\delta\upsilon(t)$。较相对标称频率的偏差更方便的表示是用 $\delta\upsilon(t)$ 除以中心频率 υ_0，$\delta\upsilon(t)/\upsilon_0$ 表示 t 时刻的相对频率波动，用 $y(t)$ 表示，则有

$$y(t) = \frac{\delta\upsilon(t)}{\upsilon_0} = \frac{\dot{\phi}(t)}{2\pi\upsilon_0} \tag{3.2.11}$$

相对频率波动 $y(t)$ 是一个无量纲量。当谈及频率稳定度时，如果考虑下面的例子，则该问题会更加明了。假设两个振荡器的 $\delta\upsilon(t)$ 都等于 1Hz，并在时间 t 内进行多次测量，则这两个振荡器输出期望频率值的能力是否相同？如果一个振荡器工作的频率是 10Hz，而另一个是 10MHz。在第一种情况下，相对频率波动的值为 1/10，第二种情况则为 1/10000000 或者 1×10^{-7}，10MHz 的振荡器更精确。如果用理想电路进行分频或倍增，则相对频率稳定度不会发生改变。

在频域中，可以测量相对频率波动 $y(t)$ 的频谱。相对频率波动的频谱密度记作 $S_y(f)$，由一个振荡器的信号通过理想调频检波器对输出电压进行频谱分析获得。$S_y(f)$ 的单位是相对频率的平方除以赫兹，可以由相位波动的谱密度 ($\delta_\phi(f)$) 进行计算，即

$$S_y(f) = \left(\frac{f}{\upsilon_0}\right)^2 S_\phi(f) \tag{3.2.12}$$

$S_\phi(f)$ 可以由一个简单的、容易复制的设备完成。无论是测量相位谱密度还是频率谱密度都没有太大区别，因为它们之间有很直接的联系，在需要的时候可以通过式 (3.2.12) 将二者进行相互转换。

对于一个带噪声的振荡器，希望测量待测振荡器的相位相对于参考振荡器相位的波动，测量原理如图3.2.4所示。可以用另一振荡器（参考振荡器）对待测振荡器锁相，锁相环的存在可以保障两个振荡器具有相同的频率。设置待测频率和参考频率的相位偏差为90°。将两个90°相位偏差的信号混频，混频以后使用一个低通滤波器进行滤波，过滤掉高频分量，得到希望的基带信号，短时间内待测振荡器与参考振荡器之间的相位波动将表现为混频后电压的波动。

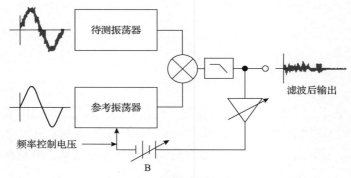

图 3.2.4　锁相环测量相位噪声原理

通过降低锁相环放大器的增益，可以将伺服时间变长，那么锁相环滤波器的带宽将会很小。该测量的目的是将调相谱转换成基带谱，从而使其在低频谱分析器中很容易测量。使用锁相环滤波器，必须谨记参考振荡器应该与待测振荡器一样或者更好。这是因为锁相环的输出包含两振荡器的噪声，如果不慎重选择，参考振荡器的噪声将会被当作待测振荡器的噪声。有时可以使参考振荡器和待测振荡器是相同的类型，因此它们有近似相同的噪声，可以通过测量两振荡器的噪声和对其中一个振荡器的噪声进行估计，通常假定待测振荡器的噪声功率谱是测量功率谱的50%。

频谱分析仪输入端的电压变化（V_{rms}）相当于短期相位波动：

$$S_\phi(f) = \left[\frac{V_{\mathrm{rms}}(f)}{V_s}\right]^2 \qquad (3.2.13)$$

式中，V_s是用伏特每弧度表示的混频器输出相位灵敏度，采用前面提到的测量设备配置，V_s可以通过断开到参考振荡器的变容二极管的反馈环路进行测量。

如果混频后的输出是正弦波信号，那么峰值电压的变化率等于V_s，在对$S_\phi(f)$的测量中要实现这一点比较困难，因为必须对混频器的输入驱动电平进行严格控制，以获得很低的噪声。因此，混频器的输出不是正弦波信号，敏感度估计只能通过到零值的电压来获得。

用分贝表示的 $S_\phi(f)$ 测量值为

$$S_\phi(f) = 20\lg\frac{V_{\text{rms}}}{V_s} \tag{3.2.14}$$

例如，给定一个双振荡器的锁相环，混频器的输出是 $V_s = 1\text{V/rad}$，在傅里叶变换频率 45Hz 处 $V_{\text{rms}}(45\text{Hz}) = 100\text{nV}/\sqrt{\text{Hz}}$。

因此，在 45Hz 处的相位噪声为

$$S_\phi(45\text{Hz}) = \left(\frac{100\text{nV} \times \text{Hz}^{-0.5}}{1\text{V/rad}}\right)^2 = \left(\frac{10^{-7}}{1}\right)^2 \text{rad}^2/\text{Hz} \tag{3.2.15}$$

用分贝表示为

$$S_\phi(45\text{Hz}) = 20\lg\frac{100\text{nV}}{1\text{V}} = 20\lg\frac{10^{-7}}{10} = -140\text{dB} \tag{3.2.16}$$

在这个例子中，锁相环电路中振荡器的平均频率对计算 $S_\phi(f)$ 并不是必需的，然而，在 $S_\phi(f)$ 的应用中，中心频率 υ_0 是一个基本信息，必须说明 υ_0 的值。在前面提到的例子中，$\upsilon_0 = 5\text{MHz}$。

$$S_\phi(45\text{Hz}) = 10^{-14}\text{rad}^2/\text{Hz}, \quad \upsilon_0 = 5\text{MHz} \tag{3.2.17}$$

可以计算出 $S_y(f)$ 为

$$S_y(45\text{Hz}) = \left(\frac{45}{5\times10^6}\right)^2 10^{-14}\text{rad}^2/\text{Hz} \tag{3.2.18}$$

$$S_y(45\text{Hz}) = 8.1\times10^{-25}\ \text{Hz}^{-1}, \quad \upsilon_0 = 5\text{MHz} \tag{3.2.19}$$

3.3　振荡器输出特性的时域表征

影响频率源输出频率不稳定性的主要因素为频率源的内部噪声。频率稳定度的表征就是一种关于不稳定性的衡量标准，既可以从频域进行，也可以从时域进行，但是通常是在时域，本节也仅讨论时域方法。

3.3.1　频率稳定度时域表征的困难

在频域，相位时间信号的稳定度用噪声幂律谱模型表示；在时域，与频域幂律谱模型对应的量是自相关函数，它与幂律谱构成一个傅里叶变换对[9]，即

$$S_x(\omega) = \int_{-\infty}^{\infty} R_x(\tau)\exp(-j\omega\tau)d\tau \tag{3.3.1}$$

$$R_x(\tau) = \frac{1}{2\pi}\int_{-\infty}^{\infty} S_x(\omega)\exp(j\omega\tau)d\omega \tag{3.3.2}$$

只有非噪声过程是平稳遍历的，前面的两个对应关系才能成立，可以使用 $R_x(\tau)$ 表征振荡器的频率稳定度。实际上，对于频率源的几种噪声过程，只有 $\alpha \geqslant 0$ 时噪声过程是平稳的，而其他几种噪声过程都不符合该条件。因此，幂律谱模型在时频域转换时遇到了困难。

令 $\tau = 0$，则得到标准方差为

$$\sigma_x^2 = R_x(0) = \frac{1}{2\pi}\int_{-\infty}^{\infty} S_x(\omega)d\omega \tag{3.3.3}$$

当 $\alpha \leqslant -1$ 时，不能满足噪声过程的平稳性要求，积分发散。另外，若均值为零，则标准方差的时域测量为

$$\sigma_x^2(N) = \frac{1}{N-1}\sum_{i=1}^{N} x_i^2 \tag{3.3.4}$$

对于平稳遍历过程，当 N 趋近于无穷时，标准方差的估计值应接近于真值。但是，对于振荡器噪声，大量的实践证明其标准方差与测量结果的总数 N 有关，随着 N 的增大而发散，其原因就在于噪声的非平稳性。

由于噪声的非平稳性，试图通过常用的一些分析方法和工具得到幂律谱模型在时域的统计性质在理论上和实验上都遇到了极大的困难。因此，实现幂律谱模型从频域到时域的转换，需要一些特殊的分析方法和工具。

3.3.2　描述频率源输出时域稳定度的各种方差

由于频率源输出信号中含有非平稳噪声过程（调频闪烁噪声和频率随机游走噪声），使用传统的标准方差来描述频率稳定度不能保证其收敛性。因此，在电气与电子工程师协会（Institute of Electrical and Electronics Engineers, IEEE）标准中所定义的时域稳定度统计方法中，阿伦方差 $\sigma_y^2(\tau)$（通常使用的是它的平方根 $\sigma_y(\tau)$，即阿伦偏差）已经成为表征频率源信号频率稳定度的一种有效手段。然而，$\sigma_y(\tau)$ 不能分辨调相白噪声和调相闪烁噪声，因此引入修正阿伦方差 $\text{Mod}\sigma_y^2(\tau)$ 的概念。时间方差 $\sigma_x^2(\tau) = \tau^2/3 \cdot \text{Mod}\sigma_y^2(\tau)$ 对时间分布系统来说是一个有用的时间稳定度的测量方法，它测量了时间分布系统的时间波动，该统计方法在无线电行业中尤其有用。这三个统计量通常被表示为它们的平方根：ADEV（$\sigma_y(\tau)$）、MDEV（Mod $\sigma_y(\tau)$）和 TDEV（$\sigma_x(\tau)$），它们中除了时间方差的量纲为秒外，其他都是无量纲量[10]。

阿达马方差（$H\sigma_y^2(\tau)$）是一个 3 次采样方差，其与 2 次采样方差相似，使用相对频率偏差的 2 阶差分、相位变化的 3 阶差分来计算。因此，阿达马方差对于调频闪烁游走噪声（$\alpha = -3$）和频率随机游走噪声（$\alpha = -4$）收敛，也不受线性频率漂移的影响。阿伦方差还可以通过总方差的形式来估计，总方差是一个比较新的统计工具，通过双边延伸测量数据的方法来提高在大的平均因子下频率稳定度估计的置信度。

1. 阿伦方差

传统的标准方差对于调频闪烁噪声和频率随机游走噪声不收敛，因此不能用来表征频率源的频率稳定度。对于频率信号，虽然其在 $\alpha \geqslant 0$ 时是非平稳信号，但其差分过程是平稳的，同样时间信号的二阶差分是平稳的，可以利用该特性在时域表征信号的稳定性。文献[9]给出了一种表征频率源频率稳定度的收敛方法，这就是基于频率数据的一阶差分方法或者基于时间偏差数据的二阶差分方法，该方法最后被定义为两次取样阿伦方差，其定义式为

$$\sigma_y^2(\tau) = \frac{1}{2}\left\langle \left(y_{i+1} - y_i\right)^2 \right\rangle \tag{3.3.5}$$

式中，"$\langle\ \rangle$" 表示无限时间平均。

阿伦方差通常用如下表达式进行估计：

$$\sigma_y^2(\tau) = \frac{1}{2(M-1)} \sum_{i-1}^{M-1} \left(y_{i+1} - y_i\right)^2 \tag{3.3.6}$$

式中，τ 为采样时间；M 为频率取样数，是基于无间隙时间的相邻时间间隔的平均频率的测量。

按照相位时间数据，阿伦方差的估计式为

$$\sigma_y^2(\tau) = \frac{1}{2(N-2)\tau^2} \sum_{i-1}^{N-2} [x(i+2) - 2x(i+1) + x(i)]^2 \tag{3.3.7}$$

式中，$N=M+1$。

实际应用中，主要采用阿伦方差的平方根，称为阿伦偏差。阿伦方差与幂律谱之间的关系为

$$\sigma_y^2(\tau) = 2\int_0^{f_h} S_y(f) |H(f)|^2 \, \mathrm{d}f \tag{3.3.8}$$

式中，f_h 为测量带宽的高端截止频率；$|H(f)|$ 为传输函数，$|H(f)|^2 = \dfrac{\sin^4(\pi f \tau)}{(\pi f \tau)^2}$。

对于每一种幂律谱噪声过程的积分可以由上述公式计算，阿伦方差和幂律谱之间的换算关系见表 3.3.1。

表 3.3.1　　阿伦方差和幂律谱之间的换算关系

噪声类型	$S_y(f)$	$\sigma_y^2(\tau)$
调相白噪声	$h_2 f^2$	$3 f_h h_2/(2\pi\tau)^2$
调相闪烁噪声	$h_1 f$	$\dfrac{1.038+3\ln(2\pi f_h\tau)}{(2\pi)^2} h_1 \dfrac{1}{\tau^2}$
调频白噪声	h_0	$\dfrac{1}{2}h_0(1/\tau)$
调频闪烁噪声	$h_{-1}f^{-1}$	$2\ln(2)h_{-1}$
频率随机游走噪声	$h_{-2}f^{-2}$	$\dfrac{2\pi^2\tau h_{-2}}{3}$

由于积分中有 f^{-2} 项，当 $f \to \infty$ 时，$|H(f)|^2 \to 0$。因此，对于一个纯幂律频率过程 $y(t)$，当 $\alpha \geqslant 1$ 时，在较高的傅里叶变换频率处，积分不收敛。而在一个实际的频率源中，$y(t)$ 的带宽是有限的，因此积分永远被高频端限制。这也就是说，在 $\alpha \geqslant 1$（调相白噪声和调相闪烁噪声）情况下，阿伦方差是纯幂律频率过程 $y(t)$ 带宽 B 的一个函数。在 $\alpha < 1$ 情况下，积分项 $|H(f)|^2$ 中的高频截止特性由纯幂律频率过程 $y(t)$ 自身来限制带宽即足够，使得积分收敛，因此 $\alpha < 1$ 时阿伦方差与纯幂律频率过程 $y(t)$ 的带宽之间没有依赖关系，这一点从表 3.3.1 中也可以看出。由表 3.3.1 可见，对于 $-2 \leqslant \alpha \leqslant 0$ 的范围，阿伦方差和 τ^μ 成比例，这里 $\mu = -\alpha - 1$。当 $\alpha = 1$ 和 $\alpha = 2$ 时，$\mu = -2$，此时阿伦方差和平均时间 τ 具有相同的依赖关系，阿伦方差和 τ 之间的幂律图如图 3.3.1 所示（注意图中画出的是阿伦偏差）。因此，对于一定的系统带宽，使用阿伦方差和 τ 的依赖关系来辨别调相白噪声和调相闪烁噪声是不切实际的，这一事实造成了阿伦方差的缺陷。而修正阿伦方差 $\mathrm{Mod}\sigma_y^2(\tau)$ 解决了调相白噪声和调相闪烁噪声之间的模糊性问题。

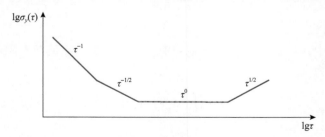

图 3.3.1　　阿伦偏差和 τ 之间的幂律图

2. 修正阿伦方差

从前面已经知道，阿伦方差对高频依赖关系不敏感，也就是说它对调相白噪声和调相闪烁噪声有着非常类似的带宽依赖关系，可以通过改变测量系统的带宽（硬件带宽）或者计算测量数据的谱来对不同类型的噪声进行辨别，还可以通过修正阿伦方差来避免该问题。

在测量中，每一个时间偏差 x_i 的读数都与测量系统的频率响应最高截止频率 f_h 有着不可分割的关系。定义 $\tau_h = \dfrac{1}{2\pi f_h}$，同理可以定义一个采样频率 $f_s = f_h/m$，它是硬件带宽的 $1/m$，该软件带宽可以通过平均 m 个相邻的相位数据 x_i 来实现。因此，$\tau_s = m\tau_h$，其中 $\tau_s = \dfrac{1}{2\pi f_s}$。这样就可以定义一个修正阿伦方差，允许带宽线性地改变平均时间 τ。修正阿伦方差的定义式为

$$\mathrm{Mod}\sigma_y^2(\tau) = \frac{1}{2\tau^2}\left\langle \frac{1}{m}\sum_{i=1}^{m}\left(x_{i+2m} - 2x_{i+m} + x_i\right)^2\right\rangle \tag{3.3.9}$$

式中，$\tau = m\tau_0$，τ_0 为基本平均时间。

可以通过如下表达式进行修正阿伦方差的估计：

$$\mathrm{Mod}\sigma_y^2(\tau) = \frac{1}{2m^2\tau_0^2(N-3m+1)}\sum_{j=1}^{N-3m+1}\left[\sum_{i=j}^{j+m-1}\left(x_{i+2m}-2x_{i+m}+x_i\right)^2\right] \tag{3.3.10}$$

相应地，对频率数据的估计式为

$$\mathrm{Mod}\sigma_y^2(\tau) = \frac{1}{2m^4\tau_0^2(M-3m+1)}\sum_{j=1}^{N-3m+1}\left\{\sum_{i=j}^{j+m-1}\left[\sum_{k=1}^{i+m-1}\left(y_{k+m}-y_k\right)^2\right]\right\} \tag{3.3.11}$$

当 $m=1$ 时，修正阿伦方差退化成阿伦方差。可以看出，修正阿伦方差比阿伦方差多出了一个平均的操作，它是三个平均相位数据的二阶差分，每个平均相位数据是 m 个 x_i 的非迭代的平均。当 m 增大时，软件带宽降低到 f_h/m。

与阿伦方差相比，修正阿伦方差的优点为：能够分辨各种不同的幂律谱噪声过程，即在 $\mathrm{Mod}\sigma_y(\tau)\text{-}\tau^{\mu'/2}$ 图上，对于每一种幂律谱噪声过程，它将对应产生不同的斜率，如图 3.3.2 所示的五种独立噪声过程，其在时域的函数特性列于表 3.3.2。当满足采样定理（$1/\tau_0 > 2B$）时，各种独立噪声过程都与系统带宽没有依赖关系。即使在采样定理不满足时，对于调相闪烁噪声过程，修正阿伦方差也不依赖系统带宽，但对于调相白噪声过程，修正阿伦方差对带宽仍具有依赖关系，这也是修正

阿伦方差的缺点所在。但是，修正阿伦方差的上述优点，使得它比阿伦方差获得了更广泛的应用。

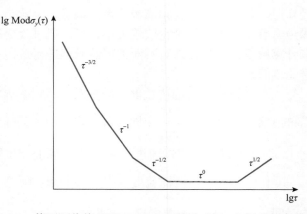

图 3.3.2　修正阿伦偏差 $\mathrm{Mod}\sigma_y(\tau)$ 和采样时间 τ 之间的斜率特性

表 3.3.2　五种独立噪声过程在时域的函数特性

独立噪声过程	$\sigma_y^2(\tau)$	$\sigma_y(\tau)$	$\mathrm{Mod}\sigma_y^2(\tau)$	$\mathrm{Mod}\sigma_y(\tau)$
	μ	$\mu/2$	μ'	$\mu'/2$
调相白噪声	-2	-1	-3	$-3/2$
调相闪烁噪声	-2	-1	-2	-1
调频白噪声	-1	$-1/2$	-1	$-1/2$
调频闪烁噪声	0	0	0	0
频率随机游走噪声	1	$1/2$	1	$1/2$

3. 时间方差

阿伦方差和修正阿伦方差比较适用于表征频率标准的频率不稳定度。然而，在有些情形下，主要关心的是时间测量而不是频率测量，这就引入了时间方差。时间方差是基于修正阿伦方差的一种时间稳定度的测量，定义为

$$\sigma_x^2(\tau) = \frac{1}{3}\tau^2\mathrm{Mod}\sigma_y^2(\tau) \tag{3.3.12}$$

由式 (3.3.12) 可以看出，时间方差和修正阿伦方差定义的基本结构相同，因此时间方差具有修正阿伦方差所具有的优点：可以辨别时间系统中存在的噪声类型。时间方差对于时间和频率测量系统、分配系统、比对系统以及网络同步系统的时间稳定度的测量非常有用，通常用时间方差的平方根来表示时间稳定度。

4. 最大时间间隔误差

在国际标准中定义了最大时间间隔误差，它是在一个特定的时间间隔内关于一个时间信号的最大峰峰时间误差的变化，如果时间误差函数测量 $x(t)$ 的结果形成 N 个等时间间隔取样 $\{x_i\}$，则最大时间间隔误差的估计式为

$$\text{MTIE}(n\tau_0) = \max_{1\leqslant k\leqslant N-n}\left(\max_{k\leqslant i\leqslant k+n} x_i - \min_{k\leqslant i\leqslant k+n} x_i\right) \tag{3.3.13}$$

式中，max 表示求最大值；min 表示求最小值；$\{x_i\}$ 为取样时间间隔 τ_0 的时间误差函数 $x(t)$ 的 N 个取样数的一个取样序列，$\tau = n\tau_0$ ($n = 1, 2, \cdots, N-1$) 是一个观测间隔，最大时间间隔误差计算过程如图 3.3.3 所示。

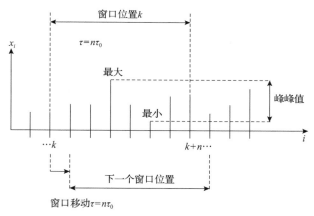

图 3.3.3　最大时间间隔误差计算过程

最大时间间隔误差对于单个极值、非定常值或奇异值非常敏感，因此该统计量通常用于电信行业中。

最大时间间隔误差和阿伦方差统计的关系目前还没有被完全确定，但是已经有这方面的相关探讨。由于最大时间间隔误差统计的峰值特性，可以利用一个概率值 β 对其进行表示，这样最大时间间隔误差不会超过一个定值。

对于调频白噪声的情况，其最大时间间隔误差可以通过如下关系近似：

$$\text{MTIE}(\tau, \beta) = k_\beta \cdot \sqrt{h_0 - \tau} = k_\beta \cdot \sqrt{2} \cdot \sigma_y(\tau) \cdot \tau \tag{3.3.14}$$

式中，k_β 是由概率值 β 决定的常数；h_0 是调频幂律谱噪声系数。

β 和 k_β 的值如表 3.3.3 所示。

表 3.3.3　　β 和 k_β 的值

$\beta/\%$	k_β
95	1.77
90	1.59
80	1.39

5. 时间间隔误差

时间间隔误差是电信行业中通用的一种频率源输出信号的统计方法。时间间隔误差的公式定义为

$$\text{TIErms} = \sqrt{\frac{1}{N-n}\sum_{i=1}^{N-n}\left(x_{i+n}-x_i\right)^2} \tag{3.3.15}$$

式中，$n=1,2,\cdots,N-1$；N 是相位数据点个数。

6. 阿达马方差

阿达马方差是基于阿达马变换的一种用于时域频率稳定度表征的方差。作为一个谱估计器，阿达马变换比阿伦方差的分辨率高，这是因为阿达马和阿伦谱窗的带宽分别为 $1.2337N^{-1}\tau^{-1}$ 和 $0.467\tau^{-1}$。阿达马方差最重要的优点是对线性频率漂移的不灵敏性，这个优点也使得它对于卫星导航系统使用的铷原子钟的稳定度分析尤其有用。

阿达马方差是一个 3 次取样方差，与 2 次取样方差相似。对于频率数据，阿达马方差定义为

$$H\sigma_y^2(\tau) = \frac{1}{6(M-2)}\sum_{i=1}^{M-2}\left(y_{i+2}-2y_{i+1}+y_i\right)^2 \tag{3.3.16}$$

对于相位数据，阿达马方差定义为

$$H\sigma_y^2(\tau) = \frac{1}{6\tau^2(N-3)}\sum_{i=1}^{N-3}\left(x_{i+3}-3x_{i+2}+3x_{i+1}-x_i\right)^2 \tag{3.3.17}$$

阿达马方差采用了频率数据的 2 阶差分、相位数据的 3 阶差分，使得其对于除五种独立噪声类型之外的两种噪声类型收敛，这两种噪声类型为调频闪烁游走噪声（$\alpha=-3$）和频率随机游走噪声（$\alpha=-4$），而且不受线性频率漂移的影响。通常使用阿达马方差的平方根，即阿达马偏差 $H\sigma_y(\tau)$ 作为频率稳定度的表征量。

7. 总方差

总方差是频率稳定度分析的一个较新的统计工具。总方差通过对原始数据列

进行倒像映射延伸的方法来增加自由度，从而提高方差估计的置信度。总方差的定义如下：

取一组时间偏差测量数据 $x_i (i=1, 2,\cdots, N)$，基本取样间隔为 τ_0，测量总持续时间 $T=(N-1)\tau_0$，那么相对频率偏差为 $y_i=\left(x_{i+1}-x_i\right)/\tau_0\ (i=1, 2,\cdots, M, M=N-1)$。将序列 y_i 通过映射延伸成一个新的、更长的虚拟序列 $\{y_i^*\}$，如下所示：

对于 $i=1, 2,\cdots, M$，有

$$y_i^* = y_i$$

对于 $j=1, 2,\cdots, M-1$，有

$$y_{1-j}^* = y_j, \quad y_{M+j}^* = y_{M+1-j}$$

相应于原始的时间偏差序列 $\{x_i\}$，产生一个延伸虚拟序列 $\{x_i^*\}$ 的操作如下：
对于 $i=1, 2,\cdots, N$，有

$$x_i^* = x_i$$

对于 $j=1, 2,\cdots, N-2$，有

$$x_{1-j}^* = 2x_1 - x_{1+j}, \quad x_{N+j}^* = 2x_N - x_{N-j}$$

这个操作是在两端进行奇映射，即关于定点对称，如图 3.3.4 所示。这是因为如果不将频率偏差去除（相应的相位数据有一个线性项）而进行偶映射必将产生相位不连续。奇映射延伸的结果是一个虚拟数据列 x_i^*（$i=3-N, 4-N,\cdots, 2N-2$），长度为 $3N-4$，满足 $y_i^*=\left(x_{i+1}^*-x_i^*\right)/\tau_0$（$i=3-N, 4-N,\cdots, 2N-3$）。

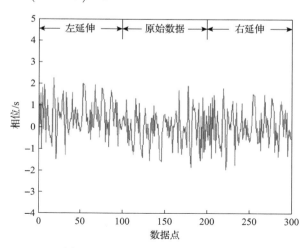

图 3.3.4　对一组相位序列的奇映射

那么总方差的定义式为

$$\text{TOTVAR}\left(m, N, \tau_0\right) = \frac{1}{2\left(m\tau_0\right)^2 (N-2)} \sum_{n=2}^{N-1} \left(x_{i-m}^* - 2x_i^* + x_{i+m}^*\right)^2 \quad (3.3.18)$$

对于 $1 \leqslant m \leqslant N-1$，$\tau$ 的最大取值为 $(N-1)\tau_0$，而当没有经过数据延伸时，τ 的极限通常为 $\left[(N-1)/2\right]\tau_0$。总方差也可以按照经过延伸的平均分数频率波动来定义，即

$$\text{TOTVAR}\left(m, M, \tau_0\right) = \frac{1}{2(M-1)} \sum_{n=1}^{M-1} \left[\bar{y}_n^*(m) - \bar{y}_{n-m}^*(m)\right]^2 \quad (3.3.19)$$

式中，$\bar{y}_n^*(m) = \left(x_{n+m}^* - x_n^*\right)/(m\tau_0)$。

总方差是平均因子 m、取样总数 N 和基本取样时间间隔 τ_0 的函数，但在实际应用中，通常用 $\text{TOTVAR}(\tau)$ 来表示。总方差的结果通常表示为平方根 $\sigma_{\text{total}}(\tau)$，称为总偏差。

3.3.3 方差估计的置信区间及迭代取样

阿伦方差及其他方差的定义中是对取样数据的无限数学平均，但是在实际中，取样总数 N 是有限的，对一组有限数目的测量值，只能以不同程度的准确度计算出各种方差的估计值，这个估计值是一个随机变量。因此，在给出频率稳定度分析结果的同时应该考虑估计的置信极限，即置信区间。本节给出两种置信区间的近似计算方法[11]。

对于有限数据组得到的阿伦方差的估计值，其相对标准偏差与取样总数的平方根成比例，即 $\sigma(\delta) \sim N^{-1/2}$，其中 $\delta = \dfrac{\sigma_y(\tau, N) - \sigma_y(\tau)}{\sigma_y(\tau)}$。在不考虑噪声类型的情况下，由一组有限测量数据组得到阿伦方差 $\sigma_y(\tau)$ 估计值，该估计值的 68%（$\pm 1\sigma$）的置信极限为

$$\sigma_y(\tau) \pm \sigma_y(\tau)/\sqrt{N} \quad (3.3.20)$$

当考虑噪声类型时，需要采用一个倍乘因子 k_n，则式（3.3.20）变为

$$\sigma_y(\tau) \pm k_n \cdot \sigma_y(\tau)/\sqrt{N} \quad (3.3.21)$$

各种幂律谱噪声类型所对应的倍乘因子 k_n 如表 3.3.4 所示

表 3.3.4　各种幂律谱噪声类型所对应的倍乘因子

噪声类型	k_n
调相白噪声	0.99
调相闪烁噪声	0.99
调频白噪声	0.87
调频闪烁噪声	0.77
频率随机游走噪声	0.75

3.4　时频域表征的转换

在频域测量振荡器的功率谱 $S_\phi(f)$ 和 $S_y(f)$ 之后，下面分析如何将幂律谱噪声过程转换成时域稳定度，即双采样阿伦方差 $\sigma_y^2(\tau)$。

将谱密度数据转换到频率波动谱密度 $S_y(f)$，这与幂律谱噪声过程对应，确定特定的幂律谱噪声过程需要对数图上在给定频率范围内的斜率和幅度两个量，斜率与功率谱指数 α 相同，需要注意的是，只有在功率谱与频率关系的对数图上才出现直线的形式，幅度用 h_α 表示，其只是给定区间内 f 的系数。在频率波动谱密度的对数图上，看到的是所有幂律谱噪声过程的叠加，即

$$S_y(f) = \sum_{\alpha=-\infty}^{\infty} h_\alpha f^\alpha \tag{3.4.1}$$

五种幂律谱噪声过程是精密振荡器内经常出现的噪声过程，式(3.4.1)表明这五种噪声过程的 $S_y(f)$ 规律，在表 3.4.1 中进行说明。

表 3.4.1　五种幂律谱噪声过程的时频域转换关系

噪声过程	对数图上的斜率
频率随机游走噪声 f^{-2}	$\alpha = -2$
调频闪烁噪声 f^{-1}	$\alpha = -1$
调频白噪声 f^0	$\alpha = 0$
调相闪烁噪声 f^1	$\alpha = 1$
调相白噪声 f^2	$\alpha = 2$

表 3.4.2 给出了从 $S_y(f)$ 和 $S_\phi(f)$ 向 $\sigma_y^2(\tau)$ 转换的系数[12]。表中最左边一列是

幂律谱噪声过程，使用中间一列，可以通过计算系数 a 和时域稳定度数据获得 $S_y(f)$ 的值。使用右边一列，可以通过计算系数 b 和频域稳定度数据 $S_\phi(f)$ 获得时域稳定度 $\sigma_y^2(\tau)$ 。

表 3.4.2　五种幂律谱噪声过程

$S_y(f) = h_\alpha f^\alpha$ 中 α 的取值	$S_y(f) = a\sigma_y^2(\tau)$ 中 a 的计算	$\sigma_y^2(\tau) = bS_\phi(f)$ 中 b 的计算
$\alpha = 2$ 调相白噪声	$a = \dfrac{(2\pi)^2 \tau^2 f^2}{3f_h}$	$b = \dfrac{3f_h}{(2\pi)^2 \tau^2 \upsilon_0^2}$
$\alpha = 1$ 调相闪烁噪声	$a = \dfrac{(2\pi)^2 \tau^2 f}{1.038 + 3\ln(2\pi f_h \tau)}$	$b = \dfrac{[1.038 + 3\ln(2\pi f_h \tau)]f}{(2\pi)^2 \tau^2 \upsilon_0^2}$
$\alpha = 0$ 调频白噪声	$a = 2\tau$	$b = \dfrac{f^2}{2\tau\upsilon_0^2}$
$\alpha = -1$ 调频闪烁噪声	$a = \dfrac{1}{2\ln 2 \times f}$	$b = \dfrac{2\ln 2 \times f^3}{\upsilon_0^2}$
$\alpha = -2$ 频率随机游走噪声	$a = \dfrac{6}{(2\pi)^2 \tau f^2}$	$b = \dfrac{(2\pi)^2 \tau f^4}{6\upsilon_0^2}$

时域和频率转换表是针对整数型幂律谱噪声过程的，从直流到截止频率（f_h），测量的响应应该在 3dB 以内。

在图 3.4.1 的相位谱密度图中[9]，对两个频率为 1MHz 的振荡器输出进行比较，有两种幂律谱噪声过程，从区域 1 可以看出，在频率为 10～100Hz 时，相位噪声的谱密度曲线斜率为–3，因此 S_ϕ 符合 f^{-3} 规律，由于 $S_\phi(f)$ 和 $S_y(f)$ 的 α 相差 2，据此分辨出区域 1 的噪声是调频闪烁噪声。根据表 3.4.2 右边一列，可以由 $S_\phi(f)$ 计算 $\sigma_y^2(\tau)$ ，即

$$\sigma_y^2(\tau) = \frac{2\ln 2 \times f^3}{\upsilon_0^2} S_\phi(f) \tag{3.4.2}$$

任意选取一个傅里叶变换频率并确定相应的 $S_\phi(f)$ ，例如，f=10Hz 处的 $S_\phi(10)=10^{-11}$，由于标称频率 υ_0 =1MHz，所以可以得到

$$\sigma_y^2(\tau) = \frac{2\ln 2 \times f^3}{\upsilon_0^2} S_\phi(f) = \frac{2\ln 2 \times 10^3}{(1\times 10^6)^2} \times 10^{-11} = 1.39 \times 10^{-20} \tag{3.4.3}$$

进而得到 $\sigma_y(\tau) = 1.18 \times 10^{-10}$ 。

区域 2 中的噪声是调相白噪声，$S_\phi(f)$ 与 $\sigma_y^2(\tau)$ 的关系为

$$\sigma_y^2(\tau) = \frac{3f_h}{(2\pi)^2 \tau^2 \upsilon_0^2} S_\phi(f) \qquad (3.4.4)$$

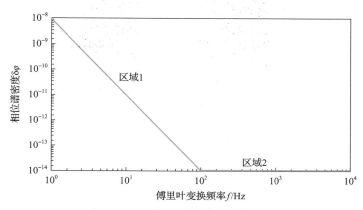

图 3.4.1　两振荡器频率偏差的频谱

在傅里叶变换频率 $f=100\mathrm{Hz}$ 处，$S_\phi(100)=10^{-14}$，若截止频率 $f_h=10^4\mathrm{Hz}$，则可以得到

$$\sigma_y^2(\tau) = \frac{3f_h}{(2\pi)^2 \tau^2 \upsilon_0^2} S_\phi(f) = 7.59 \times 10^{-24}\left(\frac{1}{\tau^2}\right) \qquad (3.4.5)$$

进而得到，$\sigma_y(\tau) = 2.76 \times 10^{-12}\left(\frac{1}{\tau}\right)$。

前面计算的两振荡器频率偏差的时域特征在图 3.4.2 中画出。图 3.4.3 画出了时域稳定度及其向频域转换的一个例子[9,13]，其中使用了表 3.4.2 中时域和频率表征的转换系数，需要注意的是图中给出的是 $S_y(f)$。

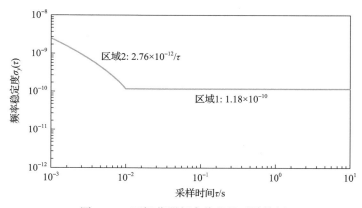

图 3.4.2　两振荡器频率偏差的时域特征

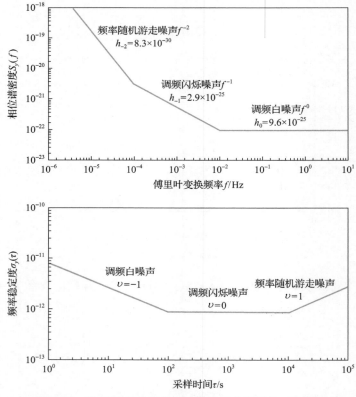

图 3.4.3　频域稳定及其向频域转换后的例子的一个例子

3.5　状态空间模型递推模拟振荡器噪声

　　时间频率的测量是能实现的最高精度的测量，因此对振荡器噪声的分析具有重大的理论意义和现实意义。要想提高振荡器输出的稳定度，必须对影响其稳定度的噪声有充分的了解。

　　对于原子钟的模拟方法，一般方法是模拟出一个噪声的序列。这种方法具有一定的优越性，但是在一些递推信号模型中该方法受到了限制，因为要预先模拟出一个噪声的序列，然后查表取值，对计算机的实际操作是很浪费的。本节采用状态空间模型递推模拟振荡器的噪声，这种递推操作有很大的便利性，特别是在模拟频率源的实际运行时，可以实时递推模拟，不需要事先存储一组频率值，然后在运行过程中取噪声值[14,15]。

3.5.1　状态空间模型

欲估计的 n 个参量形成 n 维状态向量 $X(k)$，系统从第 $k-1$ 次采样到第 k 次采样的递推公式为

$$X(k) = \Phi(k-1)X(k-1) + S(k-1) \tag{3.5.1}$$

式中，$\Phi(k-1)$ 是 $n \times n$ 的状态转移矩阵；$S(k-1)$ 是输入到系统的 n 维噪声，符合零均值正态分布且在时间上互不相关。

测量向量 $Z(k)$ 由另一个矩阵方程表示为

$$Z(k) = H(k)X(k) + V(k) \tag{3.5.2}$$

r 维测量向量在第 k 次测量与 n 维状态向量通过测量矩阵 H 线性联系，$V(k)$ 是 r 维白噪声。在对相位时间进行递推估计时，通常采用的状态向量为包含相位时间、频率和老化的列向量：

$$X(k) = \begin{bmatrix} x(k) \\ y(k) \\ c(k) \end{bmatrix} \tag{3.5.3}$$

测量向量设定为相位时间：

$$Z(k) = \begin{bmatrix} x(k) \end{bmatrix} \tag{3.5.4}$$

假定振荡器模型是线性时不变模型，状态转移矩阵和测量矩阵可以写为（测量间隔为 δt）

$$\Phi = \begin{bmatrix} 1 & \delta t & \delta t^2/2 \\ 0 & 1 & \delta t \\ 0 & 0 & 1 \end{bmatrix}, \quad H = \begin{bmatrix} 1 & 0 & 0 \end{bmatrix}$$

因此，测量方程为

$$Z(k) = H(k)X(k) + V(k) = \begin{bmatrix} 1 & 0 & 0 \end{bmatrix} \cdot \begin{bmatrix} x(k) \\ y(k) \\ c(k) \end{bmatrix} + n_0(k) \tag{3.5.5}$$

式中，激励噪声 $n_0(k)$ 是白噪声，这是最后表现在相位时间上的白噪声。

状态方程可以写为

$$X(k) = \begin{bmatrix} x(k) \\ y(k) \\ c(k) \end{bmatrix} = \Phi X(k-1) + S(k) = \begin{bmatrix} 1 & \delta t & \delta t^2/2 \\ 0 & 1 & \delta t \\ 0 & 0 & 1 \end{bmatrix} \cdot \begin{bmatrix} x(k-1) \\ y(k-1) \\ c(k-1) \end{bmatrix} + \begin{bmatrix} n_{-2}(k) \\ n_{-4}(k) \\ n_{-6}(k) \end{bmatrix} \quad (3.5.6)$$

需要指出的是，方程(3.5.6)后面的激励噪声都是符合正态分布的白噪声，但最后表现在相位时间上具有累加效应。其中，$n_{-2}(k)$ 表示相位时间上的激励噪声，由于累加效应，其在 $Z(t)$ 上表现为相位时间上的随机游走噪声，功率谱表现出 f^{-2} 的特性。$n_{-4}(k)$ 是频率上的激励噪声，由于累加效应，最后在 $Z(t)$ 上表现为频率随机游走噪声，功率谱表现出 f^{-4} 的特性。$n_{-6}(k)$ 是老化上的激励噪声，这种噪声可以称为频率随机奔跑噪声，因为它比频率随机游走噪声更快地离开初始位置，在 $Z(t)$ 上的功率谱表现出 f^{-6} 的特性。

3.5.2　噪声模拟方法

1. 偶次幂噪声的模拟

根据前面的原理，很容易模拟出调相白噪声、调频白噪声和频率随机游走噪声。

取初始状态向量为全零向量，需要哪一种噪声，将式(3.5.6)中激励噪声矩阵对应的激励噪声 $n(k)$ 用符合均值为零正态分布的白噪声序列输入，在式(3.5.6)测量矩阵 $Z(k)$ 就得到相应分布的白噪声。例如，要想得到调频白噪声，则将 $n_{-2}(k)$ 以白噪声序列输入，n_0、n_{-4}、n_{-6} 设为零，式(3.5.6)中的 $Z(k)$ 即为调频白噪声。如果需要两种或者两种以上的白噪声，则只需把对应的激励噪声输入。

图 3.5.1 是模拟的三种噪声。由图可以看出，这三种噪声的功率谱符合噪声的定义，证明模拟噪声是正确的。

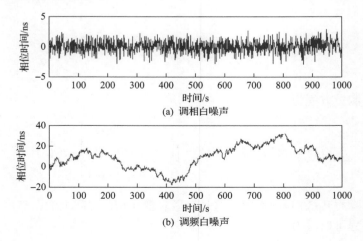

(a) 调相白噪声

(b) 调频白噪声

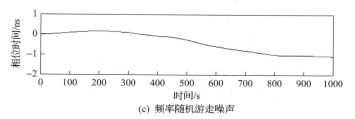

(c) 频率随机游走噪声

图 3.5.1　模拟的调相白噪声、调频白噪声和频率随机游走噪声

2. 奇次幂噪声的模拟

对调相闪烁噪声和调频闪烁噪声的模拟，不能采用前面所述的简单递推方法，因为前面的递推过程是积分过程，使幂律谱减 2，而调相闪烁噪声和调相白噪声的幂律谱相差 1，需要寻找其他方法，采用半阶积分模型，建立一个半阶积分运算，使积分后的序列比积分前的序列幂律谱少 1。

设半阶积分运算的冲击响应为 $p(t)$，满足

$$p(t) \cdot p(t) = U(t) \tag{3.5.7}$$

式中，$U(t)$ 是阶跃函数，是半阶积分运算的冲击响应；这里采用离散化的半阶积分运算，$p(t)$ 也称为半阶积分算子，作用两次相当于一次积分，需要的阶数视模拟的精度而定[16]。

将半阶积分算子和前面的状态空间模型相结合，就得到调相闪烁噪声和调频闪烁噪声的递推模拟方法，为

$$
\begin{aligned}
X(k) &= \Phi X(k-1) + q(1) \cdot S(k-1) \\
&= \Phi^2 X(k-2) + q(2) \cdot \Phi S(k-2) + q(1) \cdot S(k-1) \\
&\quad\vdots \\
&= \Phi^r X(k-r) + q(r) \cdot \Phi^{r-1} S(k-r) + \cdots + q(1) \cdot S(k-1)
\end{aligned}
$$

整理上式得到

$$X(k) = \Phi^r X(k-r) + \sum_{i=1}^{r-1} q(i) \cdot \Phi^{i-1} S(k-i) \tag{3.5.8}$$

式中，$q(i)$ $(i=1,2,\cdots,r)$ 是半阶积分算子，r 是阶数。

为简单起见，这里可以使 Φ、$X(t)$ 和 $S(t)$ 都取一阶，如果模拟调相闪烁噪声，则式 (3.5.8) 第一项取零，输入随机白噪声；如果模拟调频闪烁噪声，则第一项加上即可。

使用本节方法模拟的两种噪声如图 3.5.2 所示，其功率谱在图 3.5.3 中画出，其中调相闪烁噪声的功率谱与定义值符合得很好，而调频闪烁噪声的第一个值与定义值稍有偏离，其他值都符合 f^{-3} 的幂律谱特征。

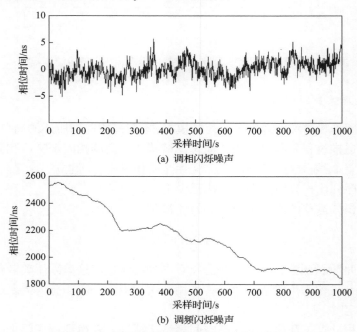

(a) 调相闪烁噪声

(b) 调频闪烁噪声

图 3.5.2　模拟的调相闪烁噪声和调频闪烁噪声

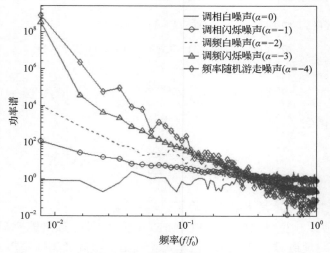

图 3.5.3　模拟的五种噪声的功率谱

3.5.3　噪声模拟结果

　　模拟出精密频率源的各种噪声，有助于对原子钟稳定性和原子钟预测方法进行研究，具有重要的意义。采用状态空间模型递推地模拟振荡器的噪声，需要的激励噪声是符合正态分布的白噪声，这很容易得到，实验结果表明，递推方法切实可行，能准确地模拟出振荡器的噪声。

3.6　思　考　题

　　1. 频率测量可以转换为时间测量，转换的依据是单位时间内相位的变化等于相对频率偏差，试用两个振荡器的相位偏差推导该相位偏差与频率偏差的关系。

　　2. 精密频率源的输出模型分为系统模型和随机模型，系统模型包括相位偏差、频率偏差和频率漂移，随机模型包括各种噪声，请给出时间信号和频率信号两种模型的表达式，并分析精密频率源五种独立噪声过程产生的原因。

　　3. 相位噪声在频率表征频率源输出频率信号的稳定性，请分析相位噪声的测量原理。如果待测振荡器和参考振荡器的性能相近，该如何处理测量结果？

　　4. 阿伦方差和阿达马方差是时域描述振荡器输出频率稳定度的主要参数，请给出两个方差的特点及主要应用场合。

　　5. 在傅里叶变换频率为 $100 \sim 10000 \text{Hz}$ 范围内，某振荡器表现出调相白噪声，相位噪声谱密度为常数 1×10^{-14}，请计算该振荡器在时域的稳定度。

参 考 文 献

[1] 李孝辉, 杨旭海, 刘娅, 等. 时间频率信号的精密测量[M]. 北京: 科学出版社, 2010.

[2] Hajimiri A, Limotyrakis S, Lee T H. Jitter and phase noise in ring oscillators[J]. IEEE Journal of Solid-State Circuits, 1999, 34(6): 790-804.

[3] Audoin C, Guinot B. The Measurement of Time: Time, Frequency, and the Atomic Clock[M]. New York: Cambridge University Press, 2001.

[4] Sullivan D B, Allan D W, Howe D A, et al. Characterization of Clocks and Oscillators[M]. Gaithersburg: NIST, 1990.

[5] Mirzaei A, Abidi A A. The spectrum of a noisy free-running oscillator explained by random frequency pulling[J]. IEEE Transactions on Circuits and Systems I: Regular Papers, 2009, 57(3): 642-453.

[6] Demir A, Mehrotra A, Roychowdhury J. Phase noise in oscillators: A unifying theory and numerical methods for characterization[J]. IEEE Transactions on Circuits and Systems I: Fundamental Theory and Applications, 2000, 47(5): 655-674.

[7]　Klimovitch G V. A nonlinear theory of near-carrier phase noise in free-running oscillators[C]. The Third IEEE International Conference on Circuits and Systems, Cancun, 2000: 801-806.

[8]　Lance A L, Seal W D, Mendoza F G, et al. Automating phase noise measurements in the frequency domain[C]. The 31st Annual Symposium on Frequency Control, Atlantic City, 1977: 347-358.

[9]　Howe D A, Allan D U, Barnes J A. Properties of signal sources and measurement methods[C]. The Thirty Fifth Annual Frequency Control Symposium, Philadelphia, 1981: 20541.

[10]　Riley W J. Handbook of Frequency Stability Analysis[M]. Gaithersburg: NIST, 2008.

[11]　张敏. 原子钟噪声类型和频率稳定度估计的自由度分析与探讨[D]. 西安: 中国科学院研究生院(国家授时中心), 2008.

[12]　张慧君. 高精度时间频率信号测量与分析平台的设计[D]. 西安: 中国科学院研究生院(国家授时中心), 2003.

[13]　Babitch D, Oliverio J. Phase noise of various oscillators at very low Fourier frequencies[C]. The 28th Annual Symposium on Frequency Control, Atlantic City, 1974: 150-159.

[14]　李孝辉. 原子时的小波分解算法[D]. 西安: 中国科学院研究生院(国家授时中心), 2001.

[15]　李孝辉, 边玉敬. 用状态空间模型递推模拟振荡器噪声[J]. 时间频率学报, 2003, 26(1): 54-60.

[16]　朱守红. 精密时钟噪声的半积分-半微分算子模型及其应用[J]. 陕西天文台台刊, 1997, 20: 1-9.

第 4 章　时间频率传递与授时方法

与其他分级传递的物理量不同，时间最显著的计量学特征是可以直接将国家标准时间传递出去。时间传递就是将时间从一个地方传递到另一个地方，如果传递的是国家标准时间，则称为授时。本章主要介绍时间频率传递与授时方法，特别是基于卫星导航系统的共视、全视和精密单点定位等时间比对方法，研究误差分布的规律和特点，分析这几种时间传递与授时方法的应用场合。

4.1　时间频率传递的基本概念

在古代，标准时间是在观象台产生的，在现代，标准时间是在守时实验室产生的，这里所说的时间虽然精密准确，但对普通大众来说，具体时间还是未知的，因为他们很难来到现场看一看时间，即使来到现场看到了时间，等回去以后，时间就又变了。

幸亏有时间传递，可以将标准时间送到人们身边。时间传递，就是将时间从一个地方传递到另一个地方。高耸的钟楼，就是最简单的一种时间传递方式，人们看一下钟楼的大钟就知道当下的时间，也就是说，时间从钟楼的大钟传递到了观看者。

更进一步，如果观看者有一块手表，他根据看到的钟楼时间调整手表，把手表的时间调到与钟楼时间一样，那么他的时间和钟楼的时间就实现了同步。这就是时间传递和时间同步的区别：时间传递只是时间信息的传递，而时间同步是在传递的基础上再进行调钟。

实际上，有两种调钟方法：一种是两个钟调得一样，这是实现了物理同步；另一种是不对手表进行调整，知道手表的时间偏差是多少，以后使用的时候扣除偏差即可，这是数学上的同步。这两种方法都可以使用，主要看使用者如何方便。

时间渗透到人们生活的各个方面，成为人们生活的一个基本参量，时间传递也是无处不在的，人们使用能想到的各种通信手段进行时间传递，可以说，有通信就有时间传递。

接下来介绍传递什么时间的问题，仅时间传递并不规定传递什么时间，只说明将时间从一个地方传递到另一个地方，但时间需要统一一个标准，如果传递的是国家标准时间，并且采用向大范围用户发播的方式，则可以称为授时。授时就是将国家标准时间发播出去。

　　授时是指通过观测天文、物理现象建立并保持某种时间频率标准，通过一定的方式把标记该时间频率标准的信号（或信息）发播、传递出去，并用时间信号改正数进行精密改正的全过程，又称为时间服务。其一般包括测时、守时、播时和订正时间信号改正数等环节。

　　授时属于时间传递的一种方式，具有明显的公益性和权威性特征。通常，人们把向多用户传递国家标准时间的行为称为授时，把一个站点的时间向另一个或几个用户分发的行为称为时间传递。

　　授时和定时这两个概念是时间传递的两个方面，授时是从系统的角度来说的，但定时是从接收者的角度来说的。与上课一样，从老师的角度来说是在授课，从学生的角度来说是在听课获取知识，如果上课相当于时间传递，那么从老师的角度来说是授时，从学生的角度来说是定时。

　　时间校准测量本地时间与标准时间的偏差，时间传递提供溯源到标准时间的方式，使人们可以对时间进行校准。通过时间传递系统得到的时间称为传递标准，大多数传递标准接收到的时间频率信号均可追溯至国家基准频率，例如，短波授时（呼号为 BPM）、长波授时（呼号为 BPL）和低频时码授时（呼号为 BPC）发播的时间频率信号都是可溯源的，因为它们都由中国科学院国家授时中心直接控制，发播中国的标准时间 UTC（NTSC）。而全球定位系统发播的时间频率信号也是可溯源的，因为它们会定期与美国海军天文台的标准时间比对。北斗卫星导航系统（BeiDou navigation satellite system, BDS）的时间溯源到 UTC（NTSC），在其他国家发播的时间频率信号也可以通过本国的标准时间溯源到协调世界时。

　　使用传递标准会引起校准精度的降低，即使位于最佳工作频率附近，无线电信号在经过从发射台到接收机的传输路径后，其性能也会降低。例如，某实验室拥有输出频率为 5MHz 的频率标准，某地铁站为了使用该频率信号，建造了一条电缆将自己的工作台连接至实验室。电缆的长度是恒定不变的，因此由长度引起的从频率标准到工作台的信号时延也是固定的。恒定的时延不会改变信号的频率，因此从电缆一端传输到另一端的信号频率也不会发生改变。但是当由温度变化等引起电缆长度发生改变时，就会导致频率发生波动。虽然频率波动的长期平均值趋于零，但其短期频率稳定度将会很差。同理，在使用传递标准时，长达数千公里的传输路径可以等效为上例中的电缆。即使在频率源（铯原子振荡器）稳定的情况下，无线电信号传输路径的长度也会发生变化，从而导致所传递频率的波动。因此，传递标准不适宜作为短期频率稳定度测量的参考频率标准，但是非常适合用于长期的测量，只要有足够长的时间，频率波动的平均值将趋于零，从而可以得到与铯原子振荡器相同精度的频率信号。

　　传输路径长度时变的无线电信号显然不适用于高精度的频率校准。BPM 台位于陕西西安，以 2.5MHz、5MHz、10MHz、15MHz 的频率发播时频信号。虽然

BPM 的频率信号直接来源于由中国科学院国家授时中心维持的国家基准频率，但经过长时间的传输到达用户接收机时已经损失很多。大多数用户接收到的天波是被电离层反射回地面的信号。电离层的高度是时变的，由此带来的传输时延也是时变的，为 500~1000μs。但是由于传输路径的变化太大，即使采用求平均值的方法也只能带来有限的性能提高。虽然 BPM 的时间可溯源至国家标准时间，但其发播的信号频率的频率准确度约为±5×10^{-9}/日。

其他的无线电信号则可以提供更稳定的传输路径和更高的准确度。BPL 台发播的时间频率信号的频率准确度为±1×10^{-12}/日。长波传输路径的稳定性要优于短波，但当日出或日落时电离层高度的变化依然会带来长波传输路径的改变。目前，使用最为广泛的是由北斗导航卫星发播的时间频率信号。北斗导航卫星的优势在于其无阻碍的信号收发路径，北斗导航卫星提供的频率信号的准确度为±2×10^{-13}/日。不同标准传递的典型频率准确度如表 4.1.1 所示。

表 4.1.1　不同标准传递的典型频率准确度

频率传递方法	频率准确度
短波定时接收机(BPM)	$\pm 5 \times 10^{-9}$/日
长波定时接收机(BPL)	$\pm 1 \times 10^{-12}$/日
北斗导航卫星系统定时接收机(BD)	$\pm 2 \times 10^{-13}$/日

4.2　主要授时方法

授时是实现传递标准的主要方式,利用无线电信号发播标准时间信号的工作称为授时，具体地，是将本地时间(一般是国家标准时间)通过一定手段传递出去[1,2]，一般采用发播方式供多个用户使用，授时系统的用户数量不限，用户都与授时主站的时间同步，是非常重要的时间传递方法。

一般来说，授时的要素有两个：一个是授时系统的时间要与国家标准时间保持一致，也称为溯源到国家时间标准，这是国际电信联盟对于授时系统的要求；另一个是采用发播方式，将授时系统的时间传递出去，供用户接收。

由于不同应用对时间频率的需求精度不同，目前的授时方法从精度在秒量级的网络授时到精度在 10ns 量级的卫星授时都有应用。

4.2.1　网络授时

网络授时就是利用网络传输标准时间信息，为网络内计算机时钟同步提供参考信号。网络授时始于 20 世纪 80 年代后期，随着互联网应用的发展，网络授时作为一种低成本的时间同步手段，在 20 世纪 90 年代得到了飞速发展，为广大互联网用户带来了极大便利[3]。

网络时间协议（network time protocol, NTP）就是用来使网络内计算机时间同步化的一种协议，最早是由美国 Delaware 大学的 Mills 教授设计实现的。它可以使计算机对其服务器或时钟源（如石英钟等）同步，还可以提供高精准度的校时（局域网上与标准时间差小于 1ms，广域网上与标准时间差达几十毫秒），并且可由加密确认的方式防止对协议恶毒的攻击。

NTP 要提供准确时间，首先要有准确的时间源，该时间应该是协调世界时的物理实现，按 NTP 服务器的等级传播。按照离外部协调世界时源的远近将所有服务器归入不同的层中。在顶层有外部协调世界时接入，第二层则从顶层获取时间，第三层从第二层获取时间，以此类推，但层的总数限制在 15 以内。所有这些服务器在逻辑上形成阶梯式的架构而相互连接，顶层的时间服务器是整个系统的基础。NTP 层次结构如图 4.2.1 所示。

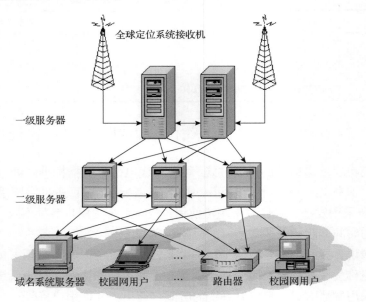

图 4.2.1　NTP 层次结构

计算机主机一般与多个时间服务器连接，利用统计学的算法过滤来自不同服务器的时间，以选择最佳的路径和来源校正主机时间。即使在主机长时间无法与某一时间服务器相联系的情况下，NTP 服务器依然能有效运转。为防止对时间服务器的恶意破坏，NTP 使用了识别机制，检查对时信息是否真正来自所宣称的服务器，并检查资料的返回路径，以提供对抗干扰的保护机制。

时间服务器与其他服务器的对时方式主要有 3 种：发播方式、主/被动方式和客户机/服务器方式。

(1) 发播方式主要适用于局域网环境,时间服务器周期性地以发播方式将时间信息传送给网络中其他的时间服务器,其时间仅有少许的延迟,而且配置非常简单。但是发播方式的精确度并不高,适用于低精度的应用。

(2) 在主/被动方式中,一台服务器可以从远端时间服务器获取时间,如果需要,也可提供时间信息给远端的时间服务器。该方式适用于配置冗余的时间服务器,可以给主机提供更精确的时间。

(3) 客户机/服务器方式与主/被动方式比较相似,只是不提供给其他时间服务器时间信息。该方式适用于一台时间服务器接收上层时间服务器的时间信息,并提供时间信息给下层的用户。

上述三种方式,时间信息的传输都使用用户数据包协议。每一个时间包内包含最近一个事件的时间信息、上次事件的发送时间与接收时间、传递现在事件的本地时间以及此时间包的接收时间。在收到上述时间包后,即可计算出时间的偏差量与传递资料的时延。时间服务器利用一个过滤算法及先前校时包计算出的时间参考值,判断后续校时包的精确性。仅从一个时间服务器获得校时信息,不能校正通信过程所造成的时间偏差,而同时与许多时间服务器通信校时,则可利用过滤算法找出相对可靠的时间来源,然后采用它的时间来校时。

在一些需要精确时间同步的场合,如电力通信、通信计费、分布式网络计算、气象预报等,仅依靠计算机本身提供的时钟信号远远不够。据统计,独立运行的计算机时间与标准时间偏差在 1min 以上的占 90% 以上,这是因为计算机的时钟信号来源于自带的简单晶体振荡器,而这种晶体振荡器守时性很差,调整好时间后,一般每天都有几秒的时间漂移。前面提及的应用对时间准确度的要求均是秒量级的,NTP 就是提供精确网络时间服务的一种重要协议。在大多数情况下,NTP 根据同步源和网络路径的不同,能够提供精确度 1～50ms 的时间。NTP 为了保证高度的精确性,需要很复杂的算法,但是在很多实际应用中,秒量级的精确度就已足够,在这种情况下,出现了简单网络时间协议(simple network time protocol, SNTP),它通过简化原来的访问协议,在保证时间精确度的前提下,使得对网络时间的开发和应用变得容易。SNTP 主要对 NTP 涉及有关访问安全、服务器自动迁移部分进行了缩减。

SNTP 目前的版本是 SNTP V4,它能与以前的版本兼容,更重要的是 SNTP 能够与 NTP 互操作,即 SNTP 客户可以与 NTP 服务器协同工作,同样 NTP 客户也可以接收 SNTP 服务器发出的授时信息。这是因为 NTP 和 SNTP 的数据包格式是一样的,计算客户时间、时间偏差以及时间包往返时延的算法也是一样的。因此,NTP 和 SNTP 实际上是无法分割的。

SNTP 采用客户机/服务器方式，服务器通过接收 GPS 信号或自带的原子钟作为系统的时间基准，客户机通过定期访问服务器提供的时间服务获得准确的时间信息，并调整自己的系统时钟，以达到网络时间同步的目的。

4.2.2 电话授时

公用电话授时服务是利用公共电话交换网传输时间信息的一种技术方式，是一种常规的授时手段。其工作可靠、成本低，能够满足中等精度时间用户的需求，可为科学研究、地震台网、水文监测、电力、通信、交通等行业提供时间同步手段。

公共电话交换网采用实时双向电路交换方式实现时间同步，可以以普通电话用户的身份，通过公共电话交换网为数字时间戳服务机构以及电话用户提供标准时间信息，并将时间认证活动归档保存，以备查询和作为凭证。同时，电话授时方式还具有一定的特殊性，即电话拨号完成话音信道建立后，两点间的物理连接信道基本确定，其传输时延是固定的，这样通过测量信道传输时延的方法进行时间精度的修正可以得到较高的授时精度。

在电话授时方面，国外发达国家较早就有一定的发展和广泛应用。国外电话授时服务始于 1988 年 NIST 建立的 ACTS（automated computer time service，计算机自动授时服务）系统。在美国，电话授时费用低、申请方便快捷，因此应用较广，授时准确度在 35ms 以内，稳定度在 5ms 以内，并且可同时发送年、月、日等信息。国内依托公共电话交换网开展电话授时技术服务的是中国科学院国家授时中心。自 1998 年开始，中国科学院国家授时中心利用公共电话交换网建立了自动校时服务系统，也开始面向公众开展电话校时服务，采用字符时延测量方式，即时间信息采用 ASCII 编码，通过服务器和用户端之间传送特定字符来测量电话信道时延。这种方式在不同汇接局间的授时不稳定度约为 5ms，同一端局内的授时不稳定度约为 3.5ms。

电话授时作为一种授时手段，虽然时间同步精度只能达到毫秒量级，但是在某些领域也得到广泛应用，有着不可替代的作用。同时，以中国科学院国家授时中心为代表的时间频率机构正在致力于电话授时新技术的研究，力争将电话授时精度提升 1~2 个数量级。

4.2.3 电视授时

电视系统是 20 世纪人类最伟大的发明之一，是现代无线电广播系统之一，利用电视系统进行时间频率发播的研究由来已久。1967 年提出的利用电视行同步脉冲进行时间比对方法精度高、成本低、使用方便，很快得到了广泛应用；其缺点是需要比对各方交换数据，无法实时完成时间同步，因此该方法称为无源电视比对方法；1970 年提出的有源电视同步方法在电视垂直消隐期间的空行插入标准时间和频率信号，既保留了无源电视比对方法的优点，又能实时实现时间同步，而且对电视信号本身不产生任何影响。

我国的时间频率工作者积极关注利用电视系统进行时间频率发播，早在1974 年我国陕西天文台、北京天文台、上海天文台、云南天文台就一直使用无源电视比对方法进行时间比对；1983 年中国科学院国家授时中心（原中国科学院陕西天文台）利用有源电视比对方法在陕西电视台进行发播实验并获得成功。根据以上成果，中国科学院国家授时中心于 1985 年为原国防科工委太原卫星发射中心研制出有源电视时间同步系统，利用有源电视系统解决了原国防科工委太原卫星发射中心场区高精度时间同步问题。1986 年，广播电视部、中国科学院陕西天文台和国家计量院在临潼陕西天文台总部共同制定出利用电视插播标准时间和频率信号的国家标准时间。随后，我国在中央电视台 1、2、4 台实现授时信号发播。目前，中央电视台 1 套（C 波段）是我国唯一在运行的电视信号搭载时间频率系统[4]。

国内外对利用电视系统搭载时间频率信号的研究集中在 20 世纪 70～80 年代，主要分为利用有源电视比对方法插播的地面传输应用研究和利用电视发播卫星的时间比对研究。利用微波链路的无源电视比对方法同步精度为 ±1μs，有源电视比对方法的同步精度为 100ns，利用电视卫星的共视时间比对精度可以达到 10ns，通过路径修正可以达到更高的精度。

随着数字发播技术新标准的出台及推广，旧的模拟电视发播系统已被逐渐取代，我国 2005 年底全面停止了模拟电视信号的发播，相应的卫星电视授时服务随之终止。而原有模拟电视信号体制下的授时方法不能应用在新的数字电视信号体制中。近年来，中国科学院国家授时中心一直致力于基于数字电视信号体制的授时新技术研究，并取得了突破性进展，新的数字卫星电视授时系统已经建成并投入使用。

数字卫星电视授时系统原理框图如图 4.2.2 所示，其中 MPEG-2（Moving Picture Experts Group 2）是基于数字存储媒体运动图像和语音的压缩标准；DVB-S（digital video broadcasting-satellite）是数字视频发播标准的一部分，专门针对通过卫星传输数字电视信号。数字卫星电视授时系统的基本思想是，利用在数字卫星电视的电视信号（television signal, TS）流中插入授时关键标志位，在接收端利用锁相环锁定数字卫星电视下行链路载波频率和电视信号码流速率，准确提取出授时标志位内容并记录该标志位到达接收端的精确时间；通过上行时延和卫星星历预报得到其他相关授时信息，从而完成整个数字卫星电视授时过程。

数字卫星电视具有覆盖面广、用户多的特点，使用数字卫星电视单向链路进行高精度时间频率传递，可满足多种行业时间频率使用需求，具有系统建设周期短、成本低、用户设备简单、使用方便等特点，具有一定的社会经济价值。

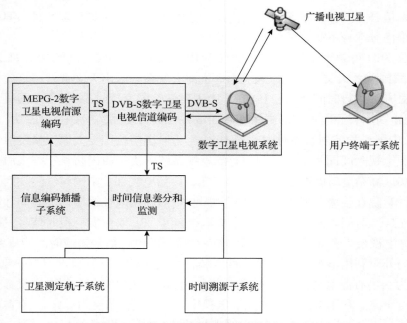

图 4.2.2　数字卫星电视授时系统原理框图

4.2.4　广播网授时

广播网授时是指将标准时间频率信号及信息调制到广播信号中，通过广播站发播并传递的过程。

广播网授时具有发播站点多、覆盖面广、发播功率较强等特点，是一种容易利用且较为理想的授时手段。该方法可以有效利用现有频率资源，扩展现有授时手段，结合调频广播及其附加信道的特点，在信号覆盖区域内复杂电磁环境下接收方便且成本低，尤其是在卫星授时信号受到高大建筑物遮挡或者在室内环境下需要获取时间信息时尤为突出，覆盖半径为 50km，授时精度可达亚毫秒量级。

广播网授时系统的组成主要分为广播系统和接收系统两部分。广播系统根据功能分为时间溯源与保持、信号发播和发播控制三个部分；接收系统主要由广播网用户终端组成，主要用于接收并获取时间信息，最终实现授时功能。

广播网授时系统的工作原理是：通过扩频的方式将时间信息编码经过调制器调制到调频发播附加信道中，与调频发播原来的音频节目信号进行混合调制，通过激励器及调频广播发射机发射出去。接收端利用调频广播射频前端接收混合信号，然后将音频广播节目信息和时间信息分离，最终由接收终端将时间信息和秒脉冲解调出来，此时系统便可以为用户提供授时服务。

2022 年，中国科学院国家授时中心已经建成一套覆盖国内 10 个城市的广播网授时系统，利用广播网实现了毫秒量级的授时服务。

4.2.5　短波授时

自 20 世纪初开始无线电授时以来，短波时间信号一直有着广泛的应用，波长在 100～10m，即频率在 3～30MHz 无线电波段为短波波段。短波授时是最早利用无线电信号发播标准时间和标准频率信号的授时手段，其授时的基本方法是由无线电台发播时间信号，用户使用无线电接收机接收时间信号，然后进行本地对时。随着科学技术的发展，长波授时、电视授时、卫星授时等时间传递方法得到了迅速发展，授时精度也有了很大提高，但对大多数用户来说，短波授时由于覆盖面广、发播简单、价格低、使用方便而受到广大时间频率用户的欢迎。毫秒量级精度的短波授时仍然是最廉价和最简便的手段。一些工业和技术发达的国家（如美国），尽管电视通信和卫星通信已经很普及，但是短波授时仍然在发挥作用。

目前，世界各地有二十多个短波授时台在工作，其短波授时信号形式各异，各有所长。其各自的特色是由各自的历史条件、现实需要与可能相结合产生的。其中比较著名的有：美国的 WWVH 短波授时信号、俄罗斯的 RWM 短波授时信号、日本的 JJY 短波授时信号以及我国的 BPM 短波授时信号等[5]。

中国科学院国家授时中心 BPM 短波授时台于 1970 年建成，1970 年 12 月 15 日试播时间信号，后因需要进行扩建，1981 年经国务院批准正式开始我国的短波授时服务，1995 年实施了技术升级改造。BPM 短波授时台位于西安东北面的蒲城县境内，BPM 短波授时台采用标准频率 2.5MHz、5MHz、10MHz、15MHz 四种载波频率发送 UTC 时间信号和 UT1 时间信号，授时精度为毫秒量级。UTC 时间信号（BPMc）固定超前 UTC（NTSC）20ms，控制的准确度优于 0.1ms，载波的准确度优于 5×10^{-11}。

BPM 短波授时台发播频率的选用随季节的不同而有所变化，但在任意时刻都有两个以上频率在工作，保证了 24h 的连续发播。BPM 短波授时台发播频率安排表如表 4.2.1 所示。

表 4.2.1　BPM 短波授时台发播频率安排表

载波频率/MHz	发播时间	
	协调世界时	北京时间
2.5	07:30～次日 01:00	15:30～次日 09:00
5	24h 连续	24h 连续
10	24h 连续	24h 连续
15	01:00～09:00	09:00～17:00

BPM 授时信号的发播程序是每 30min 循环一次：0～10min、15～25min、30～

40min、45～55min 发播 UTC 时间信号；25～29min、55～59min 发播 UT1 时间信号；10～15min、40～45min 发播无调制载波；29～30min、59～60min 为授时台呼号，其中前 40s 用莫尔斯电码发播 BPM 呼号，后 20s 有"标准时间标准频率发播台"的女声汉语普通话通告。

BPM 发播的 UTC 秒信号是使用 1 kHz 音频信号中的 10 个周波去调制其发射载波频率以产生长度为 10 个周波的音频信号，其起点（零相位）为协调世界时的秒起点。每秒产生一个这样的时间信号，两个时间信号起始之间的间隔为协调世界时的 1s。协调世界时整分信号是用 1kHz 音频信号中的 300 个周波调制其发射载波频率以产生长度为 300 个周波的音频信号，其起点（零相位）为协调世界时的整分起点。世界时 UT1 秒信号采用 100 个周波调制载波频率形成 100ms 的调制信号，分信号采用 300 个周波调制载波频率形成 300ms 的音频调制信号，其起点（零相位）为协调世界时的整分起点。

短波授时信号的传播与短波通信一样，通过两种途径传播到用户，分别为天波和地波，主要传播途径是天波。地波信号传播稳定，定时精度可达 0.1ms，但用户只能在距离短波发射台 100km 范围内使用。

对于绝大多数用户，短波授时信号主要依靠电离层的一次或多次反射的天波信号传递。电离层的各种变化带来了天波传播的不稳定性，限制了短波定时校频的精度。电离层的不同层次和不同电子浓度，使短波传播有不同的最高可用频率（超过此频率的电波将穿透电离层不再返回地面）；对于不同的频率有着不同的寂静区（小于此距离的电波将穿透电离层）；电离层的反射存在最低可用频率（当低于此频率时，电波通过电离层被严重吸收而不再返回地面）。此外，不规则性的影响使短波传播存在明显的衰落、多径时延、多普勒频移以及突然骚扰引起的短期通信中断等，这些都会给短波时间信号的传播带来影响。

短波授时信号主要依靠电离层反射传播到远方，接收时必须考虑时间、地点、季节、频率等因素的影响。短波传播的特性是频率和时间的函数。在短波频段，电离层传播的不稳定性限制了时间频率比对精度，接收的载波频率信号的相位随着路径长度和传播速度的变化而起伏，这些起伏将频率比对的最高精度限制在 $\pm 10^{-7}$，将时间信号的接收精度限制在 500～1000μs。

4.2.6　长波授时

长波的波长很长，适用于远距离传播，可用来传播标准时间信号和标准频率信号。长波的地波信号在陆地上的传播距离约为 1000km，电导率较高的海面较陆地更有利于信号的传播。长波的天波信号依靠大气电离层的反射进行传播，天波较地波传播得更远，距离可达 2000～3000km，一般天波较地波晚约 30μs 到达。长波授时信号的载波频率为 100kHz，即其周期为 10μs，采用罗兰 C 信号体制进行授时。

现在,长波授时一般指用增强型罗兰(enhanced LORAN, eLORAN)信号体制发射时间信号的无线电授时系统。增强型罗兰 C 系统是由罗兰 C 系统发展而来的,增加了数据通道传递修正信息、告警信息以及信号完好性信息等数据,同时容差控制变得更加严格,授时精度更高。增强型罗兰是低频远程无线电导航授时技术的最新发展成果,属于国际标准化的定位、导航与授时服务系统之一。增强型罗兰授时服务在准确性、可靠性、有效性、完好性以及连续性等方面满足大多数相关领域的高精度时间频率需求[6,7]。

增强型罗兰授时系统是区别于卫星导航系统但又兼容卫星导航系统的独立授时系统,可以为用户提供安全可靠的高精度授时服务,降低用户依赖卫星导航系统授时所带来的风险。

所有的长波授时台均使用同样的载波频率,采用发播脉冲组的间隔来区分每个独立台站,例如,BPL 台每 60ms 发播一个脉冲组。脉冲能辐射至各个方向,地波平行地沿着地球表面传播,天波通过电离层反射传播。脉冲波形的特殊设计可以使接收机区分出地波和天波,将信号锁定到较稳定的地波。大多数接收机都是通过跟踪脉冲波形的第三个周期来锁定地波信号的。这样的选择主要基于两方面原因:首先,它是先到达的地波信号脉冲;其次,它的幅度大于第一个周期和第二个周期,以便于接收机锁定。总之,在距离发射台 1500km 范围内接收机均可以分辨出并锁定长波信号中的地波而不受天波的影响,传输路径改变引起的时延可以降到最低(小于 500ns/日)。但是,如果无线电信号的传输路径超过 1500km,接收机将会失锁并出现周期跳变现象。每次周期跳变会带来至少 10μs 的相位偏差,即 100kHz 的一个周期。

我国对长波授时技术的研究早在 20 世纪 60 年代初就已开始,长波授时系统是我国建成的第一个采用罗兰 C 信号体制的陆基高精度授时服务系统,1975 年开始建设,1983 年建成,1986 年通过国家鉴定。自 1983 年至今,长波授时系统一直承担我国标准时间、标准频率的发播任务,并为我国空间发射任务提供授时服务保障。

BPL 台的发播频率为 100kHz,发射信号为载波相位编码脉冲组。每个脉冲组有 9 个脉冲,前 8 个脉冲每两个的间距为 1000μs,后两个脉冲间距为 2000μs,并加发秒脉冲信号。秒脉冲信号与脉冲组的单脉冲相同,秒脉冲信号发播方法为:在组重复周期的开始与秒时刻重合时,将脉冲组转换成单脉冲,该脉冲即为秒脉冲信号。

BPL 台按主台发播,脉冲组的重复周期为 60000μs。单脉冲的波形为指数不对称形,波形函数为

$$f(t) = \left(\frac{t}{\tau}\right)^2 e^{-2\left(\frac{t}{\tau}-1\right)} \tag{4.2.1}$$

BPL 台发播时刻准确度优于 1μs;发播频率准确度优于 1×10^{-12};地波定时误

差为 0.5～0.7μs；天波定时误差白天为 1.2μs，晚上为 2.8μs；地波信号校频精度为 $1×10^{-12}$～$3×10^{-12}$；天波信号白天校频精度优于 $1.1×10^{-11}$/日，夜间校频精度优于 $4.4×10^{-11}$/日。

　　1979 年，国家正式确定在我国建立罗兰 C 导航系统，即"长河二号工程"。"长河二号工程"的目的是在我国建立一种能被国家独立控制的远程无线电导航系统，以满足用户的导航定位需求。该工程分两期实施，一期工程南海台链于 1988 年完成，1990 年投入试用并通过国家技术鉴定。南海台链采用铯频率标准自由同步，从美国引进了先进的全固态发射机，建立了自动台链监测控制系统，具有完备的故障监测和快速恢复功能，系统设备及其性能都达到了国际罗兰 C 系统的先进水平。二期工程包括东海台链和北海台链，采用的是全套国产固态发射设备。1993 年，东海台链与北海台链完成系统联试，1994 年投入使用。"长河二号工程"有 6 个地面发射台、3 个系统工作区监测站和 3 个台链控制中心，分别分布在吉林、山东、上海、安徽、广东、广西 6 个省(市、自治区)。6 个地面发射台相互连接，构成 3 个台链，其覆盖范围北起日本海，东至西太平洋，南达南沙群岛，在我国沿海形成了比较完整的罗兰 C 导航系统覆盖网。从 2006 年开始，"长河二号工程"也逐渐增加了授时功能。

　　长波授时系统发播时间频率信号的准确度随着信号传输路径的变化而变化，变化幅度一般与信号强度、与发射台的距离、天气状况、天线和接收机的性能等有关。传输路径的变化导致长波授时短期频率稳定度较差，但是传输路径变化的长期平均值趋于零，因此其长期频率稳定度很好。这也就意味着，只要有足够长的测量时间，就可以使用长波授时发播的频率信号校准铯频率标准。基于以上原因，当使用长波授时来校准铯原子振荡器时，测量时间应不少于 24h。图 4.2.3 是

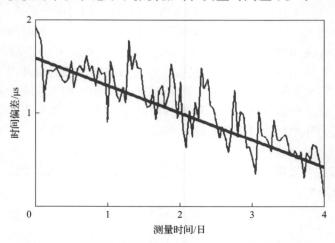

图 4.2.3　长波授时信号与铯原子钟在 96h 内进行时间比对

在 96h 的采样时间内用长波授时系统来校准铯原子钟的结果。粗线是频率准确度的最小二乘拟合，虽然有传输路径噪声的影响，但是 96h 时间偏差减小了 1.175μs，通过计算粗线的斜率可以知道铯原子钟的输出比标准频率低 $3.4×10^{-12}$。

4.2.7　低频时码授时

低频时码授时系统，通常是指工作于第五频段（30～300kHz）的长波授时系统，尤其是载波频率在 30～300kHz 的授时系统。该系统适用于区域性的标准时间频率传输，其传播的稳定性、覆盖范围的广泛性使其在各个领域都发挥出重要的作用。

在工程方面，低频时码授时系统广泛应用于远距离可靠通信、标准频率和时间传送以及精确导航、水下通信与地下通信等。在物理方面，低频无线电波用于地球物理和空间物理的探测研究，并在不断地开发新的研究方法和手段。

低频时码授时系统是低频连续波系统，主要发射模拟秒脉冲调幅信号，并根据调制的脉宽给出一定的时间编码信息。近年来，随着微电子技术的推广和应用，利用低频时码授时的产业化发展取得了突破性进展。电波钟就是低频时码接收终端的一种低精度民用产品。另外，低频时码授时系统已经应用于很多行业，如交通、雷达、航空运输，以及其他需要定时与同步的行业。为了提高接收时码信息的可靠性，节约频谱资源，国际电信联盟建议时码信息以低速率的方式在信道中传播。

低频时码授时有如下明显的优点。

（1）覆盖面积广，地波稳定覆盖半径可达 700km；一跳天波夜间最远可达数千公里。

（2）地波相位非常稳定，一跳天波相位也相对稳定，适用于授时应用。

（3）可同时传送模拟信号和数字信号，对大多数数字化设备非常有用。

（4）用户设备简单，价格低，可大规模产业化生产。

2007 年，中国科学院国家授时中心在河南商丘建立了一座大功率、连续发播的低频时码商丘授时台，构筑了我国新一代低频时码授时系统。该系统技术指标处于国际先进水平。低频时码商丘授时台沿用了低频时码授时蒲城授时台采用的幅度键控调制体制，载波调制度为 90%，发射功率增加到 100kW，天线效率优于50%，使北京、天津和长江三角洲等经济地区在低频时码信号的有效覆盖范围内。

低频时码授时发射台由原子钟、编码调制单元、发射机和天线系统组成，其功能是将 UTC（NTSC）秒信号和标准时间编码信息按规定程式和发播功率发播出去，以提供符合高精度要求的授时信息。低频时码授时发射系统原理框图如图 4.2.4 所示。

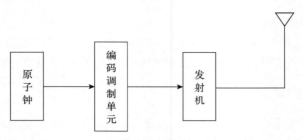

图 4.2.4　低频时码授时发射系统原理框图

低频时码授时系统是一个载波频率为 68.5kHz 的调幅无线电发播系统。调幅脉冲下降沿的起始点指示着中国科学院国家授时中心协调世界时秒的发生时刻。调幅脉冲的宽度按制定的传输协议给出日历和时间的数字编码信息。调制速率为 1bit/s。图 4.2.5 为载波调制波形示意图。低频时码信号采用了幅度与脉宽同时调制的方式。在每秒(除第 59s)开始时刻，载波幅度下跌原波幅的 90%，下跌脉冲不同的持续时间代表不同的数据信息，第 59s 的缺省意味着下一分钟的开始。

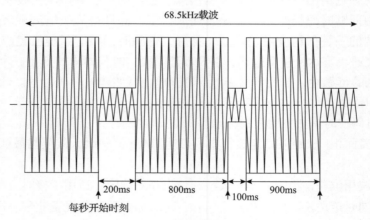

图 4.2.5　载波调制波形示意图

低频时码信号形式都是以 1s 为单位变化的，在 1s 中包含了信号的秒脉冲信息和时间编码信息。

4.2.8　卫星授时

卫星导航系统虽然是一种导航定位系统，但其导航定位的基本原理是时间同步，因此卫星导航系统也具有授时功能，并且是目前应用最广的授时系统。现有的卫星导航系统主要有美国的全球定位系统(GPS)、俄罗斯的全球导航卫星系统(GLONASS)、欧盟的 Galileo 系统和中国的北斗卫星导航系统(BDS)。

全球定位系统也是一种无线电导航系统，隶属于美国国防部。该系统由 24 颗地轨工作卫星(21 颗主星和 3 颗备用星)组成的星座构成。每颗卫星都有独立的星载原子钟(铯原子钟或铷原子钟)并与美国海军天文台维持的标准时间进行比对,最终可溯源至美国国家标准时间。24 颗卫星均匀分布在 6 个倾角为 55°的轨道面上,每颗卫星高度为 20000km,运行周期为 11h58min,从而保证每天至少有 4 颗卫星同时位于地球的同一地点上空。卫星不断围绕地球转动,因此地面的任意地方均可使用 GPS。

GPS 卫星发送两种不同载波频率的导航信号,载波 L1 为 1575.42MHz,载波 L2 为 1221.60MHz。每颗卫星在载波 L1 和载波 L2 上调制称为伪随机噪声码的扩频信号,并通过伪随机噪声码辨别各独立卫星。伪随机噪声码有两种:第一种为粗码/捕获码,其工作速率为 1.023Mbit/s,编码周期为 1ms;第二种为精码,其工作速率为 10.23Mbit/s,编码周期为 267 天,但每周期复位一次。P 码只调制在载波 L1 上,而 C 码则调制在载波 L1 和载波 L2 上。GPS 信号是沿直线传播的,这就要求天线的对空视野必须开阔无遮掩。如果能满足该条件,则可在地球的任意地方接收到 GPS 信号。

每颗卫星都装有铷原子钟或铯原子钟,或者二者均有。星载原子钟提供载频和编码发播所使用的参考频率,由地面站监测并与美国海军天文台维持的地方协调世界时进行比对。NIST 的协调世界时 UTC(NIST)与美国海军天文台的协调世界时 UTC(USNO)的最大时间偏差不超过 100ns,相对频率偏差不超过 1×10^{-13}。

大部分 GPS 接收机都可以提供 1PPS 的输出信号,一些接收机也可以提供标准频率输出(1MHz、5MHz 或 10MHz)。为了使用 GPS 接收机,只需简单地架好天线并将天线连接至接收机,然后打开接收机。天线一般为锥形或碟形,必须安放在对空视野开阔无阻碍的室外。打开接收机后,它将自动搜索天空以寻找位于天线视野上方的卫星。在计算出自己的三维坐标(在四个卫星视野内的经度、纬度、高度)后就可以输出频率信号。最简单的 GPS 接收机只有一个通道,采用按顺序在每颗卫星间迅速切换的方法接收多颗卫星的信号。更精密的接收机采用并行追踪的方法,可为视野内每颗卫星分配一个单独的通道。典型的接收机能同时追踪 5~12 颗卫星。在对多颗卫星的数据求平均后,接收机能大大提高接收到的频率的准确度[8]。

GPS 信号在很多性能指标上都优于长波无线电信号,例如,GPS 信号更容易接收、接收机更便宜、覆盖范围更广、效果也更好。但是与其他传递标准一样,GPS 信号的短期频率稳定度依然比不上原子钟,从而需要更长的时间完成校准,使用 GPS 校准原子钟时推荐的采样时间不低于 24h。

为了说明以上结论,图 4.2.6 给出了 GPS 与铯原子钟在 100s 内输出时间的比对结果。铯原子钟的频率准确度为 1×10^{-13},而其在 100s 的采样时间内累积相位偏差小于 1ns。因此,图 4.2.6 中大部分相位噪声都是由 GPS 信号传输路径变化引起的。

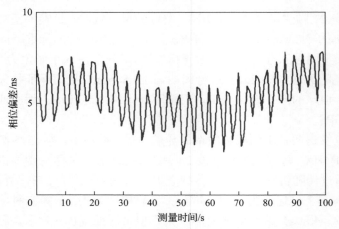

图 4.2.6　GPS 与铯原子钟在 100s 内输出时间的比对结果

4.3　基于卫星导航系统的高精度时间频率传递方法

目前的授时精度只能达到 10ns 量级，而有些用户需要纳秒甚至亚纳秒量级的时间同步精度，这就需要使用两点间直接比对的方法，主要有基于卫星导航系统的共视比对和卫星双向比对等。

图 4.3.1 给出了 BDS 与铯原子钟在一周内输出频率的比对结果。数据的量程为 100ns，粗线是数据的最小二乘估计。虽然由 BDS 信号的传输路径变化引起的相位噪声依然存在，但是可以明显看出由铯原子钟的频率偏差引起（小于 1×10^{-13}）时间的线性漂移。

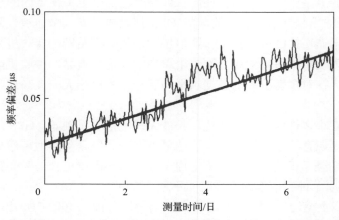

图 4.3.1　BDS 与铯原子钟在一周内输出频率的比对结果

4.3.1　共视法时间比对

实验室的本地时间和国家标准时间是两个时间尺度，理想的比对方法是放入同一个实验室，并连接到同一个相位比较器（一般是时间间隔计数器）中进行比对。实际中，将两个时间尺度放入同一个实验室既不现实也不值得，可以将两个时间尺度都与一个两者都可以接收的共同参考进行比对，每一个站点记录测量结果并交换数据，两者相减就可以获得两个时间尺度的差，共同参考的影响在相减过程中被抵消。

为了形象地说明共视法的工作原理，假定居住在小镇两边的两个人想比较他们家里祖传钟表的读数。如果能够把钟表搬到一个房间进行比较，那么这会是一个非常容易解决的问题。但是，搬动这个钟是不切实际的，也是没有价值的，两个人可以让第三个人在小镇的中间吹哨子，每个人记下他们的钟表显示的时间，记录完成以后，他们打电话或者通过信件交换记录的数据。如果第一个钟表读数是 12:00:00，第二个钟表的读数是 12:00:12，通过简单的相减就可以确定第二个钟表在哨子吹响时比第一个钟表快 12s。在这个过程中，哨子响起的时间是无关紧要的，重要的是同时听到并同时记录时间，如果能做到这一点，这个比对就是成功的。

共视法在时间测量领域已经使用了数十年，有多种信号被作为传递参考。一个值得注意的共视测量是，使用 WWV 无线电信号，从 1955 年到 1958 年，美国海军天文台和英国国家物理实验室同时测量华盛顿的 WWV 电台时间信号。美国海军天文台比较 WWV 与天文时间尺度（UT2），英国国家物理实验室比较 WWV 与其新发展的铯标准时间尺度。根据该测量结果，美国海军天文台和英国国家物理实验室对天文时间的秒长和原子时的秒长进行了符合，最终把原子时的秒长定义为铯原子能级跃迁 9192631770 周所持续的时间。在以后的发展中，共视测量使用多种信号作为传递参考，包括罗兰 C 信号、发播电视信号、交流电信号甚至是脉冲星的脉冲信号。精度的极大提高发生在 GPS 卫星发射以后，因为 GPS 卫星发射的信号在发射端和接收端有一个清晰的传输路径，并且基本上是相同的，它是非常理想的共视参考信号。GPS 共视的性能比以前使用的罗兰 C 共视的性能提高了 20～30 倍，时间比对精度能达到 3ns 左右。GPS 共视法很快就被计算协调世界时的国际权度局采用，直到今天都在使用该技术[9-11]。

目前，共视时间比对的媒介已经从 GPS 卫星扩展到 GLONASS 卫星、北斗卫星等[12]。GNSS 共视基本原理如图 4.3.2 所示。假设要求采用导航卫星共视求解测站 A 和测站 B 之间的时间偏差，两测站在同一时刻观测同一颗卫星 S。

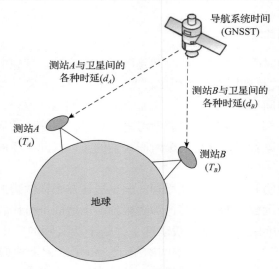

图 4.3.2　GNSS 共视基本原理

测站 A 观测测站 A 的时间和卫星 S 的时间的钟差为

$$\Delta T_{AS} = T_A - \text{GNSST} - d_A \tag{4.3.1}$$

式中，T_A 为测站 A 的时间；GNSST 为根据卫星 S 的时间计算的导航系统时间，也可以理解成卫星 S 的时间，两个时间对于共视是等价的。

测站 B 观测测站 B 的时间和卫星 S 的时间的钟差为

$$\Delta T_{BS} = T_B - \text{GNSST} - d_B \tag{4.3.2}$$

式中，T_B 为测站 B 的时间；GNSST 为根据卫星 S 的时间计算的导航系统时间。

共视作差得到两测站之间的时间偏差为

$$\Delta T_{AB} = \Delta T_{AS} - \Delta T_{BS} = \left(T_A - \text{GNSST} - d_A\right) - \left(T_B - \text{GNSST} - d_B\right) \tag{4.3.3}$$

导航卫星共视时间比对可消除星载钟的影响以及大部分的路径附加时延影响，仅剩余部分两测站不相关的卫星历表误差、电离层附加时延改正误差、对流层折射时延误差，还有接收机天线相位中心坐标误差和接收机本身的噪声等。

4.3.2　全视法时间传递

在 GPS 单向时间传递中，常用伪随机码观测量来测量本地时钟与卫星时钟的钟差，该测量方法的主要误差源有：在卫星端有卫星轨道误差与卫星钟差；在接收机端有测量噪声、多径、天线位置误差；信号传递误差有对流层传递时延和电离层传递时延。共视法消除或大大降低了两个测站所共有的误差。在过去，时间传递的主要误差来源为卫星钟差和卫星轨道误差。另外，共视法要求两测站能同时观测同一颗卫星，因此需要专用的跟踪表。随着链路长度的增加，可以观测到的卫星数量减少，特别是信噪比较高、信号传播时延（对流层、电离层）特性较好的高俯仰角卫星会更少。

尽管共视法有其优点，但也有很多缺点，尤其是间隔较远的两个实验室无法共视同一颗卫星时，共视时间比对就无法实现。

江志恒带领团队[13,14]提出了 GPS 全视法时间传递。GPS 共视法基于两个不同地点时间实验室的 GPS 接收机同时跟踪同一颗卫星，但两个距离遥远的实验室无法同时观察同一颗卫星。随着精确卫星轨道和时钟参数确定方法的发展，实现了 GPS 全视法，其原理是异地观测站分别独立地观测多颗卫星，使用国际 GNSS 服务（International GNSS Service, IGS）提供的事后精密轨道和精密钟差计算本地时间与 IGS 时间（IGS time, IGST）之间的时间偏差，通过比对即可获得两地之间的时间偏差，全视法能够实现精度优于 1ns 的比对。全视法较共视法的优点在于：在长基线情况下，不需要直接共视即可进行比对，但全视法需要 IGS 校正信息，而共视法不需要。图 4.3.3 为全视法基本原理图。

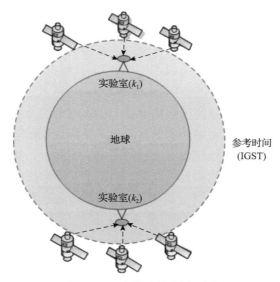

图 4.3.3　全视法基本原理图

IGS 是一个全球合作机构，包含分布于世界各地的数百个测站组成的网络及许多发布数据产品的分析中心与数据中心。20 世纪 90 年代初，IGS 就开始提供 GPS 卫星精确轨道参数服务，并扩展到其他新的 GNSS。2000 年，IGS 开始提供高精度时钟产品,即高精度卫星钟相对于参考时钟的偏移。2004 年 3 月,该时间偏差的参考时钟为 IGST,这是一个由 IGS 运行并保持的非常稳定的综合时间尺度。在近二十年中,IGST 的不稳定度降低了 2 个数量级:当 GPS 信号的选择可用性打开时,GPS 时间(GPS time, GPST)的频率稳定度约是 10^{-13}/日量级,最新的 IGS 时间尺度的频率稳定度可以达到 10^{-15}/日。因此,共视法 GPS 时间传递的主要消除误差源为卫星轨道误差与卫星钟差,全视法使用 IGS 数据,消除了这两项主要误差。现在主要的误差来源于接收机本身及周围环境,这些误差对全视法和共视法都有影响,但是在全视法中可以通过对大量数据的平滑来抑制大部分误差。

为了量化不稳定度,回顾一下各种因素对 GPS 伪码测量影响的量级,这里将 0.1ns 作为判断影响是否重要的门限,该门限的选择与国际原子时报道的精度一致。当使用 IGS 产品并建立适当的地壳运动模型(主要是固体地球潮)时,几何关系(卫星轨道与测站实时位置)对时间传递的影响可以忽略,也就是说由几何关系引起的残留误差小于 0.1ns。同样,由 IGS 确定的采用与定轨处理方法完全相同方法的卫星钟差也小于 0.1ns。采用双频接收机进行多个小时的平均,电离层传递时延也可以确定在相同量级的精度上(除非在这段时间内存在多次电离层剧烈活动)。

其他可以使误差达到 0.1ns 的影响因素有:码多径效应(主要是短期影响,可能会产生 1ns 或更大的长期偏差);对流层时延改正误差(短期噪声加零点几纳秒的慢变偏移,这种慢变偏移是随着每天的气象条件变化的)。这两种残留误差再加上测量噪声是目前影响时间传递不稳定度的主要因素。需要注意的是,尽管测量噪声经过多个小时的平滑后能够达到 0.1ns 的误差量级,但是其他两项误差(多径误差和误差量级更低的对流层误差)的均值将不为零。码多径效应似乎限制了采用共视和全视伪码时间传递的最终极限精度,但伪码对全视法的影响较小,因为全视法利用了更多高俯仰角卫星的观测信息。除了伪码观测量外,测地型接收机的相位观测量有利于降低多径效应与对流层的影响。实际上,相位多径效应要比码多径效应小得多,并且相位观测量可以用来确定不同俯仰角的平均对流层时延。

为了将全视法用于国际原子时,首先需要计算测站 k_1 在观测时刻 t_i 的[UTC(k_1)−REFT](t_i) 的加权平均值。权重的确定取决于卫星的俯仰角,通过对两个测站 k_1 与 k_2 的加权平均值求差,并消除 REFT(reference Earth fixed time, 地球固连参考系时间),可以得到 t_i 时刻的时间传递值[UTC(k_1)−UTC(k_2)](t_i),然后进行 Vondrak 平滑与插值处理。

短基线(小于 1000km)情况下共视法与全视法的结果没有明显的差异,随着基线长度的增加,性能改善非常明显,提升范围为 10%～50%。全视法性能的提高包含两方面原因:其一,利用了更多的测量数据,使得在较短的平均时间内时间变得更稳定;其二,从统计意义上讲,全视法在长时间内更接近较精确的双向(two way, TW)时间与精密单点定位的比对结果。但全视法具有更低的系统误差，这是因为系统误差是由多径效应和对流层传播及电离层误差产生的。尽管全视法无法消除这些误差源，但可以通过选择平均几何因子较好的样本数据和平均俯仰角较高时的观测数据来降低各种误差的影响。

4.3.3　载波相位时间传递

载波相位测量是通过测定导航卫星载波信号在传播路径上的相位变化值来确定载波伪距的，其基本原理见图 4.3.4。卫星在 s 处发射载波信号，在历元 t_i 的相位为 ϕ_s，经距离 ρ 信号传递到接收机 r 处，在历元 t_j 其相位为 ϕ_r，从 s 到 r 之间的相位变化为 $\phi_r(t_j)-\phi_s(t_i)$（以周计），它包含了整周部分和不足一周的小数部分，因此若测定 $\phi_r(t_j)-\phi_s(t_i)$，则载波伪距为（忽略其他各种时延）

$$\rho = \lambda\left(\phi_r(t_j)-\phi_s(t_i)\right)=\lambda\left(N_0+\Delta\phi\right)$$

式中，N_0 为信号从卫星到接收机传播的载波整周数；$\Delta\phi$ 为不足一周的小数部分；λ 为载波波长。

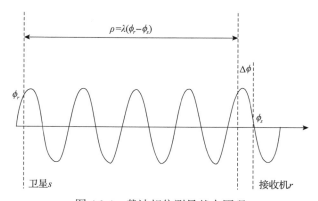

图 4.3.4　载波相位测量基本原理

在实际的载波相位测量中，必须解决两个问题：①卫星 s 处的载波相位的确定。由接收机本振产生一个频率和初始相位与卫星信号完全相同的基准信号，使得在任一瞬间接收机基准信号的相位就等于卫星 s 发射的信号相位。②整周模糊度解算。载波是一个单纯的正弦波，不具有任何标志位，因此无法知道正在测量的是第几周的相位，需要通过算法来解算整周模糊度。载波是单纯的正弦波，其上不带有任何时间标志位，因此单纯测量载波并不能进行时间频率的传递，而必须与伪码测量相结合才能进行时间频率的传递。

对观测量进行周跳检测与修复、整周模糊度解算，并进行电离层、对流层等路径时延的改正，即可获得高精度的载波伪距（载波伪距观测量比码伪距观测量的精度高约 100 倍）。因此，载波相位时间频率传递方法比共视法传递精度高 1～2 个数量级。

4.3.4　精密单点定位时间传递

如果把观测量改成载波相位观测，那么全视时间比对就变成了精密单点定位时间比对[15]。精密单点定位原理与标准单点定位原理基本类似，不同之处在于：标准单点定位仅使用码伪距观测值进行定位结算，而精密单点定位需要使用精密的卫星轨道数据和精密钟差数据克服发播轨道误差和钟差的影响，同时精密单点定位需要考虑更精确的误差修正模型。

精密单点定位时间比对技术是载波相位时间传递技术的一个重要应用，精密单点定位使用载波相位和码观测值相组合的方法进行定位解算。在普通观测数据中，有 C/A 码和 P 码两种码观测值，C/A 码的码长为 1023bit，码元宽度为 $0.97752\mu s$，由于码元宽度较大，测量精度较低，一般测距误差为 ±2.9m；P 码的码长为 2.35×10^{14}bit，码元宽度为 $0.097752\mu s$，使得 P 码的测量精度更高，其测距误差为 ±0.29m。载波相位的频率较高，使得相位测量的精度较伪码测量更高，使用相位观测值解算位置提高了定位精度，同时提高了本地钟差的解算精度。GPS 载波相位测量值比伪码测量精度高出 2 个数量级，并且多径效应的影响较小，可以更好地估计大气层的影响。

以两个守时实验室之间的时间比对为例，说明精密单点定位时间比对的原理。精密单点定位与全视原理基本相同，均使用 IGST 作为公用参考时间尺度，采用双频载波相位和伪距观测值计算得到本地钟差（定时接收机具有外接频率标准，接收机经过校准后，该本地钟差可以看作本地参考时间（UTC(k)）与公用参考时间尺度 IGST 的偏差）。任何装备有 GNSS 定时接收机的守时实验室都可以通过精密单点定位计算出［UTC(k)–IGST］，通过简单的差分即可得到链路的时间比对结果［UTC(k)–UTC(i)］。使用 GNSS 精密单点定位进行时间传递的前提是该 GNSS 具有精密的轨道误差和卫星钟差，同时公用参考时间尺度 IGST 的稳定性要等于或优于 GNSS 时间（GNSST）。GPS 精密单点定位原理框图如图 4.3.5 所示。

大地测量型双频 GNSS 时间频率传递接收机是 GNSS 载波相位时间传递技术的硬件基础，此类接收机与常规测地型双频 GNSS 接收机的主要区别是：前者能够使用高精度的外接原子钟和外接频率标准来提供时间和基准频率，而后者只能由接收机内部的石英晶体振荡器来提供时间和基准频率。

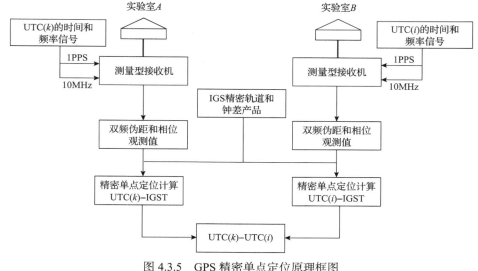

图 4.3.5 GPS 精密单点定位原理框图

GNSS 精密单点定位原理的伪距和载波相位观测方程如下:

$$P_1^k = R^k + c\delta_1 - c\delta^k + \Delta\rho_{\text{trop}} + \Delta\rho_{\text{ion}} + M_1^k + \Delta P_1^k + E_1^k$$

$$P_2^k = R^k + c\delta_2 - c\delta^k + \Delta\rho_{\text{trop}} + \frac{f_1^2}{f_2^2}\Delta\rho_{\text{ion}} + M_2^k + \Delta P_2^k + E_2^k$$

$$L_1^k = R^k + c\delta_1 - c\delta^k + \Delta\rho_{\text{trop}} - \Delta\rho_{\text{ion}} + \lambda_1 N_1 + m_1^k + \Delta L_1^k + e_1^k$$

$$L_2^k = R^k + c\delta_2 - c\delta^k + \Delta\rho_{\text{trop}} - \frac{f_1^2}{f_2^2}\Delta\rho_{\text{ion}} + \lambda_2 N_2 + m_2^k + \Delta L_2^k + e_2^k$$

式中, 下标 i=1,2 分别代表第一载波和第二载波; 上标 k=1,2,$\cdots$,n 代表卫星号; P_i^k 及 L_i^k 分别为第 i 个频率上的 P 码伪距和测相伪距; R^k 为信号发射时刻的卫星天线相位中心与卫星信号接收时刻的接收机天线相位中心之间的几何距离; c 为光速; δ_i 及 δ^k 分别为接收机钟差和卫星钟差; $\Delta\rho_{\text{trop}}$ 及 $\Delta\rho_{\text{ion}}$ 分别为对流层时延和第一载波频率上的电离层时延; f_i 为第 i 个频率的载波频率; M_i^k 及 m_i^k 分别为伪距多径和相位多径; λ_i 及 N_i^k 分别为第 i 个频率的载波波长及该频率上的初始整周模糊数; ΔP_i^k 为达到分米量级的相对论、地球固体潮、天线相位偏心等站星几何距离改正项; ΔL_i^k 为包括卫星天线相位偏心、相对论、地球固体潮、海潮、极移潮、负荷潮、接收机天线相位偏心、天线相位绕缠等超过厘米量级甚至毫米量级的站星几何距离改正项; E_i^k 及 e_i^k 分别为伪距观测及载波相位观测中的观测噪声、热噪声以及其他未模型化的误差的综合影响。

严格来讲，以上方程中的 δ_i 指的是接收机天线处的钟差，而在测时及时间比对应用中，用户关心的是外接原子钟的钟差 δ，对 Ashtech Z12T 接收机而言，GNSS 信号到达接收天线处的时刻 t_i 与接收机驱动时刻 t 之间有以下关系：

$$t_i + \delta_i = t + \delta + d_i + \left(X_C + X_D\right) - \left(X_O + X_P\right) = t + \delta + D_i$$

$$\delta_i = \delta + D_i - t_i + t$$

式中，d_i 为第 i 个频率上的接收机天线时延 (X_S) 与接收机内部时延 (X_R) 之和（亦可称为内部时延）；X_C 为天线电缆时延；X_D 为与其他接收机相连的连接器所造成的时延；X_O 为内部参考偏差；X_P 为 1PPS 输入偏差；D_i 为第 i 个频率上的各种时延和偏差之和。在时间比对中，在对温度变化、外界干扰等因素加以严格控制或对各种硬件时延加以精密建模修正的情况下，可将 $D_i - t_i + t$ 看作常数，从而对 δ_i 和 δ 不进行严格区分。

精密单点定位采用双频载波相位和伪距观测值计算得到本地钟差，利用精密单点定位计算出[UTC(k)–IGST]，通过简单的差分即可得到链路的时间比对结果，只要接收机工作正常，该方法就是及时和全天候的，而且数据量大且均匀。图 4.3.6

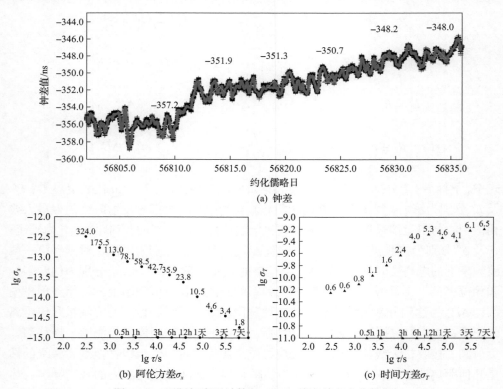

图 4.3.6　国际权度局计算的 NTSC 精密单点定位数据

是国际权度局计算的 NTSC 精密单点定位数据，NTSC 的精密单点定位接收机没有经过校准，因此存在一个大的偏差。

4.4 其他时间传递方法

授时是通过单向接收获取标准时间的方法，可以根据不同的需求选择不同的授时方法，最高可以利用卫星导航系统实现精度为 10ns 量级的标准时间。为了获得更高精度的时间比对，可以利用卫星导航系统的共视法、全视法、精密单点定位方法等。实际上，还有卫星双向时间频率传递方法、光纤时间传递方法、卫星激光时间传递方法和量子时间同步传递方法等。

4.4.1 卫星双向时间频率传递方法

通过地球静止轨道卫星的卫星双向时间频率传递(two-way satellite time and frequency transfer, TWSTFT)方法是目前国际权度局组织的国际时间比对所采用的主要方法之一，TWSTFT 方法信号传递路径对称，链路上所有传递路径的时延几乎都可以抵消，因此时间同步精度高。目前，TWSTFT 方法的准确度可达 1ns，稳定度可达到百皮秒[16,17]。

基于地球静止轨道卫星的 TWSTFT 方法原理图如图 4.4.1 所示。地面站钟 A 的时间作为计数器的开门信号，同时钟地面站 A 控制信号的发射时间，地面站 A 发出的信号经卫星转发后到达地面站 B，地面站 B 接收后恢复出秒信号，作为地面站 B 计数器的关门信号。地面站 B 的信号也经过类似的过程到达地面站 A，作

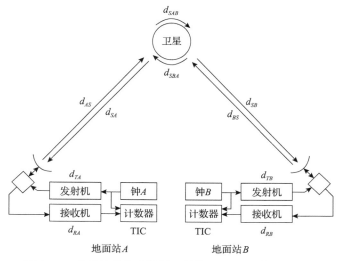

图 4.4.1 基于地球静止轨道卫星的 TWSTFT 方法原理图

为地面站 A 计数器的关门信号。两站信号尽可能同时发射，使信号路径最大限度地相等。

两站间的时间同步量计算方法如下：

$$\text{TIC}(A) = A - B + d_{TB} + d_{BS} + d_{SBA} + d_{SA} + d_{RA} + S_B \tag{4.4.1}$$

$$\text{TIC}(B) = B - A + d_{TA} + d_{AS} + d_{SAB} + d_{SB} + d_{RB} + S_A \tag{4.4.2}$$

式中，$\text{TIC}(A)$ 和 $\text{TIC}(B)$ 是时间间隔计数器的读数；A 和 B 是两站各自的钟面时间；d_{XX} 是如图 4.4.1 所示各自的传播时延；S_A 和 S_B 是 Sagnac 效应改正，是由地球自转引起的一种相对论改正，注意：$S_B = -S_A$。S_A 的具体含义是（S_B 与此类似）：信号从地面站 A 发出到达卫星，转发后再到达地面站 B 总的 Sagnac 效应改正。

TIC 值在正常情况下总为正，因为对地球静止轨道卫星来说，信号从地面到卫星再返回地面所需时间约为 0.25s；对中地球轨道卫星来说，该时间也在 0.15s 左右。而对于 TWSTFT 方法，一般会在正式比对之前，实现两站原子钟的粗同步，精度在 1ms 之内。

将式(4.4.1)和式(4.4.2)相减，再移项，可得

$$\begin{aligned}
A - B = &\left[\text{TIC}(A) - \text{TIC}(B) \right] / 2 \\
&+ (d_{TA} - d_{RA}) / 2 - (d_{TB} - d_{RB}) / 2 \\
&+ (d_{AS} - d_{SA}) / 2 - (d_{BS} - d_{SB}) / 2 \\
&+ (d_{SAB} - d_{SBA}) / 2 \\
&- 2\omega Ar / c^2
\end{aligned} \tag{4.4.3}$$

在式(4.4.3)右面，第一行表示计数器读数的计算；第二行表示地面站设备时延的计算，可通过事先测量得到；第三行表示空间传播时延的计算，空间传播时延包括 3 个部分：几何路径时延、电离层时延和对流层时延，对流层时延可以完全抵消，电离层时延在使用 Ku 波段时基本上可以对消，在使用频率较低的波段时需要考虑；第四行表示卫星时延部分的计算，可以完全抵消；第五行表示 Sagnac 效应改正的计算，可通过公式准确计算。

虽然从每个地面站到卫星的上行和下行的几何时延是相同的，但由于信号上下行的频率不同，对于一个给定的信号频率 f，电离层时延与 f^{-2} 成正比。但对于 Ku 波段，这一项引起的时间偏差在 100ps 量级。对流层引起的路径不对称非常小，可忽略不计。

TWSTFT 方法的优点是发射路径和接收路径相同，方向相反，消除了卫星误差、测站位置误差的影响，最大限度地降低了电离层时延误差、对流层时延误差

的影响，而且通信卫星较宽的带宽有利于信号设计，受温度影响小，TWSTFT 方法时间频率传递的稳定度比导航卫星系统共视法的稳定度高 1 个数量级[18]。

4.4.2　光纤时间传递方法

　　光纤时间传递方法利用光纤作为信号传递信道，将时间信号从发送端传递到光纤末端用户，通过实时测量光纤链路的传输时延，并予以补偿，使得用户得到与发送端高精度同步的时间信号。

　　图 4.4.2 是光纤时间同步基本原理框图。在发送端发送参考时间信号；在用户端将接收到的一部分光信号经过光放大器后原路返回到发送端；发送端对从用户端返回的光信号进行光电转换，得到电信号，并将其与时间频率参考源输出的时间频率信号进行时延测量，时延测量可以实时获取光纤链路的传输时延；在发送端根据获取的光纤链路实时的时延相位信息，对时延相位进行实时控制补偿，以消除光纤链路引入的传输时延及其变化，使用户端收到的时间信号与发送端时间频率参考源输出的时间信号实现精确同步。

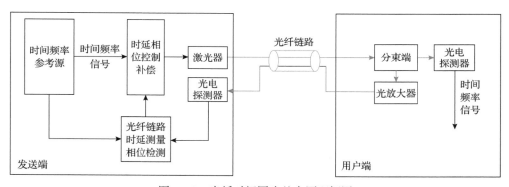

图 4.4.2　光纤时间同步基本原理框图

　　假设光纤链路的传输时延为 t_d，则光纤时间同步系统需要补偿的时延量就是 t_d。如果采用环回法的本地端补偿方案，那么系统测得的时延为 t_{2d}，此时系统需要的时延补偿量 $\Delta t = t_{2d}/2$，则有 $\Delta t = t_d$。如果采用双向时间比对方法，假设在本地端测得的时延为 Δt_s，在远程端测得的时延是 Δt_r，则系统需要的时延补偿量 Δt 为

$$\Delta t = \left(\Delta t_s - \Delta t_r\right)/2 \tag{4.4.4}$$

　　当系统时间精确同步时，系统需要的时延补偿量 $\Delta t = 0$，此时有

$$\Delta t_s = \Delta t_r \tag{4.4.5}$$

4.4.3　卫星激光时间传递方法

卫星激光时间传递方法可以用于星地钟之间的时间比对，也可以用于两个地面站之间的时间比对。星地激光时间传递硬件系统框图见图 4.4.3。

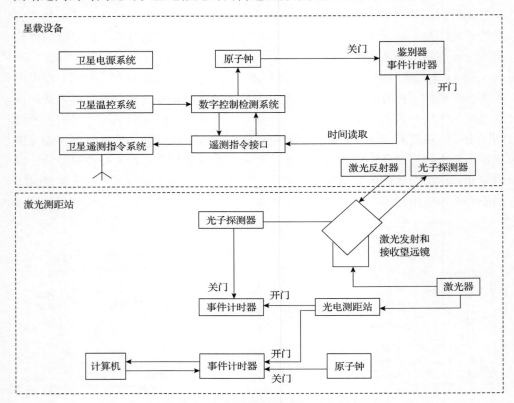

图 4.4.3　星地激光时间传递硬件系统框图

星地激光时间传递原理图见图 4.4.4。从地面站(称为地面站 1)向卫星发送激光脉冲，然后由卫星上的后向反射器把激光脉冲反射回地面站。设卫星钟和地面钟的秒脉冲时间差为 ΔT。如果暂不考虑星地相对运动及设备时延等因素，则星地时间系统的钟差为

$$\Delta T = \frac{t_s + t_r}{2} - t_b \qquad (4.4.6)$$

式中，t_s 为激光脉冲由地面站向卫星发射时的地面钟时刻，单位为 s；t_r 为该激光脉冲由卫星后向反射器反射回地面站时的地面钟时刻，单位为 s；t_b 为该激光脉冲

到达卫星时的卫星钟时刻，单位为 s。

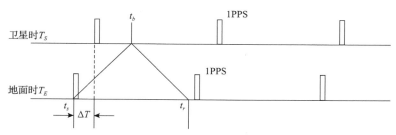

图 4.4.4　星地激光时间传递原理图

如果地面上另一个站(称为地面站 2)也与该卫星进行激光时间传递，而且计及星地相对运动和设备时延等因素，式(4.4.6)中的各项对于地面站 1 分别改写为 ΔT_1、t_{s1}、t_{r1} 和 t_{b1}，则式(4.4.6)改写为

$$\Delta T_1 = \frac{t_{s1} + t_{r1}}{2} - t_{b1} - \frac{\tau_1}{2} + \varepsilon_1 + \delta_1 \tag{4.4.7}$$

式中，τ_1 为地面站 1 的系统时延，单位为 s；ε_1 和 δ_1 分别为地面站 1 发出激光脉冲的设备时延和由星地间相对运动造成的相对论修正项，单位为 s。

同理，可得

$$\Delta T_2 = \frac{t_{s2} + t_{r2}}{2} - t_{b2} - \frac{\tau_2}{2} + \varepsilon_2 + \delta_2 \tag{4.4.8}$$

由式(4.4.7)和式(4.4.8)可以得到两个地面站之间的钟差为

$$\Delta T_{12} = \Delta T_1 - \Delta T_2 \tag{4.4.9}$$

4.4.4　量子时间同步传递方法

近年来，随着光纤通信网络大范围普及，光纤时间传递技术飞速发展，成为目前精度最高的授时手段。在千公里级实地光纤链路上的时间传递准确度已经优于 100ps，长期稳定度达到几个皮秒。

目前，卫星传递和光纤时间传递都属于经典的时间传递手段，受限于散粒噪声极限，无法满足现有最高精度原子钟、精密测量对时间传递精度的要求。因此，急需探索新一代的高精度时间传递技术，量子时间同步传递方法应运而生。

采用具有量子压缩特性的纠缠光源及低噪声的量子探测技术相结合的量子时间同步传递方法有望将时间同步精度提高上千倍，达到亚皮秒甚至飞秒量级。因此，量子时间同步传递方法一经提出即受到研究人员的广泛关注与研究。基于量子光源独特的量子特性，可消除光纤链路的色散对时间同步精度的影响，同时，将量子时间同步与量子保密通信相结合，还可以确保时间同步系统的安全性，时间信息不会被敌方窃取。鉴于量子时间同步传递方法特有的高同步精度、保密功能等优势，开展量子时间同步传递方法的研究具有广阔的应用前景。

量子时间同步的基础是量子纠缠。量子的概念最早是由德国科学家普朗克在1900年提出的，他认为物质吸收或辐射的能量不是连续的，而是一份一份的，只能取某个最小数值的整数倍，这个最小数值就称为能量子。因为能量量子化这一发现，普朗克于1918年获得了诺贝尔物理学奖。之后，便诞生了新的理论——量子力学理论，一切用经典理论无法解释的现象都可以在量子力学理论中找到它的模型。

量子时间同步使用光子，量子纠缠也称为光子纠缠。光子也是量子的一种，光子的能量也是不连续的。光子纠缠，从字面理解就是两个或多个光子之间有某种联系（为了简便起见，主要讨论两个光子的纠缠），这种联系非常微妙，无论两个光子身处何处，是否分开，这种联系都不会被断开，只要测量其中一个光子的信息，就能知道另一个光子的状态信息。这一对具有纠缠特性的光子称为纠缠双光子，它是通过激光打在一块特殊的非线性材料（也称为非线性晶体）上，然后发生自发参量下转换过程产生的。

有的量子时间同步使用频率纠缠双光子进行，频率纠缠双光子的频率具有强关联性，由于频率和时间互为倒数，经过介质传输后的双光子在时间上也具有强关联性，其关联时间宽度在百飞秒到皮秒量级。正是因为如此短的关联时间，所以可以将它们用于量子时间同步传递方法中，在理想情况下，时间同步精度可以达到优于其关联时间宽度2～3个数量级。

时间传递链路对不同频率的传播速度有差异，即传递链路有色散现象，光子信号会发生畸变，导致实际测量到的关联时间变得非常宽。传统降低色散的方法是在传输路径中加一个色散补偿模块，该方法无形中给传输链路增加了额外的损耗及不确定因素，而采用频率纠缠双光子具有一个神奇的特性，即可以在不改变传输路径任何特性的情况下，一路光子信号按原来的方式经过传输路径到达需要被同步的时钟所在地，而在另一路留在本地的光子上加一个与传输路径引起的色散量大小相等、符号相反的色散补偿模块即可达到补偿传输色散的目的，该特性称为非定域色散补偿特性。

要测量频率纠缠双光子的非定域色散补偿特性，就需要用到量子的符合测量方法，该方法也正是量子时间同步中测量光子到达时间差的方法。符合测量方法反映的就是纠缠双光子的二阶关联特性（Glauber函数），在一个特定时间宽度的窗口内(也称为符合窗口)，当两个光子信号同时出现时，称为一个符合事件。对于纠缠双光子信号，每一个光子有且只有一个与其自身有关联的光子，这两个光子是同时产生的，当能够测量到这两个光子时，由它们之间的到达时间差即可反映两地参考时钟本身的差、路径长度等信息。

双向量子时间同步系统基本原理简图如图 4.4.5 所示，假设有两台需要同步的原子钟，分别标记为 A 钟和 B 钟，两台原子钟为探测器提供精密的时间，并作为各自纠缠光源的参考时钟。

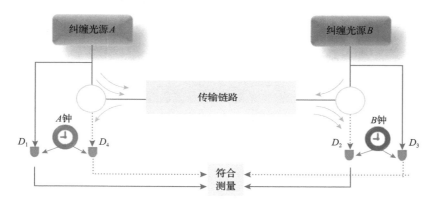

图 4.4.5　双向量子时间同步系统基本原理简图

纠缠光源 A 发出两个处于纠缠态的光子，留在 A 地的光子被探测器 D_1 记录下来，到达 B 地的光子被探测器 D_2 记录下来。探测器 D_2 使用的是 B 钟，因此探测器 D_2 记录的是光子到达 B 地时 B 钟的时间，与探测器 D_1 记录的光子在 A 地产生时 A 钟的时间相减，就得到一个量，这个量是 A 钟与 B 钟的差加上传输链路时延。同样，探测器 D_3 和探测器 D_4 记录的两个值相减，得到 B 钟与 A 钟的差加上传输链路时延。两个值相减，传输链路时延被抵消，就得到 A 钟和 B 钟的钟差。在这个过程中，关键点就是如何从探测器 D_1 和探测器 D_2、探测器 D_3 和探测器 D_4 的记录中找到处于纠缠态的光子，这就是符合测量。

为加快量子时间同步的实际应用，中国科学院国家授时中心开展了实地量子时间同步演示研究，在骊山山顶与中国科学院国家授时中心的临潼园区之间建立了量子时间同步外场实验系统，图 4.4.6 是用于捕获、跟踪和瞄准的导引光。

随着量子信息技术的飞速发展，目前量子时间同步取得了突破性进展，在提高时间同步准确度和稳定度方面显示出巨大潜力。开展多手段的量子时间同步研究，将进一步拓宽量子时间同步的应用范围。在此基础上，量子中继、量子存储技术与量子时间同步的有机结合，有望构建广域的量子时钟网络。

图 4.4.6　中国科学院国家授时中心的量子时间同步实验系统的导引光

4.5　思　考　题

1. 白居易有首诗"丝纶阁下文书静，钟鼓楼中刻漏长"，介绍了古代的一种授时设备，也是时间传递设备。请分析授时、时间传递、时间同步的区别。

2. 网络授时使用双向时间比对的方式确定客户机和服务器的钟差，请简要说明客户机对时的方法。

3. 短波授时经常使用多个频点发射授时信号，BPM 短波授时系统发播频点为 2.5MHz、5MHz、10MHz、15MHz。请分析设置多频点发播的原因。

4. 低频时码授时和长波授时均发播长波波段信号，低频时码授时的显著特点是功耗低，而长波授时的特点是精度高，请从系统工作的角度说明，两种授时手段是怎么体现这两个特点的。

5. 卫星导航系统的主要功能是定位，但定位的实现是卫星、接收机之间的时间同步，请说明国家标准时间、卫星导航系统的系统时间、卫星时间和接收机时间之间的关系。

6. 基于卫星导航系统的共视时间比对、全视时间比对、精密单点定位时间比对等方法中，哪些主要使用伪码测距，哪些主要使用载波相位测距，哪些需要精密的轨道和钟差。

7. 如果需要获取国家标准时间（UTC（NTSC）），请列表给出利用各种授时系统、各种时间传递系统能获得 UTC（NTSC）的准确度。

参 考 文 献

[1] 胡永辉, 漆贯荣. 时间测量原理[M]. 香港: 香港亚太科学出版社, 2000.

[2] 漆贯荣, 郭际, 王双侠. 时间科学[M]. 西安: 陕西科学技术出版社, 2000.

[3] 《计量测试技术手册》委员会. 计量测试技术手册(第 11 卷), 时间与频率[M]. 北京: 计量科学出版社, 1996.

[4] 吴守贤. 时间测量[M]. 北京: 科学出版社, 1983.

[5] 袁江斌. BPM 短波授时调制技术研究[D]. 北京: 中国科学院大学, 2019.

[6] Lewandowski W, Azoubib J. Time transfer and TAI[C]. Proceedings of the 2000 IEEE/EIA International Frequency Control Symposium and Exhibition, Kansas City, 2001: 586-597.

[7] 李实锋. ELoran 信号接收方法与技术研究[D]. 北京: 中国科学院大学, 2013.

[8] 王正明. 关于 GPS 测时精度与共视问题[J]. 陕西天文台台刊, 1998, 21(2): 17-22.

[9] Allan D W, Marc M A. Accurate time and frequency transfer during common-view of a GPS satellite[C]. Proceedings of the 34th International Frequency Control Symposium, Philadelphia, 1980: 334-346.

[10] 杨旭海. GPS 共视时间频率传递应用研究[D]. 西安: 中国科学院研究生院(国家授时中心), 2003.

[11] 杨旭海, 胡永辉, 李志刚, 等. GPS 近实时共视观测资料处理算法研究[J]. 天文学报, 2003, 44(2): 204-214.

[12] 陈瑞琼, 刘娅, 李孝辉. 基于改进的卫星共视法的远程时间比对研究[J]. 仪器仪表学报, 2016, 37(4): 757-563.

[13] 张首刚, 李孝辉, 李雨薇, 等. 时间频率信号的标准与控制[M]. 北京: 科学出版社, 2023.

[14] 江志恒. GPS 全视法时间传递回顾与展望[J]. 宇航计测技术, 2007, 27(S1): 53-71.

[15] 殷龙龙. 基于 PPP 在线时间比对技术研究[D]. 西安: 中国科学院研究生院(国家授时中心), 2015.

[16] 李志刚, 李焕信, 张虹. 卫星双向法时间比对的归算[J]. 天文学报, 2002, 43(4): 422-431.

[17] 李志刚, 杨旭海, 施浒立, 等. 转发器式卫星轨道测定新方法[J]. 中国科学(G 辑), 2008, 38(12): 1711-1722.

[18] Yang X H, Li Z G. Wu F L, et al. Two-way satellite time and frequency transfer experiment via IGSO satellite[C]. Proceedings of the 2007 IEEE International Frequency Control Symposium, Geneva, 2007: 1206-1209.

第 5 章　原子钟实现的物理基础

原子钟以原子量子跃迁辐射的频率信号为基础产生时间和频率，是世界上目前最准确的时间测量工具和频率标准。本章从原子的量子能级结构特点出发，介绍光与原子相互作用导致的量子跃迁，分析原子谱线的探测方法。在光与原子作用机理的基础上，给出原子钟实现的关键技术——原子的激光冷却和利用激光对原子的操控。

5.1　量子能级与量子跃迁

不同元素有不同的原子，原子是构成物质的基本微粒，若干同类原子或不同类原子可以结合成分子。原子是物质结构的一个重要层次，是化学结构的基础。汤姆孙和开尔文给出了葡萄干布丁原子结构模型。该模型的每个原子在整体上呈电中性，原子内的正电部分均匀分布在一个球体内，电子镶嵌在其中某些平衡位置上，并能够围绕这些平衡位置做简谐振荡，就像赫兹振子一样，可以发射或吸收特定频率的电磁辐射，产生原子光谱。尽管该模型已经广为流传，但是该模型本质上是不稳定的，不能实际应用。

1898 年，英国物理学家卢瑟福在研究放射性时发现了 α 射线和 β 射线，并且证明了 α 粒子就是 He^{2+} 粒子。1908 年，卢瑟福和他的助手进行了 α 粒子轰击金属表面的实验，结果发现，有 1/8000 的 α 粒子被大角度散射，而大部分 α 粒子的散射角度改变不大。由此，卢瑟福大胆地提出了"原子的正电荷集中在原子的中心"的构想。这些实验加上卢瑟福的解释标志着现代原子有核模型概念的开始。该模型一直受到大多数同行的冷遇，但是得到了丹麦物理学家玻尔的赏识，并被其进行了改进，得到了著名的玻尔原子结构模型[1]。

1913 年，玻尔根据卢瑟福原子核式模型和原子光谱实验，提出了两个基本假设：①原子只能存在一系列定态，定态能量只能取离散值 $E_1, E_2, \cdots, E_n$，原子在定态中既不发射也不吸收电磁辐射能；②当原子在不同能级之间跳跃时，以发射或吸收特定频率光子的形式与电磁辐射场交换能量。根据对应原理，玻尔还推导出一个重要的结论：角动量量子化条件 $L = n\hbar$，$\hbar = \dfrac{h}{2\pi}$ 为约化普朗克常量。玻尔原子结构模型的最大特点是，在一定程度上解释了原子光谱分离的实验现象。玻尔原子结构模型相对于卢瑟福原子核式模型的进步在于提出了能级是分离的观点，由此可推知电子在原子核周围的一系列轨道上运动。自此，原子结构的量子时代正式开启。

根据玻尔理论，原子内部运动的能量只能具有某些固定的离散值 $E_1, E_2, \cdots, E_n$，称为能级，示意图如图 5.1.1 所示。每一种原子都具有自己特定的能级。其中，具有最小能级 E_1 的态称为基态，其他能级称为激发态。原子从一个能级跳跃到另一个能级称为跃迁。

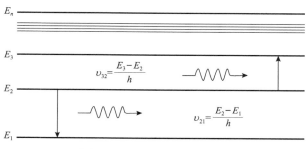

图 5.1.1　原子的能级示意图

原子能级既由其内部结构决定，也受外界电磁场的影响。当原子从一个能级跃迁到另一个能级时，它以光子的形式辐射或吸收电磁能量，如图 5.1.1 所示。光子的跃迁频率满足 $\upsilon_{21} = \dfrac{E_2 - E_1}{h}$，$h = 6.626176 \times 10^{-34} \mathrm{J \cdot s}$，称为普朗克常量，$\upsilon_{21}$ 称为能级 E_2、E_1 之间的跃迁频率。容易看出，产生跃迁的两能级 E 相差越大，跃迁辐射或吸收的电磁波频率越高。根据两能级差值的大小，跃迁频率可从 X 射线区、光波区到无线电微波区。原子的能级取决于原子本身的状态，是严格确定的，因此原子跃迁频率也是严格确定的，并且是非常稳定和准确的。利用原子能级跃迁原理产生稳定而准确的设备便是原子振荡器或原子谐振器，它们正是原子钟的"钟摆"。

在原子能量量子化的基础上，根据原子结构的电子壳层理论和泡利不兼容原理，核外电子只能从内向外逐层填满壳层；只有极少数电子留在外壳层，称为价电子，其也是最活跃的电子，决定了原子的化学性质。在激光冷却与操控原子的实验中，人们使用的原子大多是外层只有一个电子的碱金属原子、类碱金属离子以及外层只有两个电子的碱土金属原子。因此，本章着重描述这类电子与原子核之间的相互作用，其轨道、自旋运动和它们之间的耦合作用，以及电磁场与原子相互作用所引起的量子跃迁[2]。

5.1.1　单电子原子的能级结构与特性

单电子原子最大的特点是核外只有一个电子绕着带电量为 Z_e 的核运动。其中，最为典型的是氢原子($Z=1$)和类氢原子(氦离子(He^{2+})、锂离子(Li^{2+}))等。目前，原子频率标准使用的主要是铯原子、氢原子、铷原子，以及最近实验的汞离子的超精细结构的跃迁频率。包括铯原子和铷原子在内的碱金属原子的原子核最外层有一个单电子，内部电子层要么是满壳层，要么是全空状态。本节将集中讨论单电子原子的能级结构、光谱以及描述单电子原子状态的量子数，为进一步了解以氢原子为代表的单电子原子的能级结构和光谱特征，以及后续理解原子频率标准的工作原理奠定了一定的基础。

1. 氢原子光谱

若仅考虑电子与原子核之间的静电相互作用，则氢原子具有离散的能级，即

$$E_n = -\frac{2\pi^2 me^4}{h^2} \cdot \frac{Z^2}{n^2}, \quad n = 1, 2, 3, \cdots \tag{5.1.1}$$

式中，n 为主量子数，给出了氢原子一级近似能量值。因此，氢原子的能量是量子化的。

人们很早就发现氢原子光谱在可见光区和近紫外区有很多条谱线，并且构成了一个很有规律的系统。谱线的间隔和强度都向着短波方向递减。氢原子光谱线系如表 5.1.1 所示。

表 5.1.1　氢原子光谱线系

谱线	颜色	波长
H_α	红	6562.10Å
H_β	深绿	4860.74Å
H_γ	青	4340.10Å
H_δ	紫	4101.20Å

根据氢原子谱线的波长特征，人们发现了巴耳末(Balmer)系、莱曼(Lyman)系、帕邢(Paschen)系、布拉开(Brackett)系和普丰德(Pfund)系等光谱线系[3]。因为巴耳末系在可见光范围内，因此最先被发现，该线系的波长关系式为

$$\lambda = B \frac{n^2}{n^2 - 4}, \quad n = 3, 4, 5, \cdots \tag{5.1.2}$$

式中，$B=3645.6$Å。

若令波数 $\tilde{\nu} = \frac{1}{\lambda}$，则式(5.1.2)可改写为

$$\tilde{\nu} = R_H \left(\frac{1}{2^2} - \frac{1}{n^2} \right), \quad n = 3,4,5,\cdots \tag{5.1.3}$$

式中，$R_H = \dfrac{4}{B}$ 称为里德伯常量，精密测量获得其值为 $R_H = 1.0967758 \times 10^7 \, \text{m}^{-1}$。

氢原子所有光谱的波数最终可以统一表示为

$$\tilde{\nu} = R_H \left(\frac{1}{m^2} - \frac{1}{n^2} \right) \tag{5.1.4}$$

式中，$m = 1,2,3,\cdots$；$n = m+1, m+2, m+3, \cdots$。

2. 轨道角动量和轨道磁矩

电子在一个有心力场中做圆周运动，有心力场大小与矢径 r^2 成反比，电子的角动量 L 是守恒的。存在一系列角动量本征态，这些态用角量子数 l 表征，它反映了电子云的分布，在 $l=0$ 的状态中电子云呈球对称分布；而在 $l=1$ 的状态中电子云呈哑铃式分布，沿一条轴具有旋转对称性。轨道角动量 L 与角量子数 l 的关系为 $L = \sqrt{l(l+1)}\hbar$。角量子数 l 只能取整数值，但是最大值是 $n-1$，如 $l = 0,1,2,\cdots$，$n-1$，则角动量 L 的取值是量子化的。

按照规定，常用小写的英文字母表示电子轨道运动的角量子数 l，即有

角量子数 l：$0,1,2,3,4,\cdots$；

字母符号：s,p,d,f,g,$\cdots$。

原子中的电子态将用主量子数 n 值的数字及其后代表角量子数 l 的字母来表征，也就是说，要具体指明每个电子的量子数 n 和 l，例如，3p 态表示 $n = 3$、$l = 1$。

当有磁场存在时，可以取磁场方向（如 z 方向）为参考坐标轴，此时角动量 L_l 的取向可以用其与 z 轴的夹角 θ 或角动量 L_l 在 z 轴上的投影分量 L_z 来表示，即

$$L_z = L_l \cos\theta \tag{5.1.5}$$

著名的施特恩-格拉赫(Stern-Gerlach)实验和量子力学理论表明[4]：L_z 的各种可观测值彼此相差 $\hbar$ 或 $\hbar$ 的整数倍；如果能观测到 L_z 的一个值，那么也一定能观测到与其相应的一个负值。因此，L_z 的可观测值为

$$L_z = m_l \hbar, \quad m_l = 0, \pm 1, \pm 2, \cdots, \pm l \tag{5.1.6}$$

式中，m_l 称为角动量磁量子数，或者简称为磁量子数。

对于一个给定的 l，m_l 有 $2l+1$ 个可能的取值，表示 L_l 在空间有 $2l+1$ 个量子化取向，即 L_z 有 $2l+1$ 个量子化的观测值。通常用矢量图表示 L_l 和 L_z 的相对关系，

矢量长度等于 $\sqrt{l(l+1)}\hbar$，L_z 等于 $m_l\hbar$，即 L_z 可取 0，$\pm\hbar$，$\pm2\hbar$，…，$\pm l\hbar$ 等值，p,d,f 电子轨道空间量子化轨道磁矩如图 5.1.2 所示。

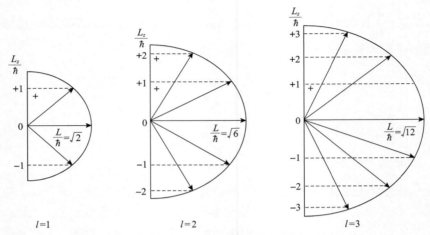

图 5.1.2　p,d,f 电子轨道空间量子化轨道磁矩

　　与经典电磁学类比，电荷 q 的角频率 ω（或周期 T）沿圆形轨道运动，等效于一个半径为 R 的圆形电流环，它具有磁矩，其值可由电磁理论求出，即

$$\mu_l = -g_l\mu_B l \tag{5.1.7}$$

式中，$\mu_B = e\hbar/(2mc)$ 为玻尔磁子，可以看作原子磁矩的自然单位，将电子的 e、m 和常数 c、$\hbar$ 代入式(5.1.7)，得出 $\mu_B = 0.9274078(36)\times10^{-20}$ erg/Gs $= 9.274078(36)\times10^{-24}$ J/T；无量纲比例因子 g_l 称为朗德 g 因子，下角标 l 表示轨道磁矩 g 因子，对于电子的轨道运动，$g_l = 1$。

　　3. 自旋角动量和自旋磁矩

　　电子自旋及相应的磁矩是电子本身的内禀角动量与内禀磁矩，其存在标志着电子还有一个新的自由度。施特恩-格拉赫实验证明了电子自旋的存在[5]。与轨道角动量相似，电子也有自旋磁矩 μ_s，它与电子的轨道运动产生的磁场发生相互作用，引起附加能量，将在后面进行介绍。与自旋角动量对应的自旋磁矩 μ_s 的观测值等于玻尔磁子，表明，电子自旋的 g 因子等于 2，即 $g_s = 2$；电子自旋的旋磁比是轨道旋磁比的 2 倍，即

$$\mu_s = -[\hbar/(mc)]\cdot s = -g_s\mu_B s \tag{5.1.8}$$

　　实验证明，电子自旋角动量的量子数 s 等于 1/2，而自旋角动量 L_s 则为

$$L_s = \sqrt{s(s+1)}\hbar = \frac{\sqrt{3}}{2}\hbar, \quad s = \frac{1}{2} \tag{5.1.9}$$

或写作

$$L_s = \hbar s \tag{5.1.10}$$

式中，s 的 z 分量为 $m_s = \pm\frac{1}{2}$。

至此，如果考虑电子的自旋，则完整描述其运动需要四个自由度，因而要用四个量子数 n、l、m_l、m_s 描述。综上所述，主量子数 $n=1, 2, 3, \cdots$，代表电子运动区域的大小及其总能量的主要部分；轨道角动量量子数 $l=0, 1, 2, \cdots, n-1$，代表轨道的形状和轨道角动量的大小，也与电子的能量有关；轨道方向量子数（或轨道磁量子数）$m_l = 0, \pm 1, \pm 2, \cdots, \pm l$，代表轨道在空间的可能取向，或者说代表轨道角动量在某一特殊方向（如磁场方向）的分量；自旋量子数 $m_s = \pm 1/2$，代表电子自旋的取向，也代表自旋角动量在某一特殊方向（如磁场方向）的分量。电子自旋量子数 $s=1/2$ 代表自旋角动量的大小，对所有电子都是相同的，不成为区别电子态的一个参数。

电子态用每一组量子数所对应的一个特定能量值来表示，然而在某些情况下，n 个不同的量子数或 n 个不同的状态具有相同的能量，对应同一个能级，这种情况称为 n 重简并或能级是 n 重简并的。对于每一个 n 或 E_n，可以有 $g_n = \sum_{l=0}^{n-1} 2(2l+1) = 2n^2$ 个状态，则称能级 E_n 是 $2n^2$ 重简并的。但是考虑到相对论效应和后面讨论的自旋-轨道耦合对能级的影响，解除了简并，能级将会发生分裂。

4. 自旋-轨道耦合与总角动量量子数

电子的自旋磁矩与轨道磁矩之间存在磁相互作用，它们耦合成一个总角动量 L_j，即

$$\dot{L}_j = \dot{L}_l + \dot{L}_s \tag{5.1.11}$$

在运动中总角动量 L_j 是守恒的，而轨道角动量和自旋角动量绕 L_j 进动。按照量子力学，L_j 取值是量子化的，故有

$$L_j = \sqrt{j(j+1)} \cdot \hbar \tag{5.1.12}$$

式中，j 称为总角动量量子数，取 $(l+s), (l+s-1), \cdots, |l-s|$ 等值。对于电子，因为 $s=1/2$，所以其自旋-轨道磁相互作用（或称为 l-s 耦合）仅存在两种情形：$j=l+1/2$

（或称为平行），$j=l-1/2$（或称为反平行）。

从经典电磁学来看，电子的轨道磁矩与自旋磁矩就像两根小磁针，它们之间的磁相互作用产生微小的（约为 10^{-3}eV 数量级）附加能量。若两根小磁针平行（相当于 $\mu_l \parallel \mu_s$），则它们相互排斥，能量增加；相反，若 $\mu_l \parallel (-\mu_s)$，则磁针相互吸引，能量减少。这样，能级发生分裂，形成精细结构，如图 5.1.3 所示。

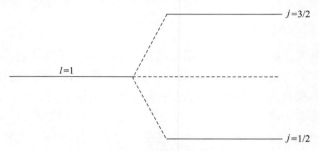

图 5.1.3　$l=1$ 能级的精细结构

前面提到完整描述原子量子态需要四个量子数，即 n、l、m_l、m_s。但是如果考虑电子自旋-轨道耦合，从 L_l、L_s 耦合矢量图可知，$(L_l)_z$、$(L_s)_z$ 不是守恒量，相应的 m_l 和 m_s 不是好量子数，而 L_j 和 $(L_j)_z$ 是守恒的，相应的 j 和 m_j 是好量子数，此时电子运动状态应由 n、l、m_l、m_s 这一组量子数来描写。

图 5.1.4 形象地描述了氢原子能级的精细结构。

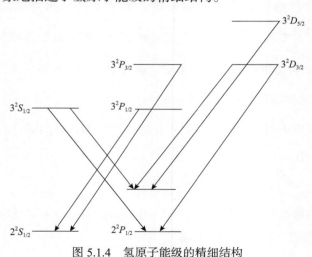

图 5.1.4　氢原子能级的精细结构

5.1.2　原子核的能级结构与特性及超精细结构

在前面的讨论中，只考虑了电子和原子核之间的库仑相互作用得到光谱结构，引入电子自旋后，产生了光谱的精细结构，然而原子核也有自旋角动量 $\dot{I}$ 和磁矩 $\dot{\mu}$。这些性质都将对电子的运动产生影响，从而使原子光谱进一步分裂，其分裂程度比精细结构还要小，故称为超精细结构[6]。

1. 核自旋角动量和磁矩

原子核具有内禀的自旋角动量，服从角动量的取值规则为

$$\begin{cases} L_I = \sqrt{I(I+1)} \cdot \hbar \\ (L_I)_z = m_I \hbar \end{cases} \tag{5.1.13}$$

式中，I 称为核自旋量子数，可由光谱的超精细结构或磁共振等方法实验测定，I 可取整数或半整数，与核的质量数 A 和电荷数 Z 的奇偶性有关。原子核自旋磁矩的方向与核自旋角动量的方向是相同或者相反的，核磁矩大小与核自旋角动量数值之间没有一定的关系，可由实验测定。

2. 核自旋超精细结构

原子的核磁矩与电子总磁矩相互作用，使核自旋或核磁矩空间取向量子化，核磁矩 μI 相对于电子磁场有不同的取向，其相互作用能量也不同，能级发生分裂。核磁矩很小，能量差别也很微小，能级产生了超精细结构。考虑到核外电子的角动量 $\dot{J}$ 与核自旋角动量 $\dot{I}$ 的耦合，就可以解释以 J 表征的能级的超精细结构。

与电子的自旋-轨道耦合情形相似，I 和 J 的相互作用使它们耦合成原子总角动量，即

$$\dot{L}_F = \dot{L}_J + \dot{L}_I, \quad \dot{F} = \dot{J} + \dot{I} \tag{5.1.14}$$

$$\dot{L}_F = \sqrt{F(F+1)}\hbar \tag{5.1.15}$$

量子数 F 可取 $F = J+I, J+I-1, \cdots, |J-I|$，共有 $2J+1$ 个（当 $J \leqslant I$ 时）或 $2I+1$ 个（当 $J \geqslant I$ 时）取值。结果对应于 J 的一个值有几个不同的能级，它们分别具有不同的 F 值，能级发生超精细分裂，例如，$J = 2$、$I = \dfrac{3}{2}$ 能级，考虑 J 与 I 的相互作用，能级将分裂成以 F 为标志的四个超精细能级，即 $F = 7/2$、$5/2$、$3/2$ 和 $1/2$，如图 5.1.5 和表 5.1.2 所示。实验中超精细分裂值的测量可以达到很高的精确度，说明这些分裂是十分稳定的，因此常用超精细跃迁频率作为量子频率标准的标准频率。原子秒就是以 ^{133}Cs 原子的超精细跃迁电磁振荡周期的 9192631770 倍为秒定义的。

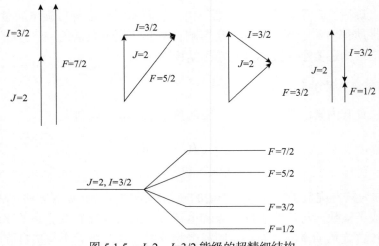

图 5.1.5　$J=2$、$I=3/2$ 能级的超精细结构

表 5.1.2　各种原子的超精细分裂值

原子	I	J	F 到 $F-1$ 跃迁	测量的超精细分裂值(10^6Hz)
$^{1}_{1}\mathrm{H}$	1/2	1/2	1→0	1420.405752
$^{85}_{37}\mathrm{Rb}$	5/2	1/2	3→2	3035.732439
$^{87}_{37}\mathrm{Rb}$	7/2	1/2	2→1	6834.682614
$^{133}_{55}\mathrm{Cs}$	3/2	1/2	4→3	9192.631770

5.1.3　原子与电磁场的相互作用和量子跃迁

原子与电磁场的相互作用引起电磁场和原子的量子跃迁。原子与电磁场的相互作用主要包括如下内容[7]：中性原子在外界电磁场中的三个效应(偶极矩(包括电偶极矩和磁偶极矩)、塞曼效应、斯塔克效应)、能级跃迁和选择定则等。

1. 塞曼效应

原子中的电子可近似看成在一个中心平均场中运动，能级一般有简并。实验发现，如果把原子(光源)置于强磁场中，原子发出的每条光谱线都分裂成三条，即为正常塞曼效应。光谱线的分裂反映原子的简并能级发生分裂，即能级简并被解除或部分解除。

在外加均匀磁场(沿 z 方向)中，原子的球对称性被破坏，l 不再为守恒量。但不难证明，l^2 和 l_z 仍为守恒量。因此，能量本征函数可以选为守恒量完备集(H、l_z、l_z)的共同本征函数，相应的能量本征值为

$$E_{n_r,l,m_l} = E_{n_r,l} + m_l \hbar \omega_L, \quad n_r = 0,1,2,\cdots; \quad l = 0,1,2,\cdots,n_r-1; \quad m_l = 0,\pm1,\pm2,\cdots,\pm l$$

$$\text{(5.1.16)}$$

式中，$\omega_L = eB/(2mc) \propto B$ 为拉莫尔频率；$E_{n_r,l}$ 为中心力场中的薛定谔方程，即

$$\left[-\frac{\hbar^2}{2m}\nabla^2 + V(r) \right]\psi = E\psi \tag{5.1.17}$$

的能量本征值。

图 5.1.6 为钠原子能级在强磁场中的分裂。原来的一条钠原子光谱线分裂成三条，角频率为 ω、$\omega+\omega_L$ 和 $\omega-\omega_L$，因此外磁场 B 越强，分裂就越多。

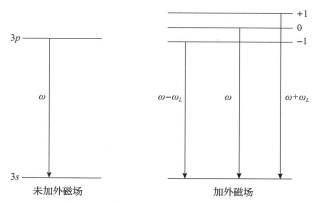

图 5.1.6　钠原子能级在强磁场中的分裂

2. 斯塔克效应

电场对原子能级和跃迁谱线都有影响，斯塔克实验发现，氢原子巴耳末系的各谱线在 10^5V/cm 强电场作用下分裂成若干条。在电场中能级或谱线发生移位和分裂的现象称为斯塔克效应。

在外电场 ε 中，原子能级所受影响一般表示成如下形式即

$$\Delta E_\varepsilon = A\varepsilon + B\varepsilon^2 + C\varepsilon^3 + \cdots \tag{5.1.18}$$

式中，ε 的线性项代表一级斯塔克效应；ε 的二次项代表二级斯塔克效应。

从物理机制来看，第一项原子固有的电偶极矩 d 与外界恒定电场 ε 的相互作用为

$$\Delta E_e = -d \cdot \varepsilon \tag{5.1.19}$$

对于具有中心对称的电子云分布的原子，这一项为零，但在强电场下，有些原子谱线具有线性斯塔克效应，这是强电场扰动电子云分布的结果。第二项来自电场和与电场成正比的感应电偶极矩的相互作用，这是在一般情况下总会发生的。

原子在外电场作用下发生电极化，产生一个与电场强度成正比的感应电偶极矩 d'，d' 的数值与原子总角动量 J 相对于外电场 ε 的取向有关。由于 d' 与 ε 成正比，所以在斯塔克效应中能级移位与电场强度平方 ε^2 成正比。

关于斯塔克效应其他方面的问题，本节不予讨论。

3. 能级跃迁和选择定则

在一般情况下，原子处于由薛定谔方程描述的基态能级。这个能量本质上是电磁相互作用能，在一定电磁振荡的作用下，原子可从一个能级跃迁到另一个能级。原子从一个能级跃迁到另一个能级伴随着电磁场能量的吸收或发射，视跃迁前后能量的高低而不同：跃迁后原子能量升高的为吸收；反之，则为发射。跃迁前后原子的能量差 ΔE 与吸收或发射的辐射场频率 ν_α（或角频率 ω_α）之间满足

$$h\nu_\alpha = \hbar\omega_\alpha = \Delta E = E_n - E_m \tag{5.1.20}$$

这就是玻尔频率关系。

但是，并不是任意两个原子能级之间都可以发生跃迁。只有在辐射场作用下跃迁矩阵元，即

$$\hat{H}_{mn} = \int \psi_n(r) H' \psi_m(r) \mathrm{d}V \tag{5.1.21}$$

不为零的两个能级之间才能发生跃迁。这既取决于原子与辐射场相互作用能 $\hat{H}'$ 的形式（如电偶极矩、磁偶极矩或电四极矩相互作用等），也取决于能级波函数 ψ 的性质。在光波作用下发生的光学跃迁是电偶极矩与辐射电场起作用；而在射频电磁场作用下的超精细结构能级或磁子能级之间的磁共振跃迁是磁偶极矩与辐射磁场相互作用的结果。它们对产生跃迁的能级都有一定的要求，例如，对于前者，在单电子原子情况下，要求跃迁前后能级的原子波函数的宇称相反，互为正负（奇偶），这种对波函数对称性的要求很容易从跃迁矩阵元的展开式中看出。对电偶极跃迁，相互作用能的形式是 $-erE_0$（r 为空间位置矢量，er 为电偶极矩，E_0 为辐射电场的振幅）。如果两个能级的波函数对称性相同，则对整个原子体积积分后得零就不可能发生跃迁。因此，对产生跃迁的能级有一套规则（称为选择定则）限制，它建立了跃迁能级量子数之间的变化条件，满足条件的就能发生跃迁。以下只列出对激光冷却与俘陷原子试验起作用的一些选择定则，以供参考，致于对它们的证明，可参见相关原子物理教材。

（1）对于单电子原子（如氢原子和碱金属原子）的光学跃迁，选择定则为

$$\Delta l = \pm 1; \quad \Delta j = 0, \pm 1; \quad \Delta m = 0, \pm 1 \tag{5.1.22}$$

（2）对于超精细结构能级，选择定则为

$$\Delta F = 0, \pm 1, \quad 除 F=0 \to F=0 外 \tag{5.1.23}$$

这里对主量子数 n 没有限制。对于一般塞曼能级之间的跃迁，选择定则还与辐射电场的振动方向和磁场方向有关，两者平行的称为 π 跃迁，两者垂直的则称为 σ 跃迁。此时，选择定则为

$$\begin{cases} \Delta m_j, & \Delta m_F = 0 \\ \Delta m_j, & \Delta m_F = \pm 1 \end{cases} \tag{5.1.24}$$

σ 跃迁又分为 σ^+、σ^- 两种情形，分别对应于光的右旋偏振和左旋偏振，相应的跃迁为 $\Delta m_F = \pm 1$，这符合跃迁过程中整个系统动量守恒与角动量守恒。

4. 孤立二能级的跃迁概率

本节首先讨论最简单的情况，即原子体系只存在两个能级，而且原子之间没有相互作用。这当然是一个理想情况，实际上并不存在，但在一定条件下，还可算是一种恰当的近似。在这种情况下，可以精确地求解薛定谔方程。由于跃迁涉及原子从一个状态转变到另一个状态，该过程与时间有关，所以要求解如下形式的时变薛定谔方程，即

$$i\hbar \frac{\partial \psi}{\partial t} = \hat{H}(t)\psi \tag{5.1.25}$$

式中，$\hat{H}$ 是含时间 t 的相互作用哈密顿量，包括原子内部的相互作用能 $\hat{H}_0$ 和随时间变化的外部电磁场作用能 $\hat{H}'(t)$，即

$$\hat{H} = \hat{H}_0 + \hat{H}'(t) \tag{5.1.26}$$

$\hat{H}_0$ 对能级的作用可用方程 $\hat{H}\psi = E\psi$ 表达；在涉及电磁场与原子相互作用的过程中，$\hat{H}'(t)$ 主要是原子的电偶极矩或磁偶极矩与外界辐射电磁场之间的相互作用能，分别呈现为如下形式，即

$$H'_e(t) = -\dot{p} \cdot \dot{E}(t) \tag{5.1.27}$$

$$H'_m(t) = -\dot{\mu} \cdot \dot{B}(t) \tag{5.1.28}$$

式中，$\dot{p}$ 是电偶极矩，常写成 $\dot{p} = e\dot{r}$；$\dot{\mu}$ 是磁偶极矩。

在二能级的情况下，式(5.1.25)的解可用由薛定谔方程 $\hat{H}\psi = E\psi$ 解得的本征函数叠加来描述，即

$$\psi(t) = c_1(t)\phi_1 e^{-iE_1 t/\hbar} + c_2(t)\phi_2 e^{-iE_2 t/\hbar} \tag{5.1.29}$$

式中，c_1、c_2 是含 t 的叠加系数；ϕ_1、ϕ_2 是两个本征能级的波函数；指数部分代表原子波函数的相位。

将式(5.1.29)代入式(5.1.25)，利用波函数的正交归一化条件，可得

$$\begin{cases} ih\dfrac{dc_1(t)}{dt} = H_{e12}e^{-i\omega_\alpha t}c_2(t) \\ ih\dfrac{dc_2(t)}{dt} = H_{e21}e^{i\omega_\alpha t}c_1(t) \end{cases} \tag{5.1.30}$$

式(5.1.30)相当于二能级的薛定谔方程，其中

$$\omega_\alpha = (E_2 - E_1)/\hbar \tag{5.1.31}$$

是原子跃迁角频率(简称频率)，即相应于两个状态能量差的辐射频率。

$$H_{e12} = H_{e21}^* = \int \varphi_2^* H_e' \varphi_1 d\tau = \langle 2|H_e'|1\rangle \tag{5.1.32}$$

是跃迁矩阵元，式(5.1.32)中，"*"表示取共轭运算。本节以电偶极矩为例进行讨论，对磁偶极矩是完全相仿的，这里不另行讨论。

设外电场是频率为 ω 的辐射场，为

$$\dot{E} = E_0\dot{e}\cos(\omega t) = E_0\dot{e}(e^{-i\omega t} + e^{i\omega t})/2 \tag{5.1.33}$$

式中，E_0 是电场振幅；$\dot{e}$ 是电场方向的单位矢量。

将式(5.1.33)代入式(5.1.30)，忽略指数中含 $\omega + \omega_{12}$ 的快变化项(称为旋转波近似)，并引入分别称为辐射场的频率失谐和拉比频率的参量，即

$$\delta = \omega - \omega_\alpha \tag{5.1.34}$$

$$\Omega = E_0 p_{12}/\hbar \tag{5.1.35}$$

式中，$p_{21} = \langle 2|p|1\rangle = p_{12}$ 是电偶极跃迁矩阵元在外电场方向上的投影，可得以下结果，即

$$\begin{cases} i\dfrac{dc_1}{dt} = -\dfrac{\Omega}{2}e^{i\delta t}c_2 \\[3mm] i\dfrac{dc_2}{dt} = -\dfrac{\Omega}{2}e^{-i\delta t}c_1 \end{cases} \tag{5.1.36}$$

解方程组 (5.1.36)，可得 c_1、c_2 两个参数随时间的变化，本节不具体进行计算。设原子在 $t=0$ 时刻处在 1 态，即 $c_1(0)=1$、$c_2(0)=0$，则有

$$\begin{cases} c_1(t) = \left[\cos\left(\dfrac{\Omega' t}{2}\right) - i\dfrac{\delta}{\Omega'}\sin\left(\dfrac{\Omega' t}{2}\right)\right]e^{i\delta t/2} \\[4mm] c_2(t) = \dfrac{\Omega}{\Omega'}\sin\left(\dfrac{\Omega' t}{2}\right)e^{-i\delta t/2} \end{cases} \tag{5.1.37}$$

式中

$$\Omega' = \sqrt{\Omega^2 + \delta^2} \tag{5.1.38}$$

若在 t 时刻找到处在 2 态的原子的概率为 $|c_2(t)|^2$，则原子从 1 态到 2 态的跃迁概率为

$$P_{12}(t) = \frac{\Omega^2}{\Omega^2 + \delta^2}\sin^2\left(\frac{t}{2}\sqrt{\Omega^2 + \delta^2}\right) \tag{5.1.39}$$

它与外加辐射场的幅度和频率有关。当失谐为零（共振）时，$\delta = 0$，则有

$$P_{12}(t) = \sin^2\left(\frac{\Omega t}{2}\right) = \frac{1}{2}\left[1 - \cos(\Omega t)\right] \tag{5.1.40}$$

可见，该概率随时间 t 以拉比频率在 $0 \sim 1$ 之间变化。这也表明，原子在共振辐射场作用下以拉比频率在两个能级之间振荡。当 $\Omega t = \pi$ 时，有 $P_{12}=1$，原子发生一个完整的跃迁，状态由 1 态变为 2 态。当 $\Omega t = \pi/2$ 时，原子处在这两个态的混合态上，各有 1/2 概率，可以说是完成了 1/2 的跃迁。图 5.1.7(a) 反映了跃迁概率随时间的变化与辐射场频率有关：当辐射场频率与原子频率一致（$\delta=0$）时，跃迁概率随时间变化的频率最低，但振幅可达到 1。这说明，只有在共振情况下才能达到完整的跃迁。当辐射场频率有失谐（$\delta \neq 0$）时，跃迁概率的振荡频率增高，则数值永远不可能达到 1。这从图 5.1.7(b) 可以明确看出，跃迁概率在共振时有最大值，随偏离共振降低，但不是单调的降低，而是出现了起伏。随着作用时间 Ωt 的延长，起伏增多；当 $\Omega t \to \infty$ 时，从起伏的顶点出发描绘出一条包络线，代表稳态下跃迁概率的频率分布。

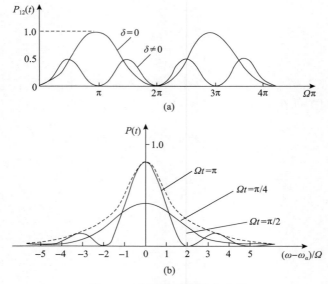

图 5.1.7　跃迁概率的分布曲线

5. 自发辐射、受激发射和受激吸收

跃迁过程伴随着原子与辐射场之间的能量转化。原子每完成一次跃迁，将改变能量状态，就会从辐射场吸收或向该辐射场发射一个光子，其能量为 $\hbar\omega = h\nu = E_j - E_i$。原子若从低能级过渡到高能级，则从辐射场吸收一个光子；反之，原子若从高能级过渡到低能级，则向辐射场发射一个同样能量的光子。爱因斯坦从热力学平衡理论推算出三种跃迁：自发辐射、受激发射和受激吸收。在辐射跃迁过程中，往往是三种跃迁形式同时存在。根据热力学平衡原理，自发吸收过程不存在。

自发辐射是原子在真空场作用下发射的跃迁。空间即使没有人为施加辐射场，也会自发地存在零点场，即辐射场模 $n=0$ 的真空场，在这种辐射场的作用下，原子会从上能级自发地跃迁到下能级，同时向辐射场发射一个能量为 $h\nu$ 的光子。

为了求得受激发射和自发辐射跃迁概率的公式，需要用到辐射场的量子理论，本节只给出相关结论如下。

(1) 受激发射跃迁概率与该模光子数成正比。

(2) 受激发射出来的光子与激发场属于同一模式，因而有相同的频率、偏振和传播方向。

(3) 某一个模内受激发射与自发辐射的跃迁概率之比为该模光子数 n_λ。

5.2　原子谱线的探测

在光子的许多特性中，对量子跃迁来说最重要的是它的能量或者相应电磁波的频率。不同类型的物质与辐射场相互作用所涉及的光子能量差别极大，实验处理方法也很不一致[8,9]。根据实验方法的区别，现有的量子频率标准应用的波段主要是微波波段$(10^8 \sim 10^{12} \text{Hz})$，在该波段内物质与电磁波的相互作用形式主要是电子顺磁共振，原子超精细结构能级跃迁以及分子转动能级之间的跃迁。近年来，建立在稳频激光器基础上的光频率标准，利用原子和分子的电子跃迁或振动、转动跃迁作为量子频率标准。关于量子跃迁的实验研究最早开始于光频段，即光谱研究。光谱是由光源发出的光通过色散元件(棱镜、光栅等)分解为在空间中按波长(频率)排列的单色成分组成的。原子发射产生特定频率的电磁波，在光谱照相底板上形成极窄的单色谱线，这种光谱一般是自发辐射谱。若光源发出波长连续分布的宽波段白光，并在光路中放置被研究物质，则物质吸收特定频率的电磁波，在光谱片上将出现几条暗线，即吸收谱线。这就是研究受激发射的传统光谱学方法。在射频和微波波段内，由于自发辐射概率很小，所以主要研究的是物质的受激发射过程。辐射源一般是频率稳定的(单色)相干信号，使信号源在一定频率范围内扫描，观察通过样品(被研究物质)的辐射场能量随频率的变化，即可得到相应的谱线，该方法是典型的波谱学方法。激光问世后，出现了频率可调的单色相干光，在光谱研究中也引入了上述波谱学的方法，形成了新的激光光谱学。在量子频率标准的研究中，主要是观察波谱信号和激光光谱信号[10]。

5.2.1　观测原子量子跃迁的两种实验方法

对于原子与辐射场相互作用的量子跃迁现象，可用两种方法进行实验研究：第一种方法是观测跃迁过程中电磁波(光子)的发射或吸收；第二种方法是观测跃迁前后原子状态的变化。对于第一种方法，需要测定相互作用前后辐射场能量(或功率)的增减，对于第二种方法，需要利用不同状态的原子所具有的不同物理性质(力学的、电学的、磁的和光的等)来识别，从而确定跃迁前后某一特定状态原子数目的变化。

典型的波谱学方法属于第一种方法，其实验装置原理图如图 5.2.1 所示。图中信号发生器发出振幅稳定而频率连续可变的单色电磁波，其频率变化规律由调制和扫描装置控制。这种电磁波通过一定方式照射被研究样品，透过样品的电磁波在接收机中进行放大、检波等处理而进入显示仪表，以记录其强度(功率)。在一般情况下，由于各能级上的原子数目按玻尔兹曼分布，下能级的原子数总多于上能级的原子数，所以当信号频率接近满足玻尔频率条件时，物质发生共振吸收，接收到的信号功率下降，形成共振吸收谱线。在特殊情况下，也会有能级粒子数反转，即上能级原子数大于下能级原子数，此时可观察到共振发射信号，即通过样品后的电磁波功率增强。

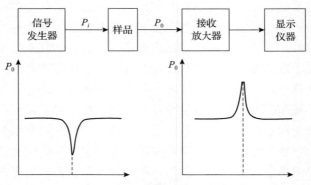

图 5.2.1　共振吸收实验装置原理图

观测跃迁前后原子状态变化的方法比较复杂。这是因为在通常情况下，不同状态的原子共同存在，发生量子跃迁时整个样品宏观性质的变化极其微小，不易探测。因此，在使用该方法时，首先要制备纯态，即把特定状态的原子制备或选择出来，然后让它们与辐射场相互作用，并观测相互作用后状态发生了变化的原子数目，这里需要利用不同状态原子所具备的不同物理性质。由于这种方法灵敏度高，所以在量子频率标准中得到了普遍应用[11]。

图 5.2.2 是铯束频率标准中所用的观测跃迁原子数的原子束实验装置原理图。从原子束源出来的铯原子有 $F=3$ 和 $F=4$ 两种超精细结构状态，它们带有不同的有效磁矩。当它们经过强的不均匀选态磁铁 A 后，两种状态的原子由于在磁场中所受的偏转力方向不同，路径发生分离，从而能将某一态原子选择出来，进入与辐射场的相互作用区。相互作用后的原子又进入另一类似的选态磁铁 B。经磁铁 B

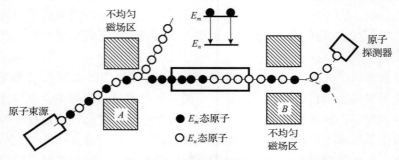

图 5.2.2　观测跃迁原子数的原子束实验装置原理图

后，原子根据是否发生跃迁而沿不同路径运动。若在某一路径上设置原子探测器，则当辐射频率满足玻尔频率条件、原子发生状态转变时，根据安置位置的不同，原子探测器上或将收到跃迁原子(flop-in 安排)或将丢失大量跃迁原子(flop-out 安排)；而当辐射场频率远离共振时，原子探测器上收到的原子数不随频率发生变化。

5.2.2　原子谱线信号参量的描述

原子谱线信号反映了量子跃迁过程中探测量(辐射场功率或跃迁原子数)随外加电磁波频率变化的关系，它在二维坐标系上可以用一条曲线表现出来。这条曲线能提供以下信息：①共振频率；②信号强度；③线形与线宽。下面将分别予以介绍。

1. 共振频率

共振频率是指跃迁信号最大值处的外加电磁波频率，也称为原子谱线中心频率，取决于玻尔频率条件，即 $\omega = |E_m - E_n| / \hbar$，因此其依赖物质的能级。例如，在没有外加磁场的情况下，^{133}Cs 原子基态超精细结构能级的跃迁频率是 $\nu_0 = 9192631770\text{Hz}$，各种物质或同一物质的一对不同能级都有其特定的共振频率。谱线研究的任务多数在于探讨谱线频率与物质的物理状态、化学状态的关系。不同物质或同种物质的许多复杂结构都可能在同一无线电波段上形成许多共振频率不同的谱线，呈现出复杂的谱图。多数物质的跃迁频率会随着外界条件(如电场、磁场、温度、气压等)的变化而变化，辐射场的作用也可能使共振频率产生移动。若将这种谱线作为频率标准的参考标准，则标准频率不稳或不准。因此，寻找受外界条件影响最小的原子光谱谱线，探索各种影响共振频率移动的因素和机制是量子频率标准物理的重要任务。

2. 信号强度

信号强度(或称为谱线强度)用于描述辐射场与原子共振相互作用的强弱，或者跃迁数目的多少，可分为绝对信号强度和相对信号强度两种。绝对信号强度在共振吸收实验中是指物质吸收外加辐射功率的大小，常用功率单位以微瓦(μW)表示；在探测跃迁原子数的实验中，则用原子数或反映原子数物理量(如电流、光强)的大小来表示。在实际工作中，不常使用绝对信号强度的概念，因为波谱信号绝对量一般很小，不能直接测量，通常需要经过无线电放大设备等，不易准确得到信号的绝对值，而在实际应用中往往需要的只是相对信号强度。

相对信号强度也有两种。一种是指相同实验条件下得到的几条谱线的强度比，一般可以直接从显示器上量得，用比例数字表示，如图 5.2.3 所示的三条谱线的强度比为 1:2:3。

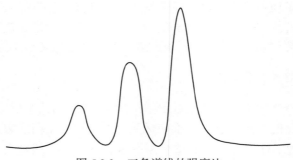

图 5.2.3　三条谱线的强度比

　　另一种相对信号强度是信噪比,即原子谱线信号强度与相同实验条件下的噪声强度之比。实际测量中噪声总是存在的:首先,量子跃迁本身就是一种统计过程,跃迁数目是随时起伏的,参与跃迁的原子数也有涨落;其次,任何无线电接收和强度处理设备总会引起一些噪声,当原子光谱信号强度低于噪声强度时,信号被淹没在噪声之中,不易显示出来。原子谱线的信噪比定义为

$$\frac{S}{N} = \frac{信号功率}{噪声功率}$$

　　在实际工作中,常用显示设备上直接测量得到的信号幅度与噪声幅度之比作为信噪比,即

$$\frac{S}{N} = \frac{信号幅度(如电压)}{噪声幅度(如电压)}$$

　　在多数情况下,这两者是相等的,例如,在共振吸收实验中,检波器往往能使检出的电压正比于输入功率(平方律检波),在探测原子数实验中,跃迁原子数的多少正比于信号功率,而观测量(如电流)又正比于原子数。但是在某些情况下,两者不等,互相有平方关系。必须指出的是,信噪比的大小与接收设备的带宽有关,因为噪声电压与接收设备的带宽的平方根成正比,所以电压信噪比与带宽的平方根成反比。在量子频率标准中,常用 1Hz 或 1/4Hz 作为标准带宽。在具体实验条件下,得到的信噪比应折算成上述标准带宽的数值以进行比较。

　　3. 线形与线宽

　　辐射场与原子的共振相互作用不仅发生在某一确定频率 ω_0 处,而且发生在该频率附近的一个小范围内,但是离 ω_0 越远,相互作用越弱。相互作用强度与频率的关系可用线形函数 $g(\omega)$ 来表示,函数的具体形式取决于辐射场与物质的相互作

用及物质的运动状态。为了描述方便，线形函数是归一化的，因此与具体谱线的
信号强度无关，即

$$\int_{-\infty}^{\infty} g(\omega)\mathrm{d}\omega = 1 \qquad (5.2.1)$$

原子谱线中常见的线形函数有两种：一种是洛伦兹线形函数，归一化后的洛
伦兹线形函数为

$$g(\omega) = \frac{1}{2\pi}\frac{\Delta\omega}{(\omega - \omega_0)^2 + \left(\dfrac{\Delta\omega}{2}\right)^2} \qquad (5.2.2)$$

另一种是高斯线形函数，其表达式为

$$g(\omega) = \frac{2}{\Delta\omega}\sqrt{\frac{\ln 2}{\pi}}\mathrm{e}^{-4\ln 2\left(\frac{\omega - \omega_0}{\Delta\omega}\right)^2} \qquad (5.2.3)$$

式中，$\Delta\omega$ 为线宽，反映了信号强度降为最大值(在中心频率 ω_0 处)50%的两个频
率之间的间隔，因而表征了具有显著共振相互作用的辐射场频率范围。

归一化线形函数的最大信号强度与线宽之间有下列关系。

对于洛伦兹线形函数，有

$$g(\omega_0) = g(\omega)\frac{2}{\pi\Delta\omega_{\max}} \qquad (5.2.4)$$

对于高斯线形函数，有

$$g(\omega_0) = g(\omega)\frac{2}{\Delta\omega}\sqrt{\frac{\ln 2}{\pi_{\max}}} \qquad (5.2.5)$$

图 5.2.4 给出了两种线形函数示意图，其中 I_0 表示辐射场的强度，L 表示洛伦
兹线形，G 表示高斯线形，图中注明了线宽的范围。从图中可以看出，洛伦兹线
形函数中央部分较瘦，两翼伸展较远；高斯线形函数则具有中部较胖、两翼衰落
较快的特征。

原子谱线是随频率连续变化的信号响应图像，因此线宽具有人为约定的性质。
上述定义的线宽为半值全线宽。在实践中，还常用到其他线宽，例如，在记录谱
线微商线形时，使用谱线斜率绝对值最大处的两频率间隔，即最大斜率点线宽较
为方便，用 $\Delta\omega_2$ 表示。在某些情况下，还用偏离中心频率值的偶次幂的平均值(即

"矩")来表示线宽,例如,谱线的二次矩是偏离中心频率值平方的平均值,即

$$\overline{\Delta\omega^2} = \int_{-\infty}^{\infty} (\omega - \omega_0)^2 g(\omega)\mathrm{d}\omega \qquad (5.2.6)$$

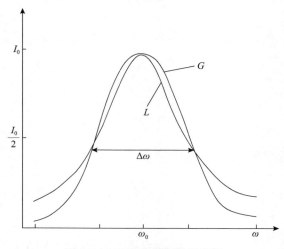

图 5.2.4　两种线形函数示意图

在频率标准中,线宽越窄,鉴频灵敏度或振荡特性越好,频率标准的稳定度也越高。如何获得极窄的谱线是量子频率标准物理的一个重要课题。

5.3　原子的激光冷却与操控

冷原子喷泉钟以抛射的慢扩散原子团为工作介质,通过激光选择磁量子数为零的原子与微波场相互作用,通过共振激光激发原子发出荧光的方法获得微波场的伺服控制信号[12],喷泉钟的工作周期自始至终都伴随着激光对原子的操控。因此,系统深入地了解激光操控原子的原理是研制铯原子喷泉钟的基本理论,也是理解铯原子喷泉钟工作方式的基础,更是实现高指标铯原子喷泉钟的基础[13]。本节将详细介绍原子的激光冷却与操控。

5.3.1　原子与光场的相互作用

激光操控原子包括对原子内部状态和外部自由度的控制。在自由状态下,气体原子(或分子)总是弥散在整个空间内,处于杂乱无章的热运动状态,而内部的能级状态按照玻尔兹曼规律分布。利用激光与原子的相互作用,通过控制激光的参量(光强、频率、偏振、方向等),进而控制原子的能级布居数、位置、速度。原子的外部自由度(位置、速度)的改变是通过原子内部自由度的变化实现的。因

此，深入理解激光与原子内部相互作用的规律是实现激光操控原子的基础。由于激光具有良好的相位相干性、方向和频率可操控性，在冷原子实验中，人们经常引入激光场对原子进行冷却和操控。将中性原子放置于激光场中，如果光场与中性原子的某些能级处于共振状态或者近共振状态，那么光与原子之间的相互作用就可以约化为少数原子内态之间的相互耦合，而与光场处于极大失谐状态的原子内态对系统性质的影响可以忽略不计。在特殊情况下，尤其是在光场线宽很窄的情况下，可以用单色的平面波来描述光场，结合复杂的多能级系统来近似原子。

当原子在共振或近共振光场中运动时，伴随着光子的吸收和辐射过程。光子不仅具有能量 $E = \hbar\omega$，而且具有动量 $\dot{p} = \hbar\dot{k}$，因此原子感受到来自光场的力的作用，即辐射压力，原子的动量发生改变。

考虑一个质量为 m、质心动量为 $\hat{p}$ 的二能级原子在一频率为 ω 的单色光波场中运动的情况，$|1\rangle$ 和 $|2\rangle$ 分别表示原子基态和激发态的态矢量，E_1 和 E_2 分别表示基态和激发态的能量大小，$\hat{\mu}$ 表示原子的电偶极矩算符，$E(\hat{R}, t)$ 表示 t 时刻在原子的质心位置 $\hat{R}$ 处光场的电场强度，体系的哈密顿量 $\hat{H}$ 为

$$\hat{H} = \hat{H}_0 + \hat{H}_{\text{int}} \tag{5.3.1}$$

式中，$\hat{H}_0 = \hat{P}^2/(2m) + E_1|1\rangle\langle1| + E_2|2\rangle\langle2|$，等号右边第一项为原子的动能，第二项、第三项分别为原子在基态和激发态的能量；$\hat{H}_{\text{int}} = -\hat{\mu} \cdot E(\hat{R}, t)$ 为原子与光场的相互作用哈密顿量。

在海森伯（Heisenberg）绘景中，原子所受的平均作用力为

$$F = m\frac{\mathrm{d}^2 r}{\mathrm{d}t^2} = m\frac{\mathrm{d}^2\langle\hat{R}\rangle}{\mathrm{d}t^2} = m\left\langle\frac{\mathrm{d}^2\hat{R}}{\mathrm{d}t^2}\right\rangle \tag{5.3.2}$$

式中，$r = \langle\hat{R}\rangle$，为原子质心位置算符 $\hat{R}$ 的期望值。

原子的质心位置算符 $\hat{R}$ 和动量算符 $\hat{p}$ 各自满足海森伯运动方程，即

$$\frac{\mathrm{d}\hat{R}}{\mathrm{d}t} = \frac{1}{\mathrm{i}\hbar}[\hat{R}, \hat{H}] = \nabla_p(\hat{H}) = \frac{\hat{P}}{m} \tag{5.3.3}$$

$$\frac{\mathrm{d}\hat{P}}{\mathrm{d}t} = \frac{1}{\mathrm{i}\hbar}[\hat{P}, \hat{H}] = -\nabla_R(\hat{H}) = \nabla[\hat{\mu} \cdot E(\hat{R}, t)] \tag{5.3.4}$$

则式（5.3.2）可以改写为

$$F = \langle\nabla[\hat{\mu} \cdot E(\hat{R}, t)]\rangle = \langle\nabla(-\hat{H}_{\text{int}})\rangle \tag{5.3.5}$$

即原子所受的平均作用力为原子与光场相互作用哈密顿量反符号再取空间梯度之后的期望值。

在原子波包大小 $\Delta|r|$ 远小于光波长的情况下,原子的质心位置算符 $\hat{R}$ 可近似地用其期望值 r 来代替,则式(5.3.5)可以写为

$$F = \langle \nabla[\hat{\mu} \cdot E(r,t)] \rangle \tag{5.3.6}$$

假设单色光波场的偏振方向不随空间和时间变化,则其电场强度 $E(r,t)$ 可以表示为

$$E(r,t) = eE(r,t) = eE(r)\exp\left(\mathrm{i}[\Phi(r) - \omega t]\right) + \text{c.c.} \tag{5.3.7}$$

式中,e 为光场偏振的单位矢量;$E(r)$ 为光场的电场强度振幅;$\Phi(r)$ 为与空间位置有关的光场位相;c.c.为复共轭。

将原子的电偶极矩 $\hat{\mu}$ 用原子内态的密度矩阵元表示,与式(5.3.7)光场的电场强度表达式一起代入式(5.3.6)中,再通过求解光学布洛赫方程,即可求得原子在单色光波场中所受的平均辐射压力为

$$F = -\frac{\hbar\left\{\Gamma\Omega^2\nabla\Phi(r) + \left[\omega - \omega_0 + \mathrm{d}\Phi(r)/\mathrm{d}t\right]\nabla\Omega^2\right\}}{4\left[\omega - \omega_0 + \mathrm{d}\Phi(r)/\mathrm{d}t\right]^2 + 2\Omega^2 + \Gamma^2} \tag{5.3.8}$$

式中,$\Omega = |\hat{\mu}|E(r)/\hbar$ 为原子与光场相互作用的拉比频率;$\Phi(r)$ 为相位;Γ 为原子上能级的自发辐射速率;$\omega - \omega_0$ 为光场相对原子共振频率的失谐量,ω_0 为原子共振频率。

先考虑电场强度的振幅不随空间变化,即 $E(r) = E$、$\Phi(r) = -k \cdot r$ 的单色行波光场的情况,此时 $E(r,t) = eE\exp(\mathrm{i}(-k \cdot r - \omega t)) + \text{c.c.}$、$\Omega = |\hat{\mu}|E/\hbar$,代入式(5.3.8)可得

$$F = \hbar k \cdot \frac{\Gamma\Omega^2}{4(\omega - \omega_0 - k \cdot v)^2 + 2\Omega^2 + \Gamma^2} = \hbar k \cdot \xi \tag{5.3.9}$$

式中,$v = \mathrm{d}r/\mathrm{d}t$ 为原子运动速度;$-k \cdot v$ 为原子在光场中运动所产生的多普勒频移;$\xi = \dfrac{\Gamma\Omega^2}{4(\omega - \omega_0 - k \cdot v)^2 + 2\Omega^2 + \Gamma^2}$ 为原子的跃迁概率,表征单位时间内原子散射光子的个数。

该力称为自发辐射力或散射力,其方向与光波矢 k 相同。原子吸收光子由基态跃迁至激发态,再通过自发辐射过程返回基态(这一过程又称为原子对光子的散

射过程），由于原子自发辐射的方向是完全随机的，所以平均地讲，由自发辐射引起的原子的动量变化为零；而原子所吸收光子动量的方向沿光波矢方向，原子吸收光子时即获得了这一动量。平均来看，在原子每一个吸收、自发辐射元的过程中，平均原子动量改变量为 $\hbar k$，式 (5.3.9) 的物理意义为单位时间内原子散射光子后所获得的总动量。

下面再考虑电场强度的振幅 $E(r)$ 随空间变化的单色光场的情况。以最典型的单色驻波场为例，$\Phi(r)=0$，代入式 (5.3.8) 可得

$$F = -\frac{\hbar(\omega-\omega_0)\nabla\Omega^2}{4(\omega-\omega_0)^2 + 2\Omega^2 + \Gamma^2} \tag{5.3.10}$$

该力与光强梯度有关，来源于光强的空间非均匀分布，称为偶极力。对于空间光强分布均匀的光波场，其光强梯度为零，故偶极力也为零。对于电场强度的振幅 $E(r)$ 随空间变化的非均匀单色光场，如单色驻波场或强聚焦的单色高斯激光束等，可以理解为不同模式的单色平面行波的叠加，原子在与这些不同模式的行波作用时，可从某一模式吸收光子，通过受激辐射过程辐射出另一模式的光子，而不同模式的光子的动量也不同，因此在该过程中原子的动量也会发生变化，原子会受到来自光波场的力的作用，即偶极力。

5.3.2　原子的冷却与俘获

随着科学技术的快速发展及应用领域的进一步需求，中性原子的激光冷却与俘获技术迅猛发展。激光冷却与俘获可以有效消除原子样品的热运动对原子参数测量及原子钟的不良影响，获得静止的、原子间几乎没有相互作用的理想原子样品。物理上可将原子阱形象地描述为一种能把自由运动的物体俘获并囚禁起来的装置，同时起到装载这些物体的作用。原子被激光冷却以后，要想对它们进行物理观察和实验，就要把它们装载到一个阱中，以免逃逸和扩散出去，并避免它们与周围环境发生接触而提高温度。通常，人们采用势阱的深度来描述势阱俘获能力的大小，而且用温度的单位来描述。根据俘获机制，原子阱可以分为磁学阱、光学阱和磁光阱。其中，磁光阱大大简化了激光冷却与俘获的实验装置，极大地推动了激光冷却与俘获领域的研究。

现在，常用的激光冷却方法可以分为多普勒冷却、亚多普勒冷却和亚反冲冷却三种。其中，多普勒冷却的原理很简单且实验技术方法很多，如扫描激光频率法、塞曼减速法、斯塔克减速法和漫射光减速法等，多普勒冷却温度的极限 $T_{\min} = \hbar\Gamma/(2k_B)$ 受作用原子跃迁能级线宽的限制；亚多普勒冷却的原理各不相同，如偏振梯度冷却、猝灭冷却、磁感应冷却和偏振旋转诱导原子布局冷却等，

亚多普勒冷却温度的极限 $\dfrac{1}{2}T_{\text{recoil}} = \dfrac{h^2}{2k_B m\lambda^2}$ 受作用激光光子动量的限制；亚反冲冷却的原理差别很大，如速度选择相干布局冷却、拉曼边带冷却、协同冷却和蒸发冷却等，亚反冲冷却温度的极限值因方法不同而各不相同，实验已经实现的亚反冲冷却温度要比反冲温度 T_{recoil} 低 2～3 个数量级。下面分别对其进行详细介绍。

1.中性原子的多普勒冷却及其极限

考虑由沿+x 和–x 方向对射的两束强度相等的近共振准单色激光(行波)所形成光场中，一个运动速度为 v 的简单二能级原子的情况。原子受到来自沿+x 和–x 方向传播的准单色行波场的散射力分别为

$$F_{\pm x} = \hbar k_{\pm x} \cdot \frac{\Gamma \Omega^2}{4(\omega - \omega_0 - k_{\pm x} \cdot v)^2 + 2\Omega^2 + \Gamma^2} \tag{5.3.11}$$

式中，k_{+x} 和 k_{-x} 大小相等，方向相反，$|k_{+x}| = |k_{-x}| = k$ ；若用 e_x 表示+x 正方向上的单位矢量，则有 $k_{+x} = k e_x$ ，$k_{-x} = -k e_x$ 。

原子所受散射力的合力可以表示为

$$F = F_{+x} + F_{-x} \tag{5.3.12}$$

其大小为

$$F = \hbar k \Gamma \Omega^2 \cdot \left[\frac{1}{4(\omega - \omega_0 - k e_x \cdot v)^2 + 2\Omega^2 + \Gamma^2} - \frac{1}{4(\omega - \omega_0 + k e_x \cdot v)^2 + 2\Omega^2 + \Gamma^2} \right] \tag{5.3.13}$$

当 $k e_x \cdot v = 0$ ，即原子在光波矢方向上的速度分量为零时，由式(5.3.13)可知，原子所受散射力的合力大小为零。

当 $k e_x \cdot v \neq 0$ 时，在光强较弱$\left(\Omega^2 \ll \Gamma^2\right)$和原子运动速度较低($|k e_x \cdot v| < |\Gamma|$，$|k e_x \cdot v| < |\omega - \omega_0|$)的情况下，式(5.3.13)可近似为

$$F \approx -\frac{16\hbar k^2 \Gamma \Omega^2 (\omega - \omega_0)}{4(\omega - \omega_0)^2 + 2\Omega^2 + \Gamma^2} e_x \cdot v \tag{5.3.14}$$

在光场负失谐$(\omega - \omega_0 < 0)$时，在+x 方向上，原子受到的散射力合力的方向与原子运动方向相反，净散射力对原子的运动起阻尼作用，这就是光学黏团中多普勒冷却机制的物理含义。由以上讨论可知，在弱光强、低速度近似下，净散射力

正比于原子运动速度分量的大小，即 $F \approx -\alpha \cdot e_x \cdot v$，其比例系数 α（即相应的阻尼系数）为

$$\alpha = \frac{16\hbar k^2 \Gamma \Omega^2 (\omega - \omega_0)}{4(\omega - \omega_0)^2 + 2\Omega^2 + \Gamma^2} \tag{5.3.15}$$

图 5.3.1 为多普勒冷却机制中在弱光强情况 $(\Omega^2 \ll \Gamma^2)$ 下原子所受来自两束负失谐 $(\omega - \omega_0 < 0)$ 对射激光束的净散射力与原子运动速度的关系曲线，横坐标为归一化的原子速度 $2kv/\Gamma$。当速度较小 $(|2kv/\Gamma| < 1)$ 时，散射力近似正比于原子运动速度 v。$v_D = \Gamma/(2k)$ 为多普勒冷却机制下的有效俘获速度，$v < v_D$ 的原子可以被有效地俘获。

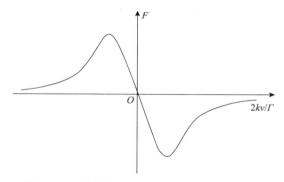

图 5.3.1　净散射力与原子运动速度的关系曲线

原子具有一定的速度分布，对于一定的光场负失谐量，当原子运动速度太大时，其多普勒频移过大，使得激光不能与其共振，因而不能被冷却；运动速度太小的原子则由于多普勒频移太小而总是脱离共振，冷却效果也不太明显；多普勒冷却机制对频移量基本合适、速度较慢的原子 $(|v| < v_D)$ 最为有效。多普勒冷却的结果使原子很宽的速度分布被压窄，并被移到低速区。

在激光冷却与俘获领域，常用原子的速度、温度或等效温度等来描述中性原子被冷却的最终效果。速度指的是原子体系在其质心坐标系中的平均速度；温度或等效温度的含义与热力学宏观体系的温度概念有一定区别，仅是借用温度一词来描述原子体系的平均动能，其数值等于原子体系在其质心坐标系中的平均动能 E 与玻尔兹曼常量 k_B 的 50% 的比值，即 $T = E/\frac{1}{2}k_B$，单位一般为 K。由此可知，平均速度与等效温度或温度之间有着直接的联系。

在多普勒冷却机制的持续作用下，原子似乎可以不断地被冷却直至其等效温

度为零。这显然很不符合实际，因为多普勒冷却机制存在冷却的极限温度。在多普勒冷却过程中，原子与光场的相互作用是一种随机过程，其随机性表现为：在给定的时间间隔内原子吸收的光子数是随机的，导致原子动量的涨落；原子自发辐射出的光子的方向也是随机的，从而会不可避免地导致原子受到自发辐射光子的随机反冲。这两种随机性导致的原子动量涨落实质上是一种对原子的加热效应。这种随机加热过程与原子散射光子的速率有关，而激光冷却与原子的运动速度有关，因此在多普勒冷却机制中，当冷却与加热两种相反的过程达到动态平衡时，原子体系将达到一个平衡温度而不会被一直冷却下去。

具体的理论计算表明，在弱光强的情况下，在多普勒冷却机制下原子体系最终的平衡温度为

$$T = -\frac{\hbar \Gamma}{4k_B} \left[\frac{2(\omega - \omega_0)}{\Gamma} + \frac{\Gamma}{2(\omega - \omega_0)} \right] \tag{5.3.16}$$

由式 (5.3.14) 和式 (5.3.16) 可以看出，T 与冷却光的光强无关。当光场相对于原子共振频率的负失谐量等于自然线宽的 $1/2 (\omega - \omega_0 = -\Gamma / 2)$ 时，T 取最小值，即多普勒冷却的极限温度 T_{Doppler} 为

$$T_{\text{Doppler}} = \frac{\hbar \Gamma}{2k_B} \tag{5.3.17}$$

式中，k_B 为玻尔兹曼常量。

2. 中性原子的亚多普勒冷却及蒸发冷却

原子冷却所得到的温度低于多普勒冷却的极限温度 (称为亚多普勒冷却)。亚多普勒冷却主要有偏振梯度冷却、磁感应激光冷却等，还有原子冷却的其他方法，这里不进行详细介绍。

将原子冷却到最低温度的最终阶段是蒸发冷却，其基本原理较为简单：通过改变射频源的频率 (也即能量) 将势阱中大部分动能较大的原子不断抽运到非囚禁态，从而使其逃逸。也就是说，通过射频扫描方法不断地将势阱中的大部分动能较大的原子蒸发掉，留下少量动能较小的原子，然后通过绝热的热动力学平衡即可获得温度低于光子反冲极限温度的超冷原子样品，蒸发冷却示意图如图 5.3.2 所示。

由于蒸发冷却后留在势阱中的超冷原子温度很低，其每个玻色原子的德布罗意波长很长，相应的德布罗意波包接近一个单色平面波；特别地，当德布罗意波长大于原子在势阱中的平均距离时，大量玻色原子的德布罗意波包的叠加将产生相变，形成玻色-爱因斯坦凝聚，即大量的全同玻色原子凝聚在同一个具有最低能量的宏观相干态。

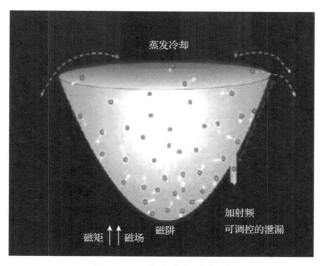

图 5.3.2　蒸发冷却示意图

3. 中性原子的光学阱

前面介绍了原子的各种冷却机制，本节将详细讨论实验室中具体囚禁原子的各种阱。多普勒冷却机制及偏振梯度冷却机制可以大幅降低原子的温度，从本质上来说，是在动量空间对原子进行操控，而在位置空间操控原子则需要磁光阱技术。通过在光学黏团区域引入磁阱，使原子受到与空间位置相关的指向黏团中心的恢复力的作用，原子的运行范围被限制在势能最低点。通过这样的俘获作用可以囚禁更多的原子，提高原子团的密度。

实现中性原子光学囚禁的实验方案主要有红失谐光学囚禁、蓝失谐光学囚禁、重力光学囚禁三种。由于篇幅限制，本节仅简单介绍红失谐高斯光束囚禁方案。

通常，原子在激光场中将受到两个力（自发辐射力和偶极力）的作用，这两个力对光学囚禁来说是非常重要的。对于二能级原子，只依靠自发辐射力（散射力）并不能对原子实现稳定的光学囚禁，这是由光学 Emahswa 定理（如果激光的散射力正比于该处的 Pyontnig 矢量，则总存在使原子泄漏的通道而无法形成稳定的光学阱）决定的。但是，对于能级较为复杂的原子，通过在子能级之间的光泵浦作用可以仅依靠辐射力来实现原子囚禁，因为此时原子所受的力除了与激光强度有关之外，还依赖原子的内能态，光学 Emahswa 定理在此不起作用。

在混合态囚禁中，两个力的重要性已被实验证实。对于只有偶极力的光学阱，因为偶极力 F_{dip} 与光强的梯度成正比，而不是与光强成正比，所以同样不受光学 Exnahswa 定理限制。激光中振荡的电场诱导出原子的电偶极矩，这一感应电偶极矩反过来又与激光场相互作用，使得原子感受到光场的电偶极相互作用。如果激

光场是空间不均匀的，相互作用和原子的能级移动在空间也是变化的，则原子受到的偶极力作用势为

$$U = -\frac{\hbar\delta}{2}\ln\left(1 + \frac{|\Omega|^2}{2(\Gamma/2)^2 + \delta^2}\right) \tag{5.3.18}$$

式中，δ 是激光频率 ω_l 与原子共振频率 ω_0 之间的失谐；Ω 是拉比频率；Γ 是自然线宽。

当激光频率小于原子共振频率（$\delta < 0$，即红失谐）时，原子受到吸引势，被吸引到光场强度的最大处，此时被囚禁的原子处于强场搜寻态。

最容易想到的光学阱仅由一束强的会聚高斯光束构成。在焦点处，高斯光束的径向强度分布为

$$I(r) = I_0 \mathrm{e}^{-r^2/w_0^2} \tag{5.3.19}$$

式中，w_0 是高斯光束的束腰尺寸。

图 5.3.3 所示为一束会聚的高斯光束产生的最简单的光学囚禁，当激光频率小于原子共振频率时，基态的光移动量 $\Delta E_g = \hbar\Omega^2/(4\delta)$ 在任何地方都是负的，并且在高斯光束束腰的中心具有最大负值，于是横向原子将受到一个吸引到光强最大处的偶极力作用，在高斯光束的传播方向（即纵向），原子也将受到一个吸引力，但是这个力要比横向的偶极力复杂得多，依赖会聚的细节。因此，这种由一束会聚的红失谐高斯光束形成的光学阱在三个方向上都对原子产生了吸引力，从而使得原子被三维囚禁于高斯光束的束腰附近。

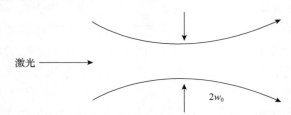

图 5.3.3　一束会聚的高斯光束产生的最简单的光学囚禁

4. 中性原子的磁阱

一些中性原子（如碱土金属原子）的基态具有磁矩，根据电磁场理论，在不均匀磁场中它们会受到力的作用，因此对具有磁矩的原子可构建静磁阱，用于俘获和囚禁中性原子。静磁阱只依靠具有特殊空间拓扑结构的磁场产生空间一系列封闭势能曲面，其能量向内逐层减小。这种势能就是磁偶极子与外磁场的相互作用

能。目前，实验中实现的磁阱大体上有四极型阱（也称为 Paul 阱）、Ioffe 磁阱、永久磁铁 Ioffe 磁阱、时间平均轨道势（time-averaged orbiting potential, TOP）阱、四极-Plug 光束磁光混合阱、四极-Ioffe（quadrupole-Ioffe-configuration, QuIC）磁阱、丁香叶（Cloverieaf）磁阱。本节不进行一一介绍，只对四极型阱、Ioffe 磁阱进行简单介绍。

首先提出一种构成四极型阱的方案，该四极型阱是由两个载有电流大小相等、方向相反的平行圆线圈（一对反亥姆霍兹线圈）组成的，装置图如图 5.3.4 所示。设线圈的半径为 R，两线圈之间的间隔为 D，两个线圈中通过的电流为 I，则由这两个电流在一对反亥姆霍兹线圈中间区域产生的静磁场是一个封闭的三维磁阱，在势阱的中心（也就是装置的对称中心）存在磁场强度为零的一个点，由该点出发的较小区域内磁场强度在 x、y 和 z 三个方向上的绝对值 $|B|$ 呈现出线性增加关系。因此，一个处于弱场搜寻态的中性原子在磁阱内部将受到一个将其推向势阱中心的机械力作用，当原子具有的动能不足以逃出该势阱时，原子被囚禁在这个由线圈电流产生的静磁阱中。当 $D/R=1.25$ 时，导线中电流产生的磁阱在 x、y 和 z 三个方向有相同的阱深，三个方向上的磁场梯度满足关系式 $\dfrac{\partial B}{\partial x}=\dfrac{\partial B}{\partial y}=\dfrac{1}{2}\dfrac{\partial B}{\partial z}$，也就是说在 z 方向的磁场梯度刚好是其他两个方向磁场梯度的 2 倍。

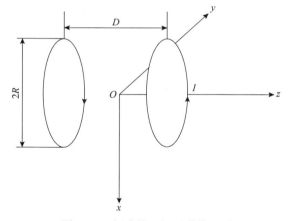

图 5.3.4　标准的四极型阱装置图

1985 年，磁四极型阱方案在实验上首先实现了钠原子的磁囚禁，开创了磁囚禁中性原子的先河。在实验中，用线圈绕组代替了单匝线圈，线圈的平均半径 R=2.7cm，两组线圈之间的平均距离 D=1.25R≈3.4cm，每组线圈中的总电流为 1900A，此时得到的磁阱深度为 300G[①]，相应的势阱体积为 20cm^3。后来，人们将

____

① 1G=10^{-4}T。

这种磁四极型阱与三对正交的汇聚在势阱中心的圆偏振光(三维 Molasses 光束)组合，构成了著名的磁光阱(magneto-optical trap, MOT)。目前 MOT 技术已成为实验室制备冷原子源的重要手段之一。

磁四极型阱方案的缺点是磁阱中心的磁场强度为零。在原子密度很高的情况下，Majorana 跃迁造成的原子损失很大，因而磁四极型阱无法用于研究三体碰撞和冷原子实验。

如果在上述磁四极型阱方案的线圈内部沿轴向中心对称地安置四根直导线，则可以构成 Ioffe 磁阱，装置图如图 5.3.5 所示。由于这一方案首先由 Ioffe 等提出，所以称为 Ioffe 磁阱。在这一方案中，两个线圈中电流的方向和大小都相同，构成纵向 $B(z)$ 不为零的非均匀磁场；而四根直导线(命名为 Ioffe-Bar)相邻两根导线中的电流大小相等、方向相反，构成一个横向的磁四极型阱。因此，在 Ioffe-Bar 和两个线圈中电流的共同作用下形成一个三维的具有非零磁场点的 Ioffe 磁阱。

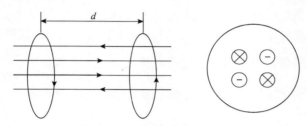

图 5.3.5　标准 Ioffe 磁阱装置图

由于两个线圈中的电流方向相同，所以在 Ioffe 磁阱的中心磁场强度不为零，仅为一个极小值，在磁囚禁中性原子的过程中，由 Majorana 跃迁引起的原子损耗几乎不存在。如果对该装置进行适当的改变，即可得到 Ioffe-Pritchard 磁阱。

1998 年，研究人员利用 Ioffe-Pritchard 磁阱在蒸汽池中实现了 ^{87}Rb 的玻色-爱因斯坦凝聚。在这一实验中，磁阱的轴向梯度和曲率分别为 275G/cm 和 365G/cm^2，被凝聚的 ^{87}Rb 原子数大于 10^5，相应的原子密度大于 $4×10^{14}$cm^3。

5. 中性原子的磁光阱

单独使用散射力是不可能做成原子阱的，然而研究表明，若外场力能使原子跃迁频率随空间位置发生变化，则只使用激光的散射力也可做成原子阱，这里的外场力起着重要的作用，因此这种阱也是混合力阱的一种。在该思想的启发下，研究人员提出将不均匀静磁场和光压力相结合来构建原子阱，这个想法很快被当时还在美国贝尔实验室的朱棣文小组和麻省理工学院(Massachusetts Institute of Technology, MIT)的 Pritchard 小组共同采纳并合作实现。该势阱曾被称为散射力阱、塞曼光阱等，后来通称为磁光阱。磁光阱的发明极大地简化了激光冷却和俘获原子的实验技术[14]，对这一物理学新领域的发展与推广应用起着重要作用，并成为现今获得冷原子的主要实验手段。

1987 年，朱棣文等首先报道了磁光阱的实验结果，其实验装置如图 5.3.6 所示，图中四极磁场由一对反亥姆霍兹线圈产生，冷却光由六束不同圆偏振光束提供[15]。典型的磁光阱由三对(六束)互相垂直、反向传播的左右旋圆偏振光和一对反亥姆霍兹线圈构成，其中磁场的零点与光场的中心重合，负失谐的激光对原子产生阻尼力，梯度磁场与激光的偏振相结合产生了对原子的束缚力，从而在空间对中性原子构成了一个带阻尼作用的简谐势阱。

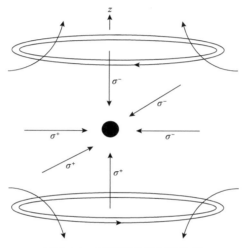

图 5.3.6　三维磁光阱实验装置

假设原子基态有总角动量 $J=0$，只有一个能级，在磁场中没有塞曼分裂；激发态则有 $J=1$，含有 $m_J=0,\pm1$ 三个磁能级，在磁场中产生塞曼分裂；三个子能级的塞曼位移状况不同，跃迁频率随磁场强度变化。设磁场是比较弱的不均匀磁场，在坐标原点处磁场为零，沿坐标轴两边磁场强度呈线性增大，但方向相反，对 z 轴而言，有 $B(z)=Az$（$A=\mathrm{d}B/\mathrm{d}z$ 为线性磁场梯度）。

图 5.3.7 表示沿 z 轴的能级塞曼位移变化：基态不变；激发态 $m_J=1$ 子能级沿 z 轴正向线性增加，沿负向线性减小；$m_J=-1$ 子能级则相反；$m_J=0$ 子能级无变化，而跃迁频率的变化 $\Delta\omega$ 则由式(5.3.20)决定。

$$\hbar\Delta\omega=\Delta E=g_J\mu_B m_J B=g_J\mu_B m_J Az \qquad (5.3.20)$$

式中，g_J 是朗德 g 因子，对不同能级是有区别的，决定能级塞曼位移和塞曼分裂的具体状况。

如图 5.3.7 所示，原子能级的原子从 $J=0$ 态跃迁到 $J=1$ 态，z 方向为梯度磁场

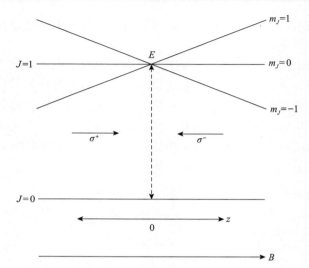

图 5.3.7　一维梯度磁场中二能级原子与光场相互作用

方向，沿 z 轴有一对强度相同的对射激光束，调谐其频率对 $z=0$ 处的原子是负失谐状态，而右旋圆偏振光和左旋圆偏振光的偏振方向分别是 σ^+ 和 σ^-。由于原子对两束激光的有效失谐不相等，处在 $z>0$ 位置上的原子将更多地吸收 σ^- 光子，激发到上能级 $m_J=-1$ 态，激光频率更接近 $\Delta m_J=-1$ 的跃迁，所以受到趋向于中心的负向力；而处在 $z<0$ 位置上的原子将更多地吸收 σ^+ 光子，激发到 $m_J=1$ 态，同时受到趋向于中心的正向力。因此，所有原子都将受到指向坐标原点的辐射压力的作用，并且失谐越接近原点辐射压力越大，越接近中心辐射压力越小，这与抛物面势阱中的原子受力相似。对于 x、y 方向，也可以得到完全相似的作用，这样就实现了原子三维激光俘获。

为了实现三维激光俘获，只要用一对反亥姆霍兹线圈就可以构建所需要的磁场[16]。这对线圈的间距一般与直径相等，而每个线圈中流过的电流方向相反；在两个线圈的中间位置上，各点的磁场方向和大小都不相同，磁场强度在中心点为零，向边缘呈线性增长；在 x、y、z 三个方向各用一堆频率相同而圆偏振光方向相反的激光束照射坐标原点，就能使速度低于一定值的原子稳定地陷俘在坐标原点。陷俘力主要依靠激光散射力的作用；而不均匀磁场提供了一个辐射压力随位置变化的环境，使反亥姆霍兹线圈内的原子受到一个处处指向中心的光散射力，从而满足光阱的基本条件。

5.3.3　原子的激光操控

激光对原子的力学作用不仅可以冷却和捕获原子，还可以相当自由地操控原子的外部运动，成为有用的工具。激光操控原子束是在一维层面和二维层面上，利用辐射场的散射力和偶极力对原子束进行减(加)速、准直和偏转等，以改变原子束的运动状况(速率、方向和发散性等)。这是前面讨论的辐射力在一维层面和二维层面的实际应用。中性原子的导引、囚禁、反射、偏转(折射)、准直、聚焦成像以及衍射、分束和干涉等可统称为冷原子的操纵与控制(简称为原子操控)。冷原子的操控依赖光场(电场或磁场)与原子感应电偶极矩(或磁偶极矩)的相互作用。因此，冷原子的操控主要可分为电、磁、光三种方式[17](或称为三种操控技术)。

1. 原子束的激光减速

在光钟的研制中，冷原子样品的制备很关键，稳频激光最终要锁定至原子跃迁谱线上，因此要求其谱线质量要非常好，即要求冷却的原子样品温度尽量低、速度特别慢且数目足够多，最终会对光钟的整体性能起到很大的提升作用。

激光减速原子束是用辐射场散射力一维操控原子运动的最简单的实例，它在原子分子实验室中非常有用。原子束中的原子从束源(通称为炉子)中发射，经过准直，一般是以极高的速度(每秒上百米至上千米)行进的。尽管在原子性质研究和参数测量的光谱学方法中，因辐射场传播方向与原子束垂直而避免了多普勒效应，而原子束中的原子稀疏使碰撞概率很小，但仍然会因为原子速度太快而使原子参数测量的准确度受到影响。因此，原子束减速在物理研究上具有重要的应用价值。

原子束的激光减速原理：利用负失谐的平面波激光，从与原子束行进方向相反的方向照射原子束，光对原子的共振散射力使原子速度不断降低。

2. 原子束的激光准直

激光的二维准直是实现高通量、低发散角原子束的经典方法，也是研究高精度基准原子钟(如铯喷泉钟、光钟)的一项常用技术。对原子束二维激光准直的定量精确研究对后续磁光阱系统实现以及原子钟性能的提高有实际意义。

原子的激光冷却和囚禁都依赖光对原子的力学作用，利用力学作用可以对高速原子进行减速且最终限制在指定区域。原子温度与其速度有关，原子的减速过程其实就是其冷却过程，而在此过程中物质不会发生相变，在极端低温下，即使达到微开尔文甚至纳开尔文量级仍维持着气态。在低温条件下，原子之间的碰撞概率很小，这为研究原子、分子的结构提供了理想的条件。在原子分子物理领域，对于中性原子的激光冷却和囚禁有很多应用，如玻色-爱因斯坦凝聚、原子碰撞、原子喷泉、放射性同位素研究、高分辨率激光光谱、原子光刻等。

为了提高原子的利用率，原子的横向准直使得原子束发散角减小，有效降低了原子束横向速度，增加了束流前进方向原子的密度。在锶光钟研制过程中，为了增加激光囚禁的原子数目，要对锶热原子束进行横向准直，使得原子束的发散角减小，最终到达磁光阱区域的原子数增多，以增加激光囚禁的原子数目和原子密度。在原子分子物理领域，原子束横向准直具有非常广泛的应用，例如，激光汇聚原子沉积实验，原子束横向发散角和通量的大小直接影响沉积纳米光栅标样条纹的半高宽和对比度。横向准直为获得超高精细化的沉积条纹提供了解决方法。再如，原子的冷却和囚禁，为了高效快速地囚禁冷原子，增加囚禁的原子密度，也需要对原子进行横向准直预处理。在锶光钟研制过程中，横向准直增加了囚禁原子的数目和密度，对钟性能的影响至关重要。为了进一步提高激光囚禁原子的数目，要对锶热原子束进行横向冷却，原子发散角减小，原子通量增加，到达磁光阱区域的原子数目增多，囚禁的原子数目和密度得以提高。原子束的激光准直技术自 20 世纪 80 年代出现以来，在实验和理论上都得到了很大的发展[18]。研究人员用一种角锥反射器装置同时实现了原子束的纵向和轴向减速，采用弱驻波光方法使亚稳态 4He 原子束实现了横向减速，采用驻波光方法实现了铷原子束的准直以及利用经典蒙特卡罗方法对超声铁原子束的横向激光准直进行了分析。在国内，中国科学院上海光学精密机械研究所对钠原子束进行了横向准直，效果明显。

3. 原子的光晶格囚禁及应用

原子物理学家已用传统方法研究了少量原子、分子的特性及其相互作用；凝聚态物理学家则对大量原子分子的行为感兴趣，如晶体的能带结构，在外界作用下的某些电学、光学、磁学性质等[19]。近年来，这两方面物理学家的兴趣开始交融，这一变化来自激光冷却技术的发展及玻色-爱因斯坦凝聚的实现，他们的研究目标与兴趣聚焦在了光晶格上。

前面介绍了原子的冷却与俘获，本节将详细讨论一种特殊的外势：光晶格。冷原子光钟是建立在激光冷却与囚禁、激光稳频、光学频率梳基础上的新型原子钟，自激光问世以来，光频率标准一直是人们研究的重点。在冷原子光钟的研制过程中，首先要有非常稳定、准确的参考跃迁谱线，将原子囚禁在光晶格中，原子近似处于静止的、无外界干扰的理想状态。原子之间几乎没有相互作用，削弱了各种谱线增宽的影响，较其他原子钟具有更高的准确度潜力。目前，NIST 和 JILA（美国实验天体物理联合研究所）共同推出了时间上最精准的锶原子光晶格钟，其 50 亿年才会产生 1s 误差，精确度比先前纪录保持者——量子逻辑时钟高50%。光晶格钟是一种使用了激光束的时钟，激光束比微波射线振动得更快，因此可以以更短的间隔分隔时间，能更准确地测定时间。

早在 1968 年，研究人员就提出了利用偶极力形成的周期性光学阱将原子囚禁在半波长范围内，激光和原子偶极相互作用导致能级发生移动，即交流斯塔克效应，产生的偶极力可以用来囚禁原子。根据激光的频率失谐量不同，在驻波场形成的光晶格中，偶极力可以将原子囚禁在波节或波腹。光晶格有许多优点：光晶格通过将原子囚禁在半波长范围内，可以抑制反冲频移和多普勒频移；相比于传统的晶体晶格，光晶格势均匀、无缺陷。

根据交流斯塔克效应，光晶格利用驻波激光场中原子感应的偶极力可将中性冷原子囚禁在波长范围内。红失谐和蓝失谐晶格如图 5.3.8 所示，当激光频率相对于原子共振频率是负失谐（也即激光频率为红失谐）时，原子将被俘获在驻波场的波腹处；反之，当激光频率为蓝失谐时，原子将被囚禁在波节处[20]。根据这一光学偶极囚禁原理，将冷原子装载于多束激光相互干涉而形成的周期性网状势阱，即可实现冷原子的一维、二维或三维微光学囚禁阵列，从而形成冷原子的空间周期性排列，类似于固体物理中的晶体结构，因此称为光学晶格或光晶格。光学晶格就像生活中常见的鸡蛋箱，原子就像放在鸡蛋箱格子里的一个个鸡蛋。光晶格内原子之间距离为普通晶体的几百倍，在目前的实验中，10 个晶格位上只有约 3 个能被原子填充。另一个差别是原子被约束在势阱中的深度很小（1~10neV），而晶体的势阱深度为几电子伏特，激光和原子之间的这种弱相互作用，意味着晶体内的原子动态特性变化要比光学晶格中的快几百万到几十亿倍，因此较容易研究光晶格中与时间有关的现象。

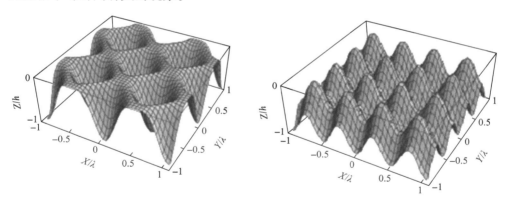

图 5.3.8 红失谐和蓝失谐晶格

5.4 思 考 题

1. 电子自旋、电子轨道角动量以及原子核自旋的朗德 g 因子一般彼此不同，思考这是为什么？

2. 考虑一个三能级的原子，它与一个频率为 ν 的经典平面电磁波相互作用；其中 $|a\rangle \to |b\rangle$ 与 $|b\rangle \to |c\rangle$ 跃迁是可以进行的，但是 $|a\rangle \to |c\rangle$ 跃迁是被禁止的。假设原子的三个内态能级的能量满足 $\omega_a - \omega_b = \omega_b - \omega_c = \nu$，并假设原子最初是在

$|c\rangle$ 态，求解在旋转波近似下在之后的时间内原子处于 $|a\rangle$ 态和 $|c\rangle$ 态的概率。

3. 请结合二能级原子与平面电磁波相互作用而导致的原子内态之间的跃迁，思考并讨论经典物理中的能量守恒定律在量子跃迁中的地位。

4. 在旋转波近似和绝热近似情况下，求解在一对相向而行的频率为 ν、强度同为 I 的激光所形成的驻波场中，二能级原子与光场的电偶极相互作用所诱导出的一维光晶格势能的表达式。这里光场为红失谐，其频率失谐为 δ。绝热近似认为原子的激发态可以紧紧跟随原子基态运动，因此在求解薛定谔方程时可令方程一端激发态概率幅度的时间导数为零。

5. 当温度低于一定值时，玻色型原子系统的基态上会发生大量原子占据在其上的宏观占据，该现象称为玻色-爱因斯坦凝聚。请选择一种碱金属原子讨论并思考为什么仅依靠多普勒冷却机制无法实现玻色-爱因斯坦凝聚。

参 考 文 献

[1] Griffiths D J, Schroeter D F. Introduction to Quantum Mechanics[M]. Cambridge: Cambridge University Press, 2018.

[2] Griffiths D J, Inglefield C. Introduction to Electrodynamics[M]. Cambridge: Cambridge University Press, 2017.

[3] Meystre P. Atom Optics[M]. New York: Springer, 2001.

[4] 曾谨言, 龙桂鲁, 裴寿镛. 量子力学新进展(第三辑)[M]. 北京: 清华大学出版社, 2003.

[5] 曾谨言. 量子力学 卷 I[M]. 4 版. 北京: 科学出版社, 2007.

[6] 褚圣麟. 原子物理学[M]. 北京: 高等教育出版社, 1979.

[7] 郭光灿. 量子光学[M]. 北京: 高等教育出版社, 1990.

[8] 郭硕鸿. 电动力学[M]. 3 版. 北京: 高等教育出版社, 2008.

[9] 杰克逊 J D. 经典电动力学: 上册[M]. 朱培豫, 译. 北京: 人民教育出版社, 1978.

[10] 王义遒, 王庆吉, 傅济时, 等. 量子频率标准原理[M]. 北京: 科学出版社, 1986.

[11] 漆贯荣. 时间科学基础[M]. 北京: 高等教育出版社, 2006.

[12] 李福利. 高等激光物理学[M]. 2 版. 北京: 高等教育出版社, 2006.

[13] 刘涛. 铯原子磁光阱及光学偶极俘获的实验与理论研究[D]. 太原: 山西大学, 2004.

[14] 王义遒. 原子的激光冷却与陷俘[M]. 北京: 北京大学出版社, 2007.

[15] 杨福家. 原子物理学[M]. 4 版. 北京: 高等教育出版社, 2008.

[16] 麦克活伊, 扎阿特. 图说量子论[M]. 陈难先译. 北京: 清华大学出版社, 2003.

[17] 印建平. 原子光学: 基本概念、原理、技术及其应用[M]. 上海: 上海交通大学出版社, 2012.

[18] 张礼. 近代物理学进展[M]. 北京: 清华大学出版社, 1997.

[19] 赵凯华, 罗蔚茵. 量子物理[M]. 北京: 高等教育出版社, 2001.

[20] 郑乐民, 徐庚武. 原子结构与原子光谱[M]. 北京: 北京大学出版社, 1988.

第 6 章　典型原子钟的原理与实现

以量子跃迁频率为参考的微波信号或者光频信号,具有非常高的稳定性和准确性,使用该信号伺服控制振荡器,输出标准的时间频率信号,这就是原子钟实现的原理。基于分离振荡场技术的铯束原子钟,是最早期和最具代表性的原子钟,也是最常用的守时原子钟。为了进一步提高原子钟的精度,减少原子热运动的冷原子微波钟或者冷原子光钟也逐渐发展起来。

6.1　原子钟的基本原理

量子物理研究表明,原子具有分立的能级,在原子不同能级转换过程中,原子会吸收或释放电磁波,该电磁波的频率非常稳定,比地球自转的稳定性高几万倍。原子钟就是以高度稳定和高度准确的原子谱线频率值为参考,对电磁振荡器(石英晶体振荡器、激光器)的频率进行控制的。原子跃迁频率较一般无线电波的传播频率和通信频率高,而且不是整数,使用不便。在实际使用中,原子频率标准的输出频率不是原子跃迁频率,而是由原子跃迁频率控制一个高稳定电磁振荡器产生 5MHz、10MHz 或 100MHz 的标准频率,这个标准频率的准确度接近原子跃迁频率。原子钟的基本原理如图 6.1.1 所示,原子频率标准包含三个部分:原子系统(通过原子内部能级跃迁变化产生标准频率信号或鉴别激励其跃迁的信号频率是否与原子跃迁频率符合(共振))、受控振荡器(产生频率信号,如晶体振荡器或激光器)、频率伺服控制系统(以原子跃迁频率为参考,调整控制受控振荡器的频率)。

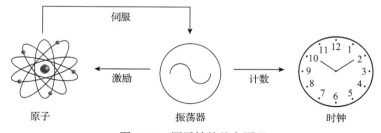

图 6.1.1　原子钟的基本原理

6.1.1　原子钟的性能指标

原子钟输出信号的瞬时频率为 $\upsilon(t) = \upsilon_{\text{atom}}(1 + \varepsilon + y(t))$,其中 υ_{atom} 为无干扰的

原子谐振频率；ε 为各种物理效应引起的原子频率的变化，对 ε 测量的准确程度反映了原子钟的频率准确度性能；$y(t)$ 为瞬时的相对频率起伏，其方差体现出原子钟的频率稳定度。频率稳定度和频率准确度是衡量原子钟性能的两个重要的指标。

1. 频率稳定度

频率稳定度可以用时域或频域方法来表征，用于描述频率信号因内部噪声调制产生的谱噪声大小（频域，以单边相位噪声表示，单位为 dBc/Hz）或频率采样值的随机波动大小（时域）。原子钟的频率稳定度有如下关系：

$$\sigma_y = \frac{A}{Q(S/N)^{1/2}} \cdot \frac{1}{\sqrt{\tau/s}} \tag{6.1.1}$$

式中，A 为比例常数；Q 为原子跃迁谱线 Q 值，定义为谱线的中心频率与线宽的比值 $\upsilon_0/\Delta\upsilon$；$S/N$ 为原子跃迁信号的信噪比；τ 为采样测量时间。

原子跃迁信号的信噪比和谱线 Q 值越大，频率稳定度越高；采样时间不同，频率稳定度的值也不同，因此频率稳定度有长期频率稳定度（长稳）和短期频率稳定度（短稳）之分，其界限不明确。一般，日以上采样时间为长期频率稳定度。原子钟的短期频率稳定度则主要来自各种内部噪声的影响，长期频率稳定度取决于原子跃迁频率对外界各种干扰的敏感程度，以及这些因素本身的稳定性。频率稳定度一般用阿仑方差表示。

2. 频率准确度

频率准确度表示原子钟实际输出频率与标称频率的符合程度，用其实际输出频率平均值和标称频率的差值与标称频率的比值来表示。频率准确度一般通过被测时钟与参考时钟直接比对测量获得，要求参考时钟的准确度比被测时钟的准确度高一个量级。在比对测量时，相应采样时间内参考时钟的稳定度比被测时钟的稳定度高一个量级。

3. 频率不确定度

对于最高精度的基准原子钟，其性能用频率不确定度来衡量。频率不确定度表征标校其他原子钟的可信度，通常采用自评定的方法获得该指标。通过对可能引起实际输出频率偏离标称频率的所有误差源进行精确测量，获得每项误差源引起的与标称频率 9192 631770Hz 的偏移量 Δf_i，并且评定测量各项偏移量的不确定度 u_i，利用平方和的方法合成为总的不确定度，以总的不确定度 $\sqrt{\sum u_i^2}$ 来表征基准频率标准校准其他原子钟的能力。

4. 频率漂移率

原子钟在连续运行过程中，由于内部元器件的老化及影响其频率参数的其他因素发生变化，其频率值随时间单调增加或减小的线性率常以日、月或年为计算时间单位。

除上述四个基本指标外，还有一些次要指标，如开机特性、频率复现性、频率调节精度、频率温度变化率、频率磁场变化率、重量、功耗、体积和寿命等。星载原子钟的空间适应性也包含一些特征表示量，它们对不同条件下使用的原子钟各有特殊意义。

6.1.2　原子钟的分类

自 1949 年 NIST 第一台氨分子钟诞生以来，随着理论和技术的发展，经过半个多世纪的发展，新型原子钟不断涌现，现在拥有一批适合不同用途的定型原子钟。依据不同的分类标准，原子钟有不同的类型或名称，一台原子钟可以应用下面全部或部分分类内容来定义或修饰。

(1)原子跃迁谱线频段：微波原子钟和光子钟(又称为光学频率原子钟，简称光钟)。

(2)工作物质：氨分子钟、铷原子钟、氢原子钟、铯原子钟、铊原子钟、铝原子钟、钙原子/离子钟、镱原子/离子钟、汞原子/离子钟、锶原子/离子钟、铟离子钟、铝离子钟等。

(3)工作物质电性：原子钟和离子钟。

(4)原子跃迁谱线产生方式：主动型(自激型)原子钟和被动型(非自激型)原子钟。

(5)原子样品存在形式：泡式原子钟、束式原子钟、喷泉原子钟、光晶格原子钟、离子囚禁钟。

(6)原子样品温度：热原子钟、冷原子钟。

(7)原子态制备技术：磁选态原子钟、光抽运原子钟。

(8)原子钟性能：一级原子钟(基准钟或一级频率标准)、二级原子钟(二级频率标准)等。

(9)物理与技术的先进性：传统原子钟、新型原子钟。

(10)运行空间：地面原子钟、空间原子钟。

(11)应用环境：实验室应用型原子钟、工程应用型原子钟。

(12)体积大小：芯片原子钟、大型原子钟。

6.1.3　原子钟的发展趋势

　　原子钟一直朝着两个方向发展。一个方向是研制更高性能的原子钟，第一台铯原子钟的频率不确定度为 10^{-9} 量级，而现在的光钟频率不确定度已达到 10^{-18} 量级，微波原子钟约每 10 年提高 1 个量级，光钟约每 10 年提高 3 个量级，原子钟的发展如图 6.1.2 所示。另一个方向是朝更加便携的方向发展，已经研制成功的芯片原子钟，体积约为指甲盖大小（2cm×2cm×0.7cm），有望广泛应用于无人飞机、水下航行器等。

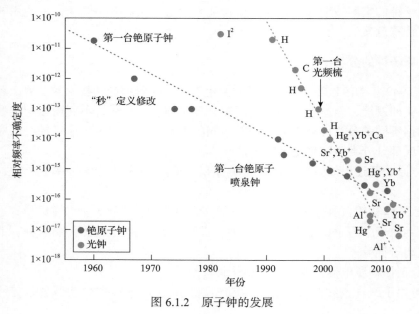

图 6.1.2　原子钟的发展

6.2　光抽运小铯钟

　　现代原子钟起源于原子分子及其波谱学理论和实验研究。特别是分离振荡场技术极好地解决了磁共振实验中静磁场均匀性和微波场波长限制的问题，且显著降低了一阶多普勒频移，直接推动了原子频率标准，即原子钟的实用化。现在，分离振荡场思想及其技术已广泛应用于量子精密测量的诸多分支，铯束原子钟便是其中最具代表性的科学成果之一[1,2]。

　　铯束原子钟是一种微波激励原子束磁共振装置。为使原子微观磁共振成为一种可实验观测进而可供开发利用的现象，首先需要实现铯原子的量子态纯化。在研究早期，常借助强梯度静磁场进行原子选态，仅使"有用"原子进入微波激励区。结合磁偏转方法和分离振荡场技术构建的磁选态原子束磁共振装置发展成为世界上第一台铯束原子钟。自此，时间和频率成为测量精度最高的物理量，人类计时进入原子时代。

衡量原子钟性能的一个典型指标是频率稳定度，由式(6.2.1)表示。显然，钟跃迁信号的信噪比(signal-to-noise ratio, SNR)越高，频率稳定度 $\sigma_y(\tau)$ 越好[1, 2]。

$$\sigma_y(\tau) \propto \frac{\Delta \upsilon}{\mathrm{SNR} \cdot \upsilon_0} \cdot \tau^{-1/2} \qquad (6.2.1)$$

式中，$\Delta \upsilon$ 为钟跃迁线宽；υ_0 为钟跃迁频率；SNR 为钟跃迁信号的信噪比。

磁选态铯束原子钟的原子利用率低(<1%)，原子跃迁信号强度受限，其频率稳定度性能已经多年未有提升。伴随激光技术的飞速发展，光抽运方法在 20 世纪末逐渐得到实验验证，使原子量子态高效光制备成为现实。这一新方法结合分离振荡场技术，为新型光抽运铯束原子钟的诞生奠定了基础。相较于依赖强偏转静磁场构建的传统磁选态铯束原子钟，光抽运铯束原子钟理论原子利用率更高(>90%)，频率稳定度性能潜力巨大，是当前国际上铯束原子钟技术的主要发展方向[3]。

无论是磁选态铯束原子钟还是光抽运铯束原子钟，其核心都是利用空间分离的相干微波磁场激励无碰撞铯原子束发生跃迁，以建立铯原子跃迁频率和9.192GHz 探询微波频率的联系，最终通过锁定微波频率至原子频率输出标准频率信号。本节以小型光抽运铯束原子钟(以下简称光抽运小铯钟)为例，说明铯束原子钟的实现原理和基本装置构成，并简要介绍光抽运小铯钟的研究进展。

6.2.1　光抽运小铯钟的实现原理

光抽运小铯钟以铯(^{133}Cs)原子束为工作量子样品，自然状态下铯原子具有两个稳定布居的超精细基态能级：$6^2\mathrm{S}_{1/2}\ F=3$ 和 $6^2\mathrm{S}_{1/2}\ F=4$。在静磁场作用下，基态能级进一步分裂成 16 个磁子能级，如图 6.2.1 所示。

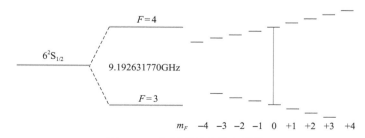

图 6.2.1　铯原子基态能级结构

各磁子能级铯原子能量 $E_{|F,m_F\rangle}$ 可通过布赖特-拉比（Breit-Rabi）公式计算得到，即

$$E_{|F,m_F\rangle} = -\frac{\Delta E_0}{16} + m_F g_I \mu_B B_0 \pm \frac{\Delta E_0}{2}\left(1 + \frac{m_F x}{2} + x^2\right)^{\frac{1}{2}} \quad (6.2.2)$$

式中，ΔE_0 为无外加静磁场时两基态铯原子能量差；μ_B 为玻尔磁子；g_I 为朗德 g 因子，μ_B 和 g_I 的值为基本物理常数；B_0 为量子化轴方向静磁场强度，一般取 6μT 左右；$x=3.0496B_0$（单位为 T）。

铯原子钟以最不敏感于外界环境扰动的 $|F=3, m_F=0\rangle$ 态和 $|F=4, m_F=0\rangle$ 态间原子跃迁为钟跃迁，钟跃迁频率 υ 表示为

$$\upsilon = \frac{\Delta E}{h} = \upsilon_0 \left(1 + x^2\right)^{\frac{1}{2}} \quad (6.2.3)$$

式中，ΔE 为 $|3,0\rangle$ 态和 $|4,0\rangle$ 态铯原子能量差；h 为普朗克常量；υ_0 为无扰铯原子钟跃迁频率，υ_0=9.192631770GHz。

光抽运小铯钟原理结构如图 6.2.2 所示。在工作过程中，一束高准直铯原子束从铯原子炉喷出，在抽运光制备作用下实现量子态纯化，量子态纯化后的单一钟态铯原子与两个空间分离相干微波磁场相互作用，发生最为核心的 $|3,0\rangle$ 态 $\rightarrow |4,0\rangle$ 态跃迁，实现原子跃迁频率和外部探询微波频率之间的直接链接。近失谐情况下单速原子束的中心拉姆齐（Ramsey）花样钟跃迁概率描述为

$$P(t) \approx \frac{1}{2}[1 + \cos(\Delta T + \phi)]\sin^2(bt) \quad (6.2.4)$$

式中，$\Delta/(2\pi)=\upsilon-\upsilon_0$ 为原子-微波频率失谐；b 为原子拉比频率；t 为原子穿越单微波场所用时长；ϕ 为两微波磁场之间的相位差。

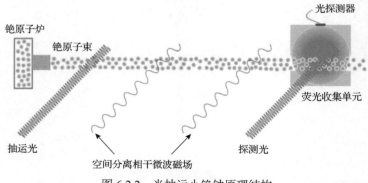

图 6.2.2　光抽运小铯钟原理结构

最佳微波功率设置条件为 $bt = \pi/2$ 。当 $\phi = 0$ 或 π 时，跃迁概率在中心频率（$\Delta=0$）处分别达到最大或最小，两种情况下均可以实现中心频率识别。完成钟跃迁的铯原子在探测光作用下释放荧光光子，荧光光子被特殊设计的荧光收集单元所收集，输出可供电子学系统处理的钟信号。

作为光抽运小铯钟工作流程的一个原理说明，铯原子束首先在如图 6.2.3(a) 所示波长为 852nm 的 D_2: $F = 4 \rightarrow F' = 4$ 抽运光作用下实现 $F = 4 \rightarrow F = 3$ 基态粒子数反转，即完成铯原子量子态的制备；然后，单一 $|3,0\rangle$ 态原子在零相位差共振微波磁场激励下发生 $|3,0\rangle \rightarrow |4,0\rangle$ 跃迁；$|4,0\rangle$ 态原子受到 D_2: $F = 4 \rightarrow F' = 5$ 循环跃迁激光激发，释放大量荧光光子，最终经光探测器输出如图 6.2.3(b) 所示的钟跃迁荧光信号。荧光信号的峰值位置即对应原子跃迁频率，也是整钟闭环锁定的目标频率。

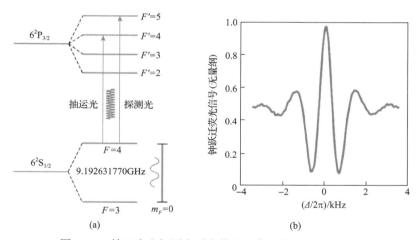

图 6.2.3　抽运光和探测光对应能级和典型钟跃迁荧光信号

6.2.2　光抽运小铯钟的基本组成

光抽运小铯钟在组成结构上主要包括光抽运铯束管、激光系统和电路系统三大部分，模块框图和彼此连接关系如图 6.2.4 所示。

1. 光抽运铯束管

光抽运铯束管是光抽运小铯钟的物理系统，主要包括铯原子炉、Ramsey 微波腔、C 场线圈、磁屏蔽和荧光探测器等。其中，铯原子炉由高纯铯原子金属泡、击穿电极、加热丝、热敏电阻和准直器等部分组成，制作工艺要求极高，其功能是提供高准直铯原子束，如图 6.2.5 所示。铯原子束的束流强度取决于炉体温度和束孔准直器结构；Ramsey 微波腔的功能是提供空间分离相干微波磁场，在该微波

磁场的激励下，铯原子发生 $|3,0\rangle \to |4,0\rangle$ 跃迁。图 6.2.6 展示了 TE_{1010} 模工作下零相位差 Ramsey 微波腔内微波磁场分布。作为钟跃迁场所，Ramsey 微波腔是光抽运铯束管最核心的组成部分，也是光抽运小铯钟研制中最具挑战性的研究内容。

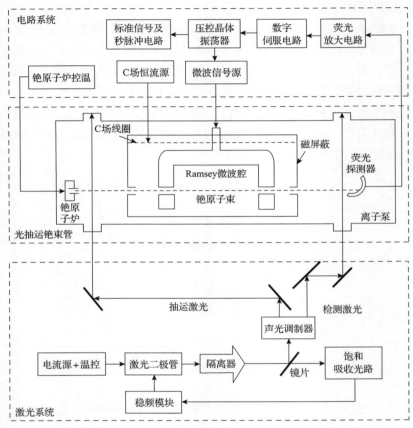

图 6.2.4　光抽运小铯钟模块框图和彼此连接关系

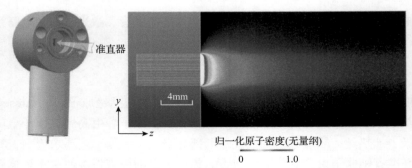

图 6.2.5　铯原子炉及其产生的高准直铯原子束

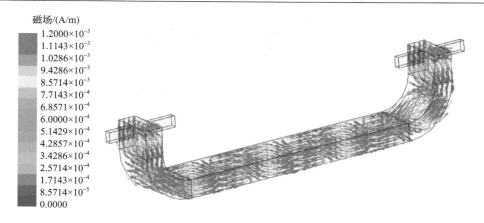

图 6.2.6　TE_{1010} 模工作下零相位差 Ramsey 微波腔内微波磁场分布

　　光抽运小铯钟的工作过程中需要一个静磁场（常称为 C 场）为 $\Delta F = \pm 1$、$\Delta m_F = 0$ 原子跃迁提供量子化轴，并将非磁敏 $|3,0\rangle \to |4,0\rangle$ 跃迁从简并能级跃迁中分离出来；磁屏蔽用来屏蔽环境静磁场，以降低杂散磁场引起的 C 场扰动。

　　荧光收集单元是光抽运小铯钟的关键光学部件，其功能是收集微弱的钟跃迁荧光信号。荧光收集效率与钟跃迁荧光信号强度直接相关，从而影响光抽运小铯钟的闭环锁定效果。高信噪比的荧光收集是确保整钟高频率稳定度的关键点之一。原子束与激光在荧光收集单元中的相互作用如图 6.2.7 所示。

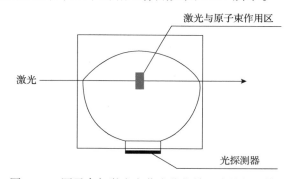

图 6.2.7　原子束与激光在荧光收集单元中的相互作用

2. 激光系统

　　光抽运小铯钟的激光系统包括光路和控制电路两部分，光路主要由激光二极管、光斑整形棱镜、声光调制器（acousto-optical modulators, AOM）、扩束镜、偏振元件和反射镜等组成；控制电路主要由激光驱动电路、AOM 射频驱动电路和激光频率锁定电路等组成。激光系统用于提供原子态制备所需的抽运光和提取钟跃迁信号的探测光。

　　图 6.2.8 为目前工程上最为常用的饱和吸收谱激光稳频系统集成光路结构。光源为 852nm 分布式反馈半导体激光二极管，光束整形后首先经过一个光隔离器予以保护，再经过 1/2 波片（$\lambda/2$）与偏振分光棱镜（polarization beam splitter, PBS）分成两束，其中一束用于饱和吸收稳频，另一束透射光作为工作光（即 $F = 4 \rightarrow F' = 5$ 探测光）输出。饱和吸收谱光路包括铯原子气室、1/4 波片（$\lambda/4$）、部分反射镜（partially reflecting mirror, PRM）和光探测器（photodetector, PD）等，图 6.2.9 为典型的铯原子饱和吸收谱信号。抽运光由探测光经过声光移频得到。

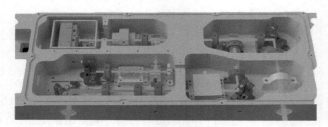

图 6.2.8　饱和吸收谱激光稳频系统集成光路结构

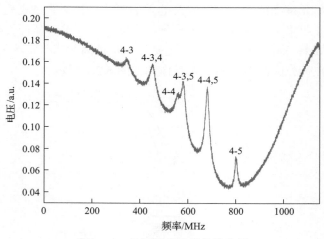

图 6.2.9　铯原子饱和吸收谱信号

3. 电路系统

　　电路是串联光抽运小铯钟各组成部分的"桥梁"，是实现光抽运小铯钟各项功能的"神经系统"。电路系统性能的优劣也直接影响到整钟频率性能的好坏。光抽运小铯钟电路系统组成框图如图 6.2.10 所示，主要包括 C 场恒流源、微波信号源、荧光放大电路、数字伺服电路和标准频率信号及秒脉冲信号生成模块等。此外，激光系统的控制电子学部分也属于整钟电路系统的研制内容。

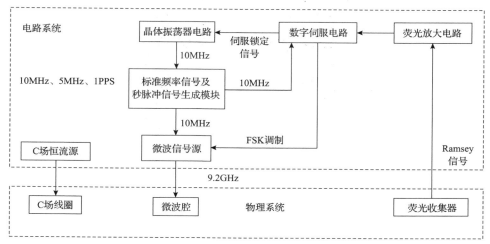

图 6.2.10　光抽运小铯钟电路系统组成框图

在以上电路模块中，铯原子炉控温模块的功能是对铯原子炉进行加热，调节原子束流强度，并通过温度反馈控制环路稳定原子束流强度；光抽运小铯钟对 C 场均匀度和稳定性有极高的要求，其空间均匀性和稳定性主要取决于 C 场结构和磁屏蔽性能，而时间稳定性则与线圈电流直接相关。C 场恒流源的功能是为 C 场线圈提供特定恒定电流，以维持 C 场强度的稳定；9.2GHz 微波信号源用于提供激励钟跃迁所需的微波信号，是光抽运小铯钟最重要的电路模块，其相位噪声性能和微波功率稳定性与钟信号品质强相关；荧光放大电路的功能是将光探测器收集到的钟跃迁荧光信号转换为电信号，并进行滤波、消偏和放大等预处理，以供后级使用；数字伺服电路的功能是以钟信号为参考，通过误差识别动态调整探询微波频率，实现对中心频率的实时锁定；标准频率信号及秒脉冲信号生成模块用于调理和隔离输出 10MHz、5MHz 和 1PPS 等信号。

6.2.3　光抽运小铯钟的研究进展

20 世纪 80 年代，法国科学家 Arditi 等[4]利用 852nm 激光成功在铯原子基态能级间创造出粒子数差，初步验证了有效超精细光抽运的可能性，为开发新型光抽运铯束原子钟提供了实验基础。之后，新型光抽运铯束原子钟引起了国际上的广泛关注，成为铯束原子钟技术的前沿方向。

在光抽运小铯钟的研制上，法国起步最早，研究最为系统深入。其间，美国科学家曾尝试通过改造磁选态铯束管开发光抽运小铯钟，但性能一直未能达到原惠普公司开发的 5071A 磁选态小铯钟水平（$5 \times 10^{-12} \cdot \tau^{-1/2}$）。

鉴于小铯钟的重要作用，我国科研团队长期开展光抽运小铯钟的研制攻关工作，于 2017 年成功实现了产品化，陆续装备应用于标准时间产生、通信、电力等多个国计民生重要领域。图 6.2.11 是我国研制的国际首款光抽运小铯钟产品 TA1000[1]，其钟数据已在国际原子时计算中取得权重，是我国目前唯一为国际标准时间产生贡献权重的光抽运小铯钟产品。近年来，瑞士和法国合作，也推出了光抽运小铯钟产品 OSA 3300-HP[2]（图 6.2.12）。

图 6.2.11　　中国研制的国际首款光抽运小铯钟产品 TA1000

图 6.2.12　　瑞士和法国光抽运小铯钟产品 OSA 3300-HP

目前，光抽运小铯钟产品的频率稳定度已经达到 5071A 磁选态小铯钟水平，打破了后者持续几十年的技术和市场垄断。通过进一步增加原子利用率、提升钟信号的信噪比等手段，光抽运小铯钟将朝着更好的方向持续发展。

6.3　铷喷泉守时原子钟

做无规则热运动的原子导致量子辐射频率发生多普勒偏移，影响到辐射频率的准确度。冷原子钟通过冷却来减小原子的无规则热运动，从而提高量子辐射频率的准确度。根据量子辐射频率的不同，冷原子钟主要包括工作在微波段的喷泉原子钟和工作在光频段的冷原子光钟，本节以铷喷泉守时原子钟为例，详细说明这种冷原子钟的实现原理。

6.3.1　铷喷泉守时原子钟的实现原理

喷泉原子钟通过激光冷却原子制备温度在微开尔文量级的原子样品，该样品

① http://www.elecspn.com/productdetail-738.html.

② https://www.oscilloquartz.com/en/products-and-services/cesium-clocks/osa-3300.

在光压力作用下竖直向上运动，如同"水喷泉"式的上升下落，两次通过同一微波场发生原子跃迁，这种微波与原子作用的方式称为 Ramsey 激励。原子的热运动速度较小，因此 Ramsey 激励的原子相干时间可以达到 500ms，实现鉴频线宽约为 1Hz(半高全宽)，并且抵消了腔相位波动对原子钟的干扰，原子钟的频率稳定度和不确定度能提高近 2 个量级。

喷泉原子钟作为被动型原子钟，需要本地振荡器提供一个与原子能级跃迁频率(相当于外部频率的"鉴频"标准)相近的频率来激发原子发生跃迁，从而根据原子跃迁概率来伺服控制本地振荡器的输出频率。铷喷泉守时原子钟以抛射的冷铷原子团为工作介质，在上升、下落过程中两次与 6.8GHz 微波相互作用获得 Ramsey 鉴频信号，伺服控制晶体振荡器(本地振荡器)输出标准的频率信号。一个完整的铷喷泉守时原子钟的工作周期包括冷却→上抛→后冷却→选态→激励→检测等过程，具体的工作过程如图 6.3.1 所示。铷喷泉守时原子钟按照设定的时序周期性运行，通过磁光阱(magneto optical trap, MOT)或光学黏团(optical molasses, OM)方式对铷原子进行冷却与俘获获得冷铷原子团(冷却阶段)，冷铷原子团在上抛过程中被进一步冷却(上抛、后冷却阶段)，在选态腔中的微波场作用下实现磁场不敏感量子态的原子选择(选态阶段)，上升的冷铷原子团在与馈入到激励腔的微波辐射场发生相互作用后继续上升，在自由下落过程中再次通过激励腔与微波场相互作用，实现 Ramsey 方式的跃迁(激励阶段)，原子的跃迁概率通过双能级荧光探测器获得(检测阶段)。

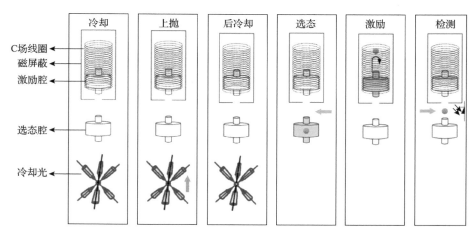

图 6.3.1 铷喷泉守时原子钟的工作过程

1)冷却阶段

在冷却阶段，通过磁光阱或光学黏团技术降低铷原子的热运动速度，获得低温冷铷原子团。铷原子处于一个超高真空状态下，以气体状态弥散在真空腔内。

利用在真空腔内三组两两对射的冷却光构成的三维驻波场来冷却铷原子，每组共线激光与其他组共线激光在水平面的投影夹角为120°，这种空间布局的激光称为(1,1,1)结构。两两对射冷却光的频率相对于铷87基态D_2线$F=2 \to F'=3$能级频率负失谐约为–18MHz，偏振态组合是圆偏振$\sigma^+ - \sigma^-$组态，光束直径（光强$1/e^2$）20mm左右。以磁光阱技术为例，当六束冷却光交汇区的高速原子"想要"离开该区域时，由于激光频率的负失谐以及原子速度方向，它所受到的与其运行方向相反激光的自发辐射力总是大于与其运行方向相同激光的自发散射力，进而被减速，囚禁在六束冷却光交汇的中心区域附近。每束激光的平均光强为铷原子饱和光强的4～5倍，同时在六束冷却光中混合了功率较弱的$F=1 \to F'=2$的抽运光，以保证冷却过程的持续进行。改变磁光阱或光学黏团作用的时间，可以获得原子数目在$10^5 \sim 10^8$量级的冷铷原子团，其多普勒冷却极限温度为145.6μK，对应的原子热运动速度为8.8cm/s。

2）上抛阶段

利用磁光阱或光学黏团技术获得了冷铷原子样品，冷铷原子样品受到六束冷却光自发辐射力与重力的合力为零，其质心速度为零。控制激光的频率参量，使冷铷原子样品质心获得垂直向上的速度，飞离六束冷却光交汇区，上升至最高点后自由下落，形成铷原子喷泉。上三束激光的频率减小为$\upsilon_L - \Delta\upsilon_L$，下三束激光的频率增大为$\upsilon_L + \Delta\upsilon_L$。由于多普勒频移，以速度$v_{111} = \sqrt{3}\lambda\Delta\upsilon_L$竖直向上运动的铷原子感受到所有的冷却激光频率仍为$\upsilon_L$，这样便在以$v_{111}$向上运动的坐标系中实现了静态的光学黏团。若$\Delta\upsilon_L$由0逐渐增大到最大值，则原来在实验室坐标系中达到热平衡的冷铷原子团将绝热地跟上频率的变化而在加速运动坐标系中保持原来的温度不变，这样便可以在不加热的情况下上抛冷铷原子团。冷铷原子团获得的相对于实验室坐标系的速度就是运动坐标系的速度。

3）后冷却阶段

冷铷原子团在上抛阶段的温度仍然过高，热运动膨胀剧烈，能够回落的铷原子样品过少，通过后冷却阶段可以把冷铷原子团降到更低的温度。后冷却阶段所能达到的极限温度与激光光强成正比，与激光频率失谐量成反比。在铷原子上抛获得初速度向上运行，但并未离开六束冷却光交汇区之前，紧接着在约1.5ms内把激光失谐量从原来的–18MHz加大到–70MHz左右，光强依照指数规律衰减至零。经过后冷却阶段，铷原子样品能够降低到2μK以下的温度，此时铷喷泉守时原子钟的铷原子样品制备以及上抛已经完成，接下来就是实现外部微波与原子的Ramsey作用以及原子能级跃迁概率检测。

4）选态阶段

铷喷泉守时原子钟的"鉴频"原子跃迁是$|F=1, m_F=0\rangle \to |F=2, m_F=0\rangle$。

选态阶段的作用是把对磁场不敏感 $|F=1, m_F=0\rangle$ 态的铷原子选择出来，为 Ramsey 激励阶段发生原子跃迁"准备"合适的原子态铷原子。后冷却阶段结束以后，铷原子虽然获得了向上的初速度，但大部分的原子仍然处在六束冷却光交汇区内，而此时冷却光的光强已经减小至零，但抽运激光依然与冷铷原子团发生相互作用，使得所有铷原子被抽运到 $F=2$ 态上。处于 $F=2$ 态的铷原子经过选态腔，与调谐在基态超精细能级 $|F=2, m_F=0\rangle \rightarrow |F=1, m_F=0\rangle$ 频率上的微波场相互作用，使铷原子从 $|F=2, m_F=0\rangle$ 态跃迁到 $|F=1, m_F=0\rangle$ 态；通过控制选态腔中微波场的功率可以控制拉比频率，进而使得在相同的微波场与铷原子相互作用时间内获得不同数目 $|F=1, m_F=0\rangle$ 态的铷原子；$|F=2, m_F \neq 0\rangle$ 和 $|F=1, m_F=0\rangle$ 态的铷原子共同受到一束频率调谐于基态 $|F=2\rangle \rightarrow$ 激发态 $|F'=3\rangle$、与铷原子运动方向垂直射出的行波激光照射，$|F=2\rangle$ 态的铷原子都受到沿激光束波矢方向的作用力获得了横向初速度，偏离了竖直方向，只有 $|F=1, m_F=0\rangle$ 态铷原子保持原来的竖直方向运动，继续向上运动到达激励腔，与微波场相互作用。

5）激励阶段

经过选态阶段后，处于 $|F=1, m_F=0\rangle$ 态的铷原子到达激励腔，受到其中微波场的作用发生能级跃迁。随后，铷原子样品继续上升至最高点，在重力的作用下下落，再次与激励腔的微波场发生相互作用，完成一次完整的 Ramsey 跃迁过程。在铷原子样品的激励-自由飞行-激励的过程中，铷原子样品处于一个温度和磁场恒定的环境中。通过局部温控方法或者喷泉钟整体置于恒温环境的方法保证 Ramsey 作用区的温度恒定；通过多层磁屏蔽装置消除地球磁场和周围环境杂散磁场的影响；同时，用螺线管圈产生一个约 100nT 均匀稳定的静磁场，也就是原子频率标准中的 C 场；激励铷原子的微波场通过真空同轴线馈入激励腔形成，激励腔是一个高 Q 值、模式为 TE_{011} 的圆柱形腔。通过调节馈入的微波功率获得"π/2"脉冲的微波场，两次"π/2"脉冲微波场作用后，$|F=1, m_F=0\rangle$ 态的原子以一定概率跃迁到另一超精细能级 $|F=2, m_F=0\rangle$，完成一次完整的超精细能级跃迁过程。

6）检测阶段

铷原子样品经过微波场的 Ramsey 作用区后，发生 $|F=1, m_F=0\rangle \rightarrow |F=2, m_F=0\rangle$ 的能级跃迁。由 Ramsey 激励作用的公式可知，跃迁概率的大小与微波频率、铷原子谐振频率的差值有关，在 1Hz 范围以内，该差值（又称失谐量）越大，其跃迁概率越小，反之则越大。利用该跃迁概率值就能够获得晶体振荡器（本地振荡器）的伺服控制信号，从而完成钟的闭环锁定。在此阶段，主要通过原子荧光法检测微波激励跃迁概率的大小。在谐振激光的作用下，原子发出的荧光强度正比于原子数目，利用跃迁到 $|F=2, m_F=0\rangle$ 态的原子数目与总原子数目之比，即可获得跃迁概率。具体检测过程如下：调谐在失谐 $F=2 \rightarrow F'=3$ 能级 0～3MHz 的圆

偏振驻波光束激发 $|F=2, m_F=0\rangle$ 态的原子发出荧光，利用荧光收集器获得冷铷原子团的飞行时间信号 S_2；与选态阶段一样，已被检测的 $|F=2, m_F=0\rangle$ 态的原子被一束行波光照射，偏离垂直轴，不再被探测。而对余下 $|F=1, m_F=0\rangle$ 态的非跃迁铷原子，则利用调谐于 $F=1 \rightarrow F=2'$ 跃迁频率的激光把原子抽运至 $F=2$ 态，再利用上述检测 $F=2$ 的方法获得 $|F=1, m_F=0\rangle$ 态冷铷原子团的飞行时间信号 S_1。由于飞行时间信号正比于原子数目，所以由式(6.3.1)计算可得原子的跃迁概率 P 为

$$P = \frac{N_2}{N_2 + N_1} = \frac{S_2}{S_2 + S_1} \tag{6.3.1}$$

式中，N_2、N_1 分别为 $F=2$、$F=1$ 态的原子数目。式(6.3.1)的方法又称为归一化方法，利用该方法可以避免每次抛射中原子数目起伏对钟性能的影响。

6.3.2　铷喷泉守时原子钟的基本组成

铷喷泉守时原子钟主要由四个子系统组成，依次为光学系统、物理系统、微波频率综合链以及控制系统。光学系统提供冷却、操控、推斥、探测铷原子所需频率与功率的激光。物理系统提供铷原子与激光、微波相互作用的高真空、高磁屏蔽、恒定磁场、温度的物理环境。铷喷泉守时原子钟是被动型原子钟，需要微波频率综合链将本地振荡器频率上变频至原子跃迁能级频率附近，激励铷原子发生 Ramsey 跃迁。控制系统提供相应的时序、采集以及反馈程序来完成 6.3.1 节涉及的 6 个过程，实现铷喷泉守时原子钟的运行以及标准的 5MHz/1PPS 信号输出。图 6.3.2 是铷喷泉守时原子钟装置示意图。

1. 光学系统

光学系统包括光源与集成化光路，光源提供冷却光与抽运光，集成化光路则是通过相应的光机、声光以及电光器件实现激光频率与功率的控制。

光源通常是外腔半导体激光器，但是随着工业级通信波段的光纤激光器、倍频晶体以及掺铒光纤放大器的发展，光纤激光器的高稳定性非常适合铷喷泉守时原子钟，逐渐成为未来光源的发展趋势。图 6.3.3 是铷喷泉守时原子钟光学系统示意图。其中，PZT 为锆钛酸铅，化学式为 $Pb(Zr,Ti)O_3$，是一种重要的压电材料；TTL（transistor-transistor logic，晶体管-晶体管逻辑），是一种数字逻辑电路的技术标准，主要用于实现数字集成电路；AOM 为声光调制器。

整个光学系统按照其实现的功能可以分为两个部分：上半部分为冷却光光路；下半部分为抽运光光路。

780nm 冷却光纤激光器出射的激光通过光纤传输到光学平台，经过光学分束元件分为两部分，一小部分作为稳频激光经过 AOM1，一大部分通过 AOM2 和

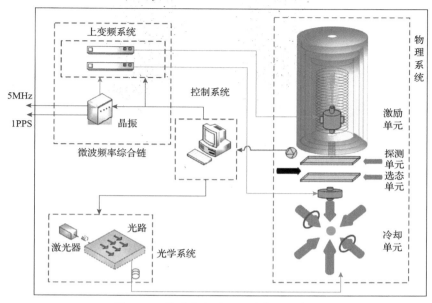

图 6.3.2　铷喷泉守时原子钟装置示意图

AOM3 分别作为下三束冷却光与上三束冷却光。经过 AOM1 正失谐 175MHz 的激光通过调制转移光谱光路将冷却光锁定在 $F=2$ 至 $F'=3$ 的能级频率，锁定后的激光线宽优于 100kHz[5]，或者相对频率噪声在 1Hz 优于 10^{-24} 量级[6]。

经过 AOM2 的激光可以分为下三束冷却光、选态推光以及探测光。在光纤耦合器前有光开关、1/2 波片与 1/4 波片，光开关是在原子与微波 Ramsey 作用期间关闭所有激光，降低光频率偏移对钟跃迁能级的影响，1/2 波片与 1/4 波片则是为了实现激光线偏振方向与保偏分束器或者保偏光纤慢轴的对准，以减小光偏振的改变。

780nm 抽运光纤激光器出射的激光进入光学平台后也是分为两部分，一小部分经过 AOM4 负失谐 78MHz，通过饱和吸收光谱光路将激光频率锁定在 $F=1$ 至 $F'=1$ 与 $F=1$ 至 $F'=2$ 能级中间的交叉峰上，一大部分作为磁光阱区以及探测区抽运光。

最终光学系统的所有激光通过保偏分束器与保偏光纤传输到物理系统。

2. 物理系统

物理系统按照实现的功能，由下向上依次为冷却单元、选态单元、探测单元以及激励单元。

(1)冷却单元是形成冷铷原子的场所，由真空腔、六束冷却光镜筒、反亥姆霍兹线圈构成的空间梯度场组成(如果是光学黏团，则不需要空间梯度场)。在真空

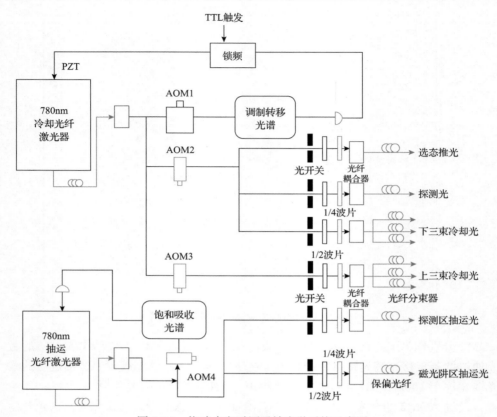

图 6.3.3　铷喷泉守时原子钟光学系统示意图

度为 10^{-7} Pa 左右的正十四面体真空腔上安装有六束冷却光镜筒，为了实现六束冷却光 $(1,1,1)$ 结构上抛原子，固定冷却光镜筒的真空腔平面与水平面的夹角为 54°44.14′。冷却光镜筒的激光来源于光学系统，出射的激光经真空腔上玻璃窗口（窗口玻璃采用铟丝密封，透射率均大于 99.8%）在其内部形成三组对射的驻波光场。铷原子的上抛、后冷却通过六束冷却光完成，因此对于真空腔的设计、加工、测试以及六束冷却光出射特性的要求非常苛刻，否则会严重影响原子的冷却温度。反亥姆霍兹线圈构成的磁场轴向梯度一般为几个 Gs/cm。热铷原子通过连接管从铷源进入真空腔以后，在六束冷却光（包含抽运光）以及梯度磁场构成的磁光阱作用下，被冷却与俘获在六束冷却光交汇区。为了进一步冷却铷原子温度，在上抛过程中进行后冷却，冷却完成后的铷原子处于 $F=2$ 态。

　　(2) 选态单元由选态腔与选态推光组成，是为了将 $F=2$ 态中对磁场不敏感的钟跃迁能级的铷原子选择出来。当铷原子上行经过圆柱形选态腔时，腔中的微波使得 $|F=2,m_F=0\rangle$ 的铷原子跃迁至 $|F=1,m_F=0\rangle$，未发生跃迁的 $|F=2\rangle$ 态的铷

原子被选态推光推斥掉，只有 $|F=1, m_F=0\rangle$ 态的铷原子继续上行。

（3）探测单元由探测区主体、双光束探测装置以及荧光收集装置构成。原子经过与微波 Ramsey 作用后，回落到探测单元进行光探测。探测区主体上双探测光窗口之间的距离需要尽可能减小双能级探测的干扰，荧光收集窗口对冷铷原子团所成的立体角是荧光收集效率的关键。双光束探测装置出射的探测光激发相应原子态原子散射荧光，该荧光被荧光收集装置会聚到光电探测器上转换为代表相应原子态原子数目的电压，最终被控制系统采集，以计算原子跃迁概率。整个探测单元的材料均需要使用无磁材料，以降低杂散磁场对探测的干扰。

（4）激励单元由激励腔与自由飞行区组成，是物理系统以及整个铷喷泉守时原子钟的核心单元。作为激励原子发生 Ramsey 跃迁的激励腔，Q 值约为 10000，腔谐振频率与铷原子钟跃迁能级频率越接近越好，并且不引入新的磁场。激励腔从材料的选择、设计、加工以及最终的调谐都是十分严格的，这是因为正是利用激励腔中的微波场与原子喷泉的作用，才使得铷喷泉守时原子钟的性能高于铯束原子钟。自由飞行区是指原子上行第一次经过激励腔后，继续向上运行，在重力的作用下回落第二次经过激励腔之前所经历的区域。该区域从外到内依次为多层高性能磁屏蔽、C 场螺线管、自由飞行区真空筒。磁屏蔽的中心轴向磁屏蔽因子必须达到 10^5 量级，以有效降低地磁场以及周围杂散磁场对原子钟跃迁能级的干扰。C 场螺线管通过精密电流源产生一个竖直向下的磁场，作为原子的量子化轴。自由飞行区真空筒与离子泵一起形成 10^{-8} 量级以上的超高真空环境，采用整个装置控温的方法实现该区域的温度恒定。整个自由飞行区除了磁屏蔽外，其余所有材料都必须是无磁材料，任何一项部件的材料磁性不满足要求，都会使自由飞行区的性能达不到铷喷泉守时原子钟的要求，该区域的研制是整个装置中最重要也是最复杂的区域。

3. 微波频率综合链

微波频率综合链是将本地晶体振荡器的 5MHz 信号上变频至 6.8GHz 附近，以激励原子发生 Ramsey 跃迁。目前，微波频率综合链的结构形式有很多，目的都是在上变频过程中尽可能减小引入的残余相位噪声。图 6.3.4 是铷喷泉守时原子钟微波频率综合链结构示意图[7]，微波频率综合链中的 6.8GHz 介质振荡器（dielectric resonator oscillator, DRO）的相位噪声优于−92dBc/Hz@100Hz。控制系统通过微波频率综合链中的直接数字频率合成器，每 2 个钟运行周期给激励原子跃迁的微波频率实施方波调制（调制深度为 $\pm\Delta\nu/2$，$\Delta\nu$ 为鉴频曲线线宽），解调后得到本地晶体振荡器频率与钟跃迁能级频率（铷原子基态超精细能级频率）之间的差，然后根据相应的方法将该频率偏差反馈给本地晶体振荡器，通过伺服晶体振荡器的方式输出铷喷泉守时原子钟 5MHz/1PPS 标准信号。

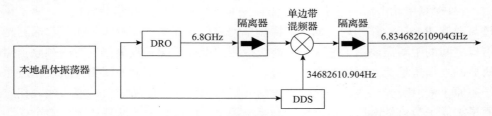

图 6.3.4　铷喷泉守时原子钟微波频率综合链结构示意图

4. 控 制 系 统

铷喷泉守时原子钟为脉冲式工作模式，需要控制系统来实现钟的连续运行。控制系统分为时序控制系统、数据采集系统和伺服控制系统。

（1）时序控制系统按规定时间同步调控光学系统激光频率、功率、光开关、磁场开关，微波频率综合链的输出频率，在物理系统中实现原子的冷却→上抛→后冷却→选态→激励→探测。

（2）数据采集系统实现原子态荧光信号的采集作为钟鉴频信号。

（3）伺服控制系统解调计算钟跃迁能级频率与本地晶体振荡器频率之间的差，按照一定反馈周期将上述频率偏差均值根据相应方法伺服反馈至本地晶体振荡器，将本地晶体振荡器频率锁定于铷原子超精细能级频率上，以实现铷喷泉守时原子钟的标准信号输出。控制系统所需控制信号的脉宽调节精度在百微秒量级，计算机软件实现的脉宽精度受操作系统的影响不稳定，因此需要特定的硬件模块实现。图 6.3.5 是基于 PXI 总线板卡的铷喷泉守时原子钟控制系统总体结构图。

6.3.3　铷喷泉守时原子钟的研究进展

运用新原理、新技术实现的铷喷泉守时原子钟是下一代守时原子钟的发展趋势。由于其频率稳定度比铯原子钟高一个量级、频率漂移率比氢原子钟高一个量级，以及需要突破连续可靠运行等关键技术，国际上能实现这种原子钟的国家只有美国和中国。

美国有 4 台铷喷泉守时原子钟参与国际原子时的计算，位于美国西北部的美国海军天文台（United States Naval Observatory, USNO）[8,9]，在国际权度局的编号依次为 USNO932、USNO933、USNO934、USNO935。根据国际权度局 2022 年 6 月至 10 月的数据，这四台钟的频率稳定度为 $2 \times 10^{-13} \tau^{-1/2}$，天频率漂移率性能如表 6.3.1 所示。

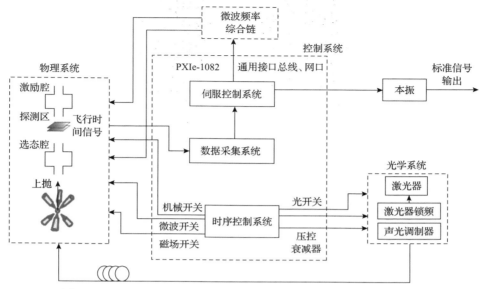

图 6.3.5 基于 PXI 总线板卡的铷喷泉守时原子钟控制系统总体结构图

表 6.3.1 USNO4 台铷喷泉守时原子钟的天频率漂移率性能

编号	月份				
	6	7	8	9	10
USNO932	1.58×10^{-17}	6.75×10^{-18}	-7.79×10^{-18}	-3.59×10^{-18}	3.13×10^{-18}
USNO933	5.29×10^{-17}	3.54×10^{-17}	-2.05×10^{-17}	-2.25×10^{-17}	-5.63×10^{-18}
USNO934	-2.39×10^{-18}	-4.09×10^{-18}	-4.12×10^{-18}	-6.48×10^{-18}	-5.74×10^{-18}
USNO935	-2.93×10^{-18}	-1.16×10^{-18}	3.08×10^{-19}	6.13×10^{-18}	3.86×10^{-19}

　　中国的铷喷泉守时原子钟由中国科学院国家授时中心的科研团队历经多年的科技攻关，突破了其性能提高以及连续运行等多项关键技术[10]，其实物图如图 6.3.6 所示。中国科学院国家授时中心这台铷喷泉守时原子钟在经过 6 个月的试运行后，于 2022 年 10 月开始在国际权度局的国际原子时归算中占有权重，编号为 NTSC93-4901，其频率稳定度为 $2 \times 10^{-13} \tau^{-1/2}$，根据国际权度局数据，天频率漂移率性能如表 6.3.2 所示。

　　铷喷泉守时原子钟的成功研制，使得我国成为继美国后第二个实现铷喷泉守时原子钟取得权重的国家，部分解决了我国守时原子钟依赖进口的问题，对于提升我国国家标准时间的安全自主性有重要意义。铷喷泉守时原子钟加入我国标准时间的产生，提高了国家标准时间的自主运行能力。

图 6.3.6　中国科学院国家授时中心铷喷泉守时原子钟实物图

表 6.3.2　NTSC 铷喷泉守时原子钟的天频率漂移率性能

编号	月份				
	6	7	8	9	10
NTSC93-4901	-6.98×10^{-17}	5.82×10^{-17}	2.36×10^{-17}	2.58×10^{-18}	3.51×10^{-18}

6.4　思　考　题

1. 光抽运小铯钟构建涉及铯原子束与哪几种电磁场的相互作用，它们的功能分别是什么。

2. 请给出光抽运小铯钟工作过程中，C 场与原子跃迁频率偏移之间的关系。

3. 铷喷泉守时原子钟应用冷原子作为工作介质的目的是减小原子的多普勒频移，除了这个目的外，还有什么作用？

4. 原子上抛阶段的获得初速度是通过上三束冷却光、下三束冷却光不同的频率实现的，原子获得这个速度与被激光冷却后的速度是一回事吗？为什么？

5. 原子跃迁概率是由 $N(N=N_2+N_1)$ 个原子统计得到的，如果这 N 个原子不相关，那么原子跃迁概率起伏的标准差与原子数目 N 是什么关系？

6. 铷喷泉守时原子钟物理系统中的激励腔是一个高 Q 值的 TE_{011} 模式圆柱形腔，为什么要选择 TE_{011} 模式？

参 考 文 献

[1] Vanier J, Audoin C. The Quantum Physics of Atomic Frequency Standards[M]. Bristol: Adam Hilger, 1989.

[2] 王义遒, 王庆吉, 傅济时, 等. 量子频率标准原理[M]. 北京: 科学出版社, 1986.

[3] Audoin C. Caesium beam frequency standards: Classical and optically pumped[J]. Metrologia, 1992, 29(2): 113-134.

[4] Arditi M, Picqué J. A cesium beam atomic clock using laser optical pumping[J]. Journal de Physique Lettres, 1980, 41(16): 379-381.

[5] 王义遒. 原子钟与时间频率系统[M]. 北京: 国防工业出版社, 2012.

[6] Lee S M, Heo M S, Kwon T Y, et al. Operating atomic fountain clock using robust DBR laser: Short-term stability analysis[J]. IEEE Transactions on Instrumentation and Measurement, 2017, 66(6): 1349-1354.

[7] Heavner T P, Jefferts S R, Donley E A, et al. A new microwave synthesis chain for the primary frequency standard NIST-F1[C]. Proceedings of the 2005 IEEE International Frequency Control Symposium and Exposition, Vancouver, 2005: 308-311.

[8] Peil S, Hanssen J L, Swanson T B, et al. Evaluation of long term performance of continuously running atomic fountains[J]. Metrologia, 2014, 51(3): 263-269.

[9] Peil S, Swanson T B, Hanssen J L, et al. Microwave-clock timescale with instability on order of 10^{-17}[J]. Metrologia, 2017, 54(3): 247-252.

[10] Zhang H, Ruan J, Liu D D, et al. Development and preliminary operation of 87Rb continuously running atomic fountain clock at NTSC[J]. IEEE Transactions on Instrumentation and Measurement, 2022, 71: 1008312.

第 7 章 天文时间尺度与世界时

天文时间尺度是时间计量史上重要的一环，一般通过天文观测实现。依据地球自转建立的恒星时、太阳时和世界时，依据地球和月球的轨道运动建立的历书时均是天文时间尺度，其中世界时作为地球自转信息的载体至今仍然具有重要的应用价值，并且是目前国际标准时间协调世界时的基础要素。

7.1 天文时间尺度

时间尺度的基本功能是为记录事件的发生时刻和持续时间提供一个参考。近代科学技术对于时间计量的要求主要包括时刻和时间间隔两个方面。对于天文大地测量、天文导航以及宇宙飞行器的跟踪、定位等应用，需要知道以地球自转角度为依据的世界时时刻；而对于精密校频等物理学测量，则要求均匀的时间间隔。

根据产生方法的不同，时间尺度可分为动力学时间尺度和积分时间尺度两种类型。动力学时间尺度的初始资料来自对动力学物理系统的观测。在动力学物理系统中，时间是确定系统结构的一个参数，因此时间测量就变成了位置测量，时间单位被定义为一个固定长度的时间间隔。天文时间尺度就是一个典型的动力学时间尺度。经典力学和天体力学是天文时间尺度的理论基础，人们采用动力学方法观测特定天体，并通过掌握其运动规律建立天文时间尺度，例如，恒星时、太阳时和世界时均是以地球自转为基础建立的，历书时是根据地球和月球的轨道运动建立的。积分时间尺度由一个固定的协议原点和连续累积的无间断持续单位构成。实现积分时间尺度的核心要素是单位间隔（即时间间隔），该间隔通过复制物理现象确定，例如，现在广泛使用的国际原子时就是一种积分尺度，由原子时秒的累积得到。

现在的天文时间尺度已不再是时间测量的标准，但与其相关的科学概念仍是时间工作中不可缺少的部分。世界时不仅作为地球自转信息的载体，反映了地球的空间姿态，而且作为地固坐标系与天球坐标系转换中的重要参数，在天文大地测量、深空探测、卫星导航、地球科学等领域具有实际应用价值，此外，还是协调世界时的基础要素。

世界时是以地球自转为基础的时间计量系统。地球自转的角度可用地方子午线相对于天球上基本参考点的运动来度量。天体与地方子午圈的夹角称为天体时角，天体时角是随着天体的周日视运动均匀增加的，天体时角的变化与时间呈比例关系。天球的周日视运动是地球自转的直接反映，因而可以天球上某一特定点的周日视运动为参考建立时间计量系统。为了测量地球自转，人们在天球上选取了两个基本参考点：春分点和平太阳，由此确定的时间分别称为恒星时和太阳时。

7.1.1　恒星时

以春分点为基本参考点，由春分点周日视运动确定的时间，称为恒星时（sidereal time, ST）。春分点连续两次上中天的时间间隔称为一个恒星日，它以春分点在该地上中天的瞬间为起算点。一个恒星日分成 24 个恒星时，一个恒星时等于 60 个恒星分，一个恒星分等于 60 个恒星秒。春分点的上中天是指春分点通过某一地点的子午圈，不同地点恒星时的起算点不同，因此恒星时具有地方性，也称为地方恒星时。

某地的地方恒星时在数值上等于春分点相对于该地子午圈的时角。在一个恒星日内，春分点的时角由 0h 增加到 24h。对于地面上任一地点，任一时刻的地方恒星时 S 在数值上都等于该时刻的春分点时角 t_γ，在时角系中通常以小时为单位，即有

$$S = t_\gamma \tag{7.1.1}$$

然而，春分点在天球上没有明确的标志，无法直接测量它的时角，只能通过观测恒星来推算春分点的位置。

设一恒星在天球上的 σ 点，赤经为 α，时角为 t，Q 是赤道与 PN 的交点，Q' 是赤道上与 Q 对应的点，则由图 7.1.1 可以看到

$$S = t_\gamma = \alpha + t \tag{7.1.2}$$

根据式（7.1.2），若已知一恒星的赤经 α，则只需测定其在某一瞬间的时角 T 就可用式（7.1.2）求出观测瞬间的地方恒星时。

当恒星上中天时，$t=0$，则有

$$S = \alpha \tag{7.1.3}$$

由此可知，任何瞬间的地方恒星时在数值上等于该瞬间上中天恒星的赤经。

由于岁差和章动的影响，春分点在赤道上的位置不断变化，通常把只做岁差位移的春分点称为瞬时平春分点，而把做岁差和章动两种位移的春分点称为真春分点，与此相对应的恒星时分别称为平恒星时和真恒星时，二者之差就是赤经章动。

以格林尼治真恒星时 $S_{真}$ 和平恒星时 $S_{平}$ 为例，有

$$S_\text{真} = S_\text{平} + \Delta\phi\cos\varepsilon \tag{7.1.4}$$

式中，ε 为黄赤交角；$\Delta\phi$ 为黄经章动；$\Delta\phi\cos\varepsilon$ 为赤经章动，是黄经章动在赤道上的分量。与黄经章动一样，赤经章动的变化不均匀，有长周期项和短周期项，其中长周期项的变化为 $\pm 1.2\text{s}$，短周期项的变化为 $\pm 0.02\text{s}$。因此，真恒星时不是均匀的时间尺度，它只能用来记录时刻，不能用来计量时间间隔。

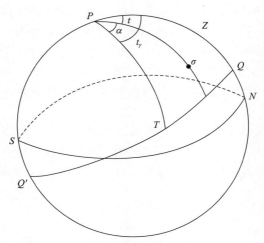

图 7.1.1　春分点时角 t_γ 与恒星赤经 α 的关系

　　春分点在天球上周日运行速度是地球自转角速度与春分点位移速度的和，因此平恒星时 S 的变化可以表示为

$$\frac{\mathrm{d}S}{\mathrm{d}t} = \omega + m \tag{7.1.5}$$

式中，ω 为地球自转角速度；m 为春分点在赤道上的运动速度，即赤经总岁差，其形式为

$$m = m_1 + 2m_2 t \tag{7.1.6}$$

式中，$m_1 = 3.07234\text{s}$；$m_2 = 0.00093\text{s}$。

　　对式(7.1.5)进行积分可得格林尼治真恒星时 $S_\text{真}$ 和平恒星时 S 分别为

$$S_\text{真} = S_0 + (\omega + m_1)t + m_2 t^2 + \Delta\phi\cos\varepsilon \tag{7.1.7}$$

$$S = S_0 + (\omega + m_1)t + m_2 t^2 \tag{7.1.8}$$

式中，S_0 为格林尼治平恒星时起始历元，通常取为零。

由式(7.1.8)可见，平恒星时也不是一个均匀的时间尺度，因为即使假定地球自转是均匀的，仍然存在加速项 $m_2 t^2$。

7.1.2　太阳时

恒星时只在天文工作中使用，而在人们的日常生活中，自古以来都习惯采用与昼夜交替相一致的太阳的周日视运动来计量时间。介绍这种时间计量系统需要从分析太阳的视运动现象开始。地球自转的同时还绕太阳公转，使得太阳的视运动和其他恒星的视运动不同，它在天球上除了做周日视运动以外，还做周年视运动。如果在一年中每天的同一时刻观察星空，则会发现太阳在星空背景的位置在不断发生变化，看起来好像是太阳在星座之间由西向东移动，一年中在天球上运行一周。这是地球绕太阳公转的反映。地球公转轨道面在天球上投影的大圆称为黄道，因此也可以将黄道定义为太阳中心在天球上做周年视运动的轨迹。人们将天球上分布在黄道南北各宽 8° 带内的 12 个星座称为黄道十二宫。从春分点起，每隔 30°便是一宫，太阳每一个月通过一宫，每宫都冠以星座的名字，如表 7.1.1 所示。

表 7.1.1　黄道十二宫

名称	双鱼宫	白羊宫	金牛宫	双子宫	巨蟹宫	狮子宫
标号	1	2	3	4	5	6
名称	室女宫	天秤宫	天蝎宫	人马宫	摩羯宫	宝瓶宫
标号	7	8	9	10	11	12

图 7.1.2 是太阳周年视运动示意图。太阳位于天球的中心，当地球在轨道上由 A 点经 B、C 和 D 点运行一周又回到 A 点时，地球上的观测者将看到太阳在天球

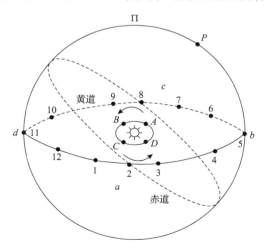

图 7.1.2　太阳周年视运动示意图

上沿黄道由 a 点经 b、c 和 d 点运行一周再回到 a 点。图中春分点在白羊宫，因此用白羊宫的符号表示春分点。

既然太阳的周年视运动是地球公转的反映，那么太阳在黄道上运行的速度应该与地球公转的速度一样。地球的公转轨道是椭圆，太阳位于椭圆的一个焦点上。地球公转的速度不断变化，当地球在近日点时，它的角速度最大，因而太阳的视运动速度也达到最大，每天约 $1°1'10''$，此时约在年初 1 月 3 日；当地球在远日点时，它的速度最小，太阳的视运动速度也最小，每天约 $0°57'11''$，此时约在年中 7 月 4 日。这样太阳从春分点运行到秋分点与从秋分点运行到春分点，虽然在天球上恰好都运行了半周，但由春分点经夏至点到秋分点历时 186 日，而由秋分点经冬至点再回到春分点却只需 179 日，相差达 7 日，因此太阳的周年视运动是不均匀的。

1. 真太阳时

以太阳视圆面中心的周日视运动为依据建立的时间计量系统称为真太阳时，太阳视圆面中心即为真太阳。

真太阳连续两次通过观测点子午线（一天中太阳视运动的最高位置又称为上中天）的时间间隔称为真太阳日。真太阳日的起算点为真太阳上中天的时刻，这一时刻称为真中午，真太阳时同样也具有地方性。一个真太阳日分成 24 个真太阳时，一个真太阳时等于 60 个真太阳分，一个真太阳分等于 60 个真太阳秒。

真太阳时以真太阳时角 $t_\odot$ 计量。早先定义的真太阳时的起算点是真中午，而在人们的日常生活中，习惯的起算点是子夜，正好相差 12h，因此，为了照顾人们的生活习惯，实际上把真太阳时 $m_\odot$ 定义为真太阳时角 $t_\odot$ 加 12h，即

$$m_\odot = t_\odot + 12\text{h} \qquad\qquad (7.1.9)$$

若 $t_\odot > 12\text{h}$，则从式(7.1.9)中减去 24h。

真太阳时也称为视太阳时。真太阳时在实际应用中并不十分理想，因为真太阳日的长短不一致，也就是说真太阳时角不是与地球自转角度严格呈比例变化的。如果太阳赤经均匀地随时间增加，那么它才能与地球自转角度呈比例变化。然而基于以下两种原因，太阳赤经的变化是不均匀的。

（1）地球绕太阳运动的轨道是椭圆，又受到月球及行星的摄动作用，使得太阳黄经的增加不均匀。

（2）赤道和黄道不重合，两者之间有一个 ε 的交角，太阳不是在天赤道上运动，而是在黄道上运动，即使太阳的黄经增加是均匀的，但是其赤经的增加仍然是不均匀的。

真太阳时的不均匀性是在 18 世纪初被发现的，最长和最短的真太阳日相差 3s。因此，真太阳日不是一个固定的量，不宜作为计量时间的单位。

2. 平太阳时

在发现真太阳时的缺陷后，人们便寻求更均匀的时间计量系统。公元 1789 年，法国制宪会议针对当时度量衡中存在的混乱状况，决定在法国科学院成立科学家委员会，研究确定新的计量标准。该委员会于 1820 年给出新的秒长定义：全年中所有真太阳日平均长度的 1/86400 为 1s，也就是说，把全年中所有真太阳日加起来，然后除以 365，得到一个平均日长，称为平太阳日。当时认为由此得到的平太阳日的日长固定不变，人们把因此得到的时间称为平太阳时。从表面来看问题似乎得到了解决，但在实际操作中，这种秒长是不能实时得到的，必须利用 1 年的观测经过取平均值才能得到。

为了解决这个问题，美国天文学家纽康（Newcomb）在 19 世纪末提议用一个假想的太阳代替真太阳，作为测定日长的参考点。首先设想在黄道上有一个做匀速运动的假想点，其运行速度等于太阳运动的平均速度，并与太阳同时经过近地点和远地点，这个假想点称为黄道平太阳。然后引入一个在赤道上做匀速运动的第二个假想点，它的运行速度和黄道上的假想点速度相同，并大致同时通过春分点，第二个假想点称为赤道平太阳，简称平太阳，它在天球上的周年视运动是均匀的。

平太阳连续两次上中天的时间间隔是一个平太阳日。1 个平太阳日分成 24 个平太阳时，1 个平太阳时等于 60 个平太阳分，1 个平太阳分等于 60 个平太阳秒。平太阳上中天的时刻称为平正午，下中天的时刻称为平子夜。平太阳时简称为平时，也是有地方性的。

平太阳时定义为平太阳的时角，即平太阳时的起算点是平正午。若起算点取为平子夜，则称为民用时。1925 年以前，天文工作中采用的平太阳时以平正午为一天的开始；从 1925 年起才改为与民用时一致的将平子夜作为起算点。目前，不再区分平太阳时和民用时，把平太阳时 $m_{平}$ 理解为平太阳时角 t_m 加上 12h，即

$$m_{平} = t_m + 12\text{h} \tag{7.1.10}$$

若 t_m（t_m 表示平太阳时角）>12h，则从式(7.1.10)中减去 24h。

纽康的方法非常巧妙地将平太阳日的长度与地球自转联系在一起。1886 年在法国巴黎召开的国际讨论会上同意用纽康的方法定义平太阳日，从而产生了真正科学意义上的平太阳时秒长。

7.1.3　地方时

恒星时、真太阳时和平太阳时的起算点是天体（或天球上特定点）的中天，而

位于地面上不同地理经圈的两个地点的子午圈是不同的，因此这些时间计量系统都具有地方性。也就是说，同一天体通过这两地的子午圈不在同一瞬间，因此不同地点的时刻起算点各不相同，即形成了各自的时间计量系统——地方时系统，计量所得结果称为地方时。按春分点计量的时间称为地方恒星时；按平太阳计量的时间称为地方平太阳时。

同一瞬间以不同的子午圈计量同一天体的时角，其数值是不相同的。如图 7.1.3 所示，设在同一时刻，由地面上 A、B 两点同时观测同一天体 σ，以 t_A、t_B 分别表示天体 σ 由 A、B 两点测得的时角，则有

$$t_A = Q_A T, \quad t_B = Q_B T \tag{7.1.11}$$

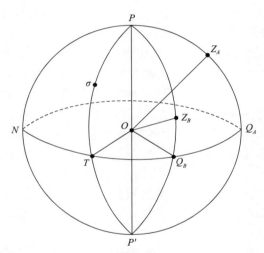

图 7.1.3　A、B 两点同时观测同一天体 σ

图 7.1.3 中 Z_A 和 Z_B 分别是地面上 A、B 两点的天顶；PP' 为天轴，即地轴的延长线；$Q_A Q_B T$ 为天赤道，即地球赤道面在天球上截出的大圆；半圆周 $PZ_A Q_A P'$ 为 A 点的子午圈；半圆周 $PZ_B Q_B P'$ 为 B 点的子午圈，它们分别是 A 点和 B 点的地理子午面扩展后与天球相交截成的。因此，$Q_A Q_B$ 为 A、B 两点的地理经度差 $\Delta\lambda$。假设 λ_A 和 λ_B 分别表示 A 点和 B 点的地理经度，它们都由格林尼治子午圈向东计量为正，则有

$$t_A - t_B = \lambda_A - \lambda_B = \Delta\lambda \tag{7.1.12}$$

式 (7.1.12) 表明，地面上两点在同一瞬间测得的任一天体的时间差等于这两点的地理经度差。式 (7.1.12) 对任何天体都成立，因此也适用于春分点和平太阳，对于春分点，有

$$t_{\gamma A} - t_{\gamma B} = \lambda_A - \lambda_B \tag{7.1.13}$$

设 S_A、S_B 分别为同一瞬间 A 点和 B 点的地方恒星时，则根据式 (7.1.1) 可得

$$S_A = t_{\gamma A}, \quad S_B = t_{\gamma B} \tag{7.1.14}$$

设同一瞬间 A 点和 B 点的地方平太阳时为 m_A 和 m_B，则根据式 (7.1.10) 可得

$$m_A = t_{mA} + 12\mathrm{h}, \quad m_B = t_{mB} + 12\mathrm{h} \tag{7.1.15}$$

$$m_A - m_B = t_{mA} - t_{mB} = \lambda_A - \lambda_B \tag{7.1.16}$$

由式 (7.1.15) 和式 (7.1.16) 可知：在同一时间计量系统内，同一瞬间两点的地方时时刻不同，它们的差在数值上等于这两点的天文经度差。这对于实用天文学非常重要，因为这样就可以根据两点在同一瞬间观测所得的地方时之差来测定两点的经度差。如果其中一点的经度已知，则可求出另一点的经度。

综上所述，天文计时具有地方性，各地使用自己的地方时系统，在以步行作为主要出行方式的时代或许不会引起混乱。但随着大航海时代的到来，计时领域各自为政的局面给人们造成了很多困难，加之现代守时技术和授时技术的发展，时间工作中的国际协调与合作变成一件势在必行的大事。

为此，1884 年确定采用英国伦敦格林尼治天文台子午仪所在的子午圈作为本初子午圈，又称为零子午圈，该子午圈的地理经度记为零度。从它开始向东和向西计量，并分别称为东经和西经，分别从 0° 变化到 180°。在零子午圈上测得的从平正午起算的平太阳时称为格林尼治平时 (Greenwich mean time, GMT)[1]。

7.1.4　世界时

格林尼治平时即为世界时，世界时在数值上等于格林尼治平时角 t_m 加上 $12\mathrm{h}$，即

$$\mathrm{UT} = t_m + 12\mathrm{h} \tag{7.1.17}$$

又

$$t_m = S - \alpha_e \tag{7.1.18}$$

式中，S 为格林尼治平恒星时；α_e 为平太阳相对于平春分点的赤经，计算式为

$$\alpha_e = \alpha_0 + \alpha_1 t + \alpha_2 t^2 = \alpha_0 + (\mu + m_1)t + m_2 t^2 \tag{7.1.19}$$

式中，α_0 为起始的平太阳赤经 (历元起算值)；α_1 为 t 的一次项系数，表示赤经

随时间变化的速率；α_2 为 t 的二次项系数，表示赤经加速度；μ 为平太阳在赤道上匀速运动的速度。

将式(7.1.8)和式(7.1.19)代入式(7.1.18)，可得

$$\text{UT} = S - \alpha_e + 12\text{h} = S_0 - \alpha_0 + (\omega - \mu)t + 12\text{h} \tag{7.1.20}$$

如果地球自转角速度 ω 不变，即地球自转是均匀的，那么世界时也是均匀的，然而地球自转的不均匀性直接影响了世界时的不均匀性。

自从纽康提出平太阳时的定义后，世界时的定义更为严密。纽康根据地球公转运动理论分析了 250 年中对太阳的观测资料，得出太阳平黄经 L 的计算公式[2]为

$$\begin{aligned} L &= L_0 + L_1 T + L_2 T^2 \\ &= 279°41'27''.54 + 129602768''.13T + 1''.089T^2 \end{aligned} \tag{7.1.21}$$

式中，L_0 为 1900 年 1 月 0 日格林尼治平正午的太阳平黄经；L_1 为 T 的一次项系数，表示太阳平黄经随时间变化的速率；L_2 为二次项系数，用于描述太阳平黄经的加速度；T 为从这一历元起算的儒略世纪数(每儒略世纪等于 36525 平太阳日)。

令

$$\begin{cases} \alpha_0 = L_0 \\ \alpha_1 = \mu + m_1 = L_1 \end{cases} \tag{7.1.22}$$

将每儒略世纪的 m_2 代入式(7.1.19)，可得

$$\alpha_e = 279°41'27''.54 + 129602768''.13T + 1''.3955T^2 \tag{7.1.23}$$

平太阳就是根据式(7.1.23)严格定义的。取 $\alpha_1 = L_1$ 的含义是定义平太阳在赤道上的运动速度与太阳在黄道上的平均运动速度相等(太阳平黄经即黄道平太阳的黄经，而黄道平太阳的黄经的变化就是太阳在黄道上的平均运动速度)。在 1900 年 1 月 0 日格林尼治平正午这一瞬间，平太阳的赤经等于太阳平黄经。过此时刻，春分点在赤道和黄道上的运动速度不相等，使得二者开始出现差异，这反映在式(7.1.21)和式(7.1.23)中第三项的差异上，但差别不大。

式(7.1.20)也可以写为

$$S = \text{UT} + \alpha_e - 12\text{h} \tag{7.1.24}$$

这就是格林尼治平恒星时与世界时相互换算的严格公式。天文年历中世界时 0h 的格林尼治平恒星时和格林尼治平恒星时 0h 的世界时就是按照式(7.1.24)计算的。从式(7.1.24)还可以看出，恒星时和世界时并不是相互独立的时间计量系统，

通常由天文观测得到恒星时，然后再转换为世界时。

1. 世界时与恒星时的关系

平太阳在随天球做周日视运动的同时还做与周日视运动相反方向的周年视运动，因此春分点两次上中天时，平太阳由于周年视运动落后一个固定的角度，平太阳在赤道上向西均匀退行，每回归年累积起来刚好移动 360°，这样 1 回归年中地球相对于平太阳的转动周数比相对于春分点的转动周数少一个整周，即 1 回归年中平太阳日数比平恒星日数少一整天。因此，平太阳日是与恒星日长度呈比例的时间单位，该比例常数采用值的选定需使得平太阳日和昼夜更替长期同步。

在 J2000.0 历元，回归年的长度分别为 $n-1$ 个平太阳日和 n 个平恒星日，因此平太阳日和平恒星日的换算系数 k 为

$$k = \frac{n}{n-1} \tag{7.1.25}$$

由此可得，世界时与格林尼治平恒星时的关系为

$$\mathrm{UT} = \frac{1}{k}(S - \bar{S}_0) \tag{7.1.26}$$

式中，S 是观测所得的格林尼治平恒星时；$\bar{S}_0$ 是世界时零点瞬间的平恒星时。

2. 世界时的计算流程

由观测获得格林尼治平恒星时或自转角，即可换算得到世界时。但实际上，地球自转的观测并非在零赤经处进行，由观测得到的都是测站的地方恒星时。因此，要获得世界时，首先需要将地方平恒星时 $\bar{S}_\lambda$ 换算到格林尼治平恒星时 S，即

$$S = \bar{S}_\lambda - \lambda \tag{7.1.27}$$

式中，λ 是测站的瞬时经度，即测站相对于瞬时极的经圈与赤道上经度起始点的经圈之间的夹角。

由于地极的移动，测站经度和纬度都在发生变化。对于非近极点的测站，极移引起的地方经纬度的变化可以表示为

$$\begin{cases} \Delta\lambda = \lambda - \lambda_0 = (X_p \sin\lambda_0 + Y_p \cos\lambda_0)\tan\varphi_0 \\ \Delta\varphi = \varphi - \varphi_0 = X_p \cos\lambda_0 - Y_p \sin\lambda_0 \end{cases} \tag{7.1.28}$$

式中，λ_0、φ_0 分别是测站相对于固定参考极 P_0 的经度、纬度；λ、φ 分别是相对于瞬时极 P 的经度、纬度，此处地理坐标系为右手系，经度从格林尼治子午

线向东度量为正；X_p、Y_p 是瞬时极 P 相对于 P_0 的坐标，瞬时极的坐标在过 P_0 的地球切平面上表示，X_P 坐标轴指向赤道上的经度零点，Y_P 与 X_P 垂直并构成左手系。有些研究中地理坐标采用左手系，此时式 (7.1.28) 中含 $\sin \lambda_0$ 的项需改变正负号。

将式 (7.1.28) 代入式 (7.1.27) 可得

$$S = \bar{S}_\lambda - (\lambda_0 + \Delta\lambda) = \bar{S}_\lambda - \lambda_0 - (X_p \sin \lambda_0 + Y_p \cos \lambda_0) \tan \varphi_0 \qquad (7.1.29)$$

将式 (7.1.29) 导出的格林尼治平恒星时代入式 (7.1.26)，即得到世界时 UT 为

$$\begin{aligned} \mathrm{UT} &= \frac{1}{k}\Big[\bar{S}_\lambda - \lambda_0 - \bar{S}_0 - \big(X_p \sin \lambda_0 + Y_p \cos \lambda_0\big)\tan \varphi_0\Big] \\ &\approx \frac{1}{k}\big(\bar{S}_\lambda - \lambda_0 - \bar{S}_0\big) \end{aligned} \qquad (7.1.30)$$

由于瞬时极坐标是实时变化的未知待测量，并不能由式 (7.1.30) 实时得到世界时。式 (7.1.30) 中的前一项 $\bar{S}_\lambda - \lambda_0 - \bar{S}_0$ 可以用测站固定经度值 λ_0 先行计算出来，这是 UT 的近似值，常用 UT0 表示，即

$$\mathrm{UT0} = \frac{1}{k}\big(\bar{S}_\lambda - \lambda_0 - \bar{S}_0\big) \qquad (7.1.31)$$

将其代入式 (7.1.30)，并将最终的结果用 UT1 表示为

$$\mathrm{UT1} = \mathrm{UT0} - \frac{1}{k}\Big[\big(X_p \sin \lambda_0 + Y_p \cos \lambda_0\big)\tan \varphi_0\Big] \qquad (7.1.32)$$

联合式 (7.1.28) 第一式和式 (7.1.32)，对于测站 i，可建立误差方程组为

$$\begin{cases} \Delta\varphi_i = \varphi_i - \varphi_{i0} = X_p \cos \lambda_{i0} - Y_p \sin \lambda_{i0} \\ \mathrm{UT1} = \mathrm{UT0}_i - \dfrac{1}{k}\Big[\big(X_p \sin \lambda_{i0} + Y_p \cos \lambda_{i0}\big)\tan \varphi_{i0}\Big] \end{cases} \qquad (7.1.33)$$

用多台站观测获得 $\Delta\varphi_i$ 和 $\mathrm{UT0}_i$，可同时解算出 UT1、X_p、Y_p，该项工作常称为地球自转参数 (earth rotation parameters, ERP) 服务。

这里需要强调两点：第一，历史上所采用的 UT0 符号只是世界时计算过程中一个中间暂定结果，本身并无精准的概念；第二，地球自转角以及与其成比例的世界时是相对于瞬时极描述的，不是相对于固定参考极描述的。

地球自转速度有复杂的变化，特别是包含季节性的变化，使得 UT1 包含明显的不均匀性。历史上曾建立了 UT2 系统：

$$\begin{cases} \text{UT2} = \text{UT1} + \Delta T_S \\ \Delta T_S = 0^S.022\sin(2\pi t) - 0^S.012\cos(2\pi t) - 0^S.006\sin(4\pi t) - 0^S.007\cos(4\pi t) \end{cases} \quad (7.1.34)$$

式中，ΔT_S 是修正 UT1 时刻的季节性波动的经验公式，以期获得更均匀的民用时标准。

因此，UT2 并不反映地球自转的运动情况，后来人们还在 UT1 中加上区域性潮汐效应改正得到 UT1R（其中 R 表示区域性），以及加上总潮汐改正得到 UT1R。

7.1.5　历书时

地球自转的不均匀性使得以地球自转为基础建立的世界时也呈现出不均匀性，为了满足科学技术发展的需要，人们必须寻求其他运动形式作为测量时间的标准。

国际天文学联合会在 1950 年选用纽康给出的反映地球公转的太阳历表作为定义新时间基础时并未出现异议。这是因为：一方面，人类生活在地球上，选择地球运动作为标准是很自然的；另一方面，此前的时间标准——世界时，以平太阳为基本参考点。平太阳的严格定义来自纽康太阳历表，以此定义新时间无疑更便于实现世界时与新时间系统之间的换算，以及世界时向新时间系统的过渡。但是，在讨论参考对象的选择时产生了分歧。在 1952 年国际天文学联合会上，有学者提出以恒星年为参考导出新时间的秒定义。持此观点的学者认为，一个恒星年几乎是一个常量，由它定义的秒长比较固定。但是通过讨论人们很快认识到，平太阳连续两次过平春分点的时间间隔（一个回归年）虽然有缓慢变化（每千年大约减少 5.36 天），但更容易直接观测得到。实际上，天文学上直接观测到的首先是回归年，加上春分点黄经岁差改正后才能得到恒星年。因此，如果采用恒星年作为基础，必然涉及岁差常数值改正问题，而岁差常数改正值并不是一个固定值，存在变化的趋势。因此，如果采用恒星年，天文常数系统一旦发生改变，就会反过来要求更改时间定义。因此，1958 年第十届国际天文学联合会上给出了新的时间计量系统——历书时（ephemeris time, ET）的精确定义。

（1）采用的单位名称仍为世纪、年、月、日、时、分、秒，但在这些名称之前冠以历书二字，它们之间的转换关系不变。

（2）起算的基本历元是 1900 年初附近太阳几何平黄经为 279°41'48".04 的瞬间，并把它定义为 1900 年 1 月 0 日历书时 12h。它是纽康原先选定的 1900 年 1 月 0 日格林尼治平正午瞬间。

（3）采用 1900 年 1 月 0 日历书时 12h 的回归年长度的 1/31556925.9747 作为一个基本单位的历书时秒长。

1960 年召开的第十届国际计量大会正式采纳这一定义。根据国际天文学联合会决议，从 1960 年起，国际上有关天体位置的星历表（包括天文年历在内）一律采用历书时。

历书时是一种由力学定律确定的时间系统，它定义的基础是纽康给出的反映地球公转运动的太阳历表。纽康在导出平太阳赤经时，首先得到的是太阳几何平黄经（已消除光行差的影响）的分析表达式：

$$L = 279°41'48''.04 + 129602768''.13T + 1''.089T^2 \qquad (7.1.35)$$

式中，T 是从 1900 年 1 月 0 日格林尼治平正午起算的儒略世纪数，第一项常数 279°41'48''.04 决定了历书时的起始历元。纽康得到这一数值的对应时刻是 1900 年 1 月 0 日格林尼治平正午（UT 12h），因此把它定义为历书时 1900 年 1 月 0 日 12h，以保证历书时和世界时时刻上的衔接。

由式（7.1.35）可得历书时的时间单位为

$$dT = dL/(129602768''.13 + 2''.178T) \qquad (7.1.36)$$

由于太阳平黄经每增加 360°为一回归年，所以一个回归年内包含的历书时秒数为

$$N = \frac{360 \times 60 \times 60'' \times 36525 \times 86400\text{s}}{129602768''.13 \times 2''.178T} = 31556925.9747\text{s} - 0.5303\text{s} \times T \qquad (7.1.37)$$

在 1900.0 时，$T=0$。于是，一个回归年所含历书时秒数为

$$N = 31556925.9747\text{s} \qquad (7.1.38)$$

有了天体的历表，则可以根据给定的历书时时刻，查到天体在给定时刻的相应位置。反之，由某一时刻观测到的天体的位置与其历表记录值，可以得到这一时刻的历书时，例如，根据太阳历表，观测太阳中心位置就可以得到历书时。然而太阳中心位置的读取精度很低，远不及对恒星的观测精度，因此历书时时刻根本无法有效读取，历书时在当时定义的时候只有概念上的意义。大幅提高时刻的读数精度是历书时投入实际应用必须首先要解决的问题。其中一个解决思路是用月球运动周期分点月作为历书时的基本时间单位，其原理和用回归年作为基本时间单位一样[3]。分点月的长度是回归年的 1/13.4，时刻的量度精度可提高 13.4 倍。尽管如此，历书时的测量精度仍远不能满足实际应用的需要。

历书时从概念提出到实际可行，依赖一种以秒为基本单位，并且稳定度能达到与回归年相当水平的时钟。1967 年，以原子时秒为基本时间单位取代了回归年这个基本时间单位。通过原子时实现了历书时的概念，用作太阳系天体地心视历

表的时间变量。因此，可以说原子时的出现将历书时从概念阶段提升到在星历表中实际应用阶段，原子时取代了历书时作为时间这个基本物理量的基本单位的定义和实现。从历书时到原子时的换代，中间只经过了短短七年，但是历书时是太阳、月球和行星运动理论中的独立变量，也是星历表中的时间引数，因而历书时作为一个天文常数被保留下来，用于天文年历、星历表等的编纂。

7.1.6　协调世界时

协调世界时是以原子时秒长为基础，在时刻上尽量接近于世界时的一种时间计量系统。

近代科学技术对于时间计量的要求，包括时刻和时间间隔两方面的内容。大地测量、天文导航和宇宙飞行器的跟踪、定位，需要知道以地球自转角度为依据的世界时时刻；而精密校频等物理学测量，则要求均匀的时间间隔。20 世纪 50 年代末期，铯原子钟进入实用阶段以后，各国的时间服务部门都以它为基准发播标准时间和频率信号。这样，就面临一种困难局面：要用同一个标准振荡器同时满足性质不同的两种要求。为了突破该困难局面，在 1960 年国际无线电咨询委员会和 1961 年国际天文学联合会的会议上，提出了协调的具体方案，即规定采用一种介于原子时与世界时之间的时间尺度，用于发播标准时间和频率信号。这种时间尺度是世界时时刻与原子时秒长折中协调的产物，因此称为协调世界时。

在 1960～1971 年，协调世界时以原子时为基础，通过频率调整（又称为频率补偿）和无线电秒信号跳变（又称为跳秒），使其所表示的时刻与世界时的时刻之差保持在±0.1s（1963 年以前为±0.05s）以内。每年频率调整和跳秒的数值，由国际时间局根据前一年的天文观测来确定。

1972 年以前的协调世界时，由于采用频率调整，其秒长逐年变化，给实际应用造成许多不便。为此，国际天文学联合会和国际无线电咨询委员会在 1971 年决定，从 1972 年 1 月 1 日起，采用一种新的协调世界时系统。在该新系统中，取消了频率调整，协调世界时秒长严格等于原子时秒长，必要时进行一整秒的调整（增加 1s 或去掉 1s），使协调世界时时刻与世界时 UT1 时刻之差保持在±0.9s（1974 年以前为±0.7s）以内。跳秒调整一般在 6 月 30 日或 12 月 31 日进行。增加 1s 称为正跳秒（或正闰秒），去掉 1s 称为负跳秒（或负闰秒）。为了使协调世界时与原子时在时刻上保持整秒的差数，在新旧协调世界时系统过渡时进行了–0.10775800s 的调整，即规定旧协调世界时系统 1971 年 12 月 31 日 23 时 59 分 60.10775800 秒瞬间，为新协调世界时系统 1972 年 1 月 1 日的开始。

协调世界时原来只是标准时间与频率发播的基础，近年来得到了广泛应用。1979 年 12 月初在日内瓦举行的世界无线电行政大会决定采用协调世界时来取代格林尼治时间，作为无线电通信中的标准时间。

7.1.7　地球的空间运动

地球的空间运动可以分解为以下几种形式。

(1)地球绕其自转轴的旋转运动。

(2)地球绕太阳系质心的公转运动。

(3)地球自转轴的进动。

(4)地球自转轴相对地球本身的运动。

地球绕其自转轴的旋转运动产生了地球的日夜交替,地球绕太阳系质心的公转运动产生了四季交替。此外,地球赤道鼓出部分受到日月引力等的影响,使得地球自转轴相对于遥远天体在空间中沿一圆锥面转动,形成一个周期约为 26000 年的圆周运动,即为岁差。在日月和行星的引力施加于地球赤道突出部分的力矩作用下,地球动力学轴的空间方向除了长期变化外,还含有周期性受迫摆动,因而引起赤道和春分点空间取向的周期性变化,称为章动。岁差和章动是对天极空间运动长期变化和周期性变化部分的描述,表征了天极在国际天球参考系统(international celestial reference system, ICRS)下运动的长期变化和周期性变化[4]。地球大气及洋流等因素的影响使得自转轴相对于固体地球发生漂移,从而使得地极在地球表面形成半径约为 15m 的圆,称为极移。此外,潮汐阻力的影响使得地球自转的速率逐渐变慢,称为日长变化。地球自转角在时间上的描述即为世界时(UT1)。地球的空间姿态由地球定向参数(Earth orientation parameters, EOP)来描述,EOP 包括岁差、章动、极移(x_p, y_p)、UT1 等参数。

在 EOP 中,岁差和章动的产生机制已知,可以进行长时间的准确预测。而极移和 UT1 多变且难以进行精确预报,必须通过观测的方法来准确测量。通常说的 UT1 测量,指的是测量极移和 UT1,并通过预测和计算导出 EOP 的所有参数。

1. 岁差和章动

在外部摄动力的作用下,地球自转轴在空间并不保持固定的方向,而是不断发生变化,其中的长期运动称为岁差,周期运动称为章动。岁差运动表现为地球自转轴围绕黄道轴旋转,在空间描绘出一个圆锥面(图 7.1.4 中 $P_{岁差}$),绕行一周约需要 26000 年,同时黄道面和赤道面的交角每 100 年约减小 47″。章动就是叠加在岁差运动上的许多振幅不超过 10″ 的复杂周期运动,其主项是周期为 18.6 年的椭圆运动,如图 7.1.4 中的 $N_{章动}$ 所示,椭圆长半径约为 9″,此外尚有许多振幅在 1″ 以下的各种短周期项。

岁差和章动共同引起天极和春分点在天球上的运动,对恒星的位置有一定影响。

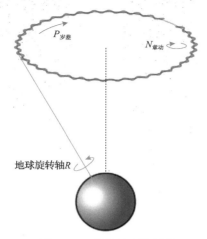

图 7.1.4　岁差章动示意图

2. 极移

地球瞬时自转轴在地球本体内的运动称为极移，1765 年欧拉在假定地球是刚体的前提下，最先从力学上预言了极移的存在，1891 年美国天文学家钱德勒进一步指出，极移包括两个主周期成分：一个是大约 14 个月的周期；另一个是大约 1 年的周期，前者称为钱德勒周期，这种极移成分是非刚体地球的自由摆动。极移的周年成分主要是由大气作用引起的受迫摆动。二者合起来，极移的范围不超过 ±0.4″，如图 7.1.5 所示。图 7.1.5 为 2001～2006 年地极移动的轨迹，图中的数字表示地极在该年份所处的位置，横纵坐标单位均为角秒(as)。由图中曲线变化可

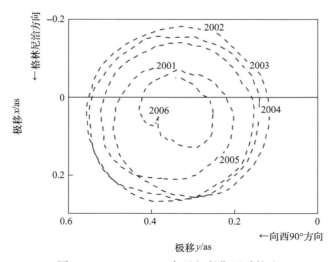

图 7.1.5　2001～2006 年地极长期运动轨迹

以看出，地极的变化呈现显著的周期性螺旋运动。

3. 世界时

世界时 UT1 是以地球自转运动为参考的时间尺度，是组成 EOP 的参数之一，UT1 具有时间和空间的双重属性。对世界时的精确测量可反映地球自转的变化规律，图 7.1.6 是根据国际地球自转服务发布的日长（length of day, LOD）数据绘制的近 400 年地球自转速率的变化情况，为了看清短期变化规律，图 7.1.7 给出 1962～2023 年的数据，两个图中给出的是一天的长度与 86400s 的偏差。

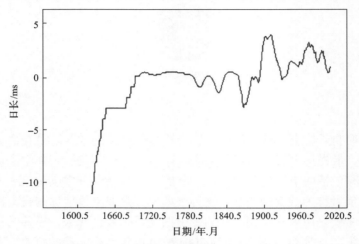

图 7.1.6　近 400 年地球自转速率的变化情况

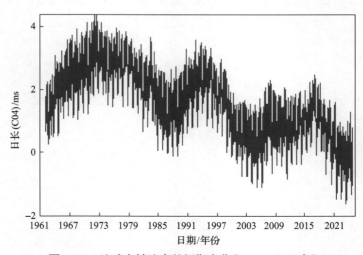

图 7.1.7　地球自转速率的短期变化（1962～2023 年）

对 UT1 的长期监测可以发现，地球自转除了长期的变化趋势以外，还包括周年项、半年项、季节项等多种周期成分。从百年的时间尺度来看，地球自转是在不断减慢的，平均每 100 年 LOD 会延长约 1.6ms，但其中也夹杂着自转速度加快等短期变化趋势。

7.2　世　界　时

由于地球自转的不稳定性，自 20 世纪 60 年代以来，UT1 不再作为一个时间基准来定义秒长。但是，UT1 具有明确的物理意义，其时刻反映了地球在空间的自转角，与极移、岁差、章动一起称为地球定向参数，是实现天球与地球参考架坐标互换的联系参数，对于一切需要在地面目标和空间目标之间建立坐标关系的问题，地球定向参数都是必不可少的[5]。因此，人们对 UT1 的测量从未停止。

7.2.1　世界时的主要测量方法

自 19 世纪以来，用于测量与地球自转相关的地面光学测地仪器主要有经纬仪、中星仪、等高仪、天顶仪、数字照相天顶筒等。这些仪器实际测量的是测站铅垂线的天球指向点(测站天顶点)在观测瞬间的天球坐标。由地球上多测站的"准同时观测"可以推导出此时的世界时时刻以及地球瞬时极的位置参数。利用光学仪器观测一个夜晚的观测精度约为 5ms。依据全世界一年的天文观测结果，经过综合处理所得到的世界时精度约为 1ms。自 20 世纪 70 年代以来，随着无线电技术、空间技术的发展，甚长基线干涉(very long baseline interferometry, VLBI)测量、卫星激光测距(satellite laser ranging, SLR)、全球导航卫星系统(global navigation satellite system, GNSS)等测距类空间大地测量技术相继问世，这些新技术大大提高了 UT1 的观测精度[6]。其中，VLBI 测量是测定 EOP 最理想的手段，也是唯一能够对五个 EOP 进行全员高精度测定的技术。SLR、GNSS 等基于卫星技术的空间测量技术在 EOP 测定方面具有重要意义，但只能测定极移(x_p, y_p)和 UT1 的相对变化或日长，而不能得到准确的 UT1、岁差和章动。

1. 中天法

中天法通常用于天文台站的测时工作。用中天法测时的仪器有中星仪、数字照相天顶筒。中天法测时的基本公式(对上中天恒星而言)称为迈耶尔公式。

$$\alpha = T + u + a\sin(\phi - \delta)\sec\delta + b\cos(\phi - \delta)\sec\delta + c\sec\delta \qquad (7.2.1)$$

式中，α、δ 分别为被测恒星的赤经和赤纬；ϕ 为测站纬度；T 为恒星中天时的钟面时；u 为钟差，即地方恒星时与钟面时之差；a、b、c 为仪器误差。其中，b 是由仪器水平轴与铅垂线不正交引起的，称为水平差，该项误差可用仪器上的水准器测定；c 是由望远镜准直轴与水平轴不正交引起的，称为准直差，可通过转轴观测的方法消除；a 是由仪器水平轴与正东西方向不一致引起的，称为方位差。观测一组恒星后，可以用最小二乘法同时求出钟差 u 和仪器的方位差 a。在野外测绘工作中，也可以用经纬仪按中天法测定测站的天文经度。

数字照相天顶筒是一种典型的天文大地测量仪器，与传统照相天顶筒的工作原理基本相同，都是通过观测天顶附近的恒星来确定测站天顶点在观测瞬间的天球坐标，进而通过多站同时观测解算世界时。相较于传统照相天顶筒，数字照相天顶筒用电荷耦合器件(charge coupled device, CCD)传感器取代了照相底片，提高了观测效率，方便了后期用程序对观测数据的处理。

数字照相天顶筒直接观测的是测站天顶区域星象的量度坐标，因此观测瞬间的天球坐标需要通过识别视场中的星像建立量度坐标模型，并综合望远镜转身前后的两次观测等一系列计算才能得到。

2017 年中国科学院国家授时中心利用 4 台数字照相天顶筒，建立了西安、洛南、德令哈和丽江 4 个观测站，用于世界时自主测量，图 7.2.1 是洛南观测站。为了提高测量精度，目前正在筹划利用大视场数字照相天顶筒，同时增加长春、三亚、喀什等观测站，以构成我国基于数字照相天顶筒的世界时自主测量平台。该平台建成后，将为用户提供精度约为 3.5ms 的世界时服务[7]。

图 7.2.1　参与我国世界时自主测量网的洛南观测站

2. 多星等高法

多星等高法是同时测定时间（或天文经度）和天文纬度的方法，所用仪器有超人差棱镜等高仪、光电等高仪。这种方法要求记录一组恒星过某一固定等高圈（通常高度为 60°或 45°）的精确时刻，故称为多星等高法。多星等高法同时测定时间和纬度的基本公式为

$$\cos z = \sin\varphi\sin\delta + \cos\varphi\cos(T + u - \alpha) \tag{7.2.2}$$

式中，α、δ 分别为被测恒星的赤经和赤纬；z 为等高圈的天顶距；T 为恒星过等高圈瞬间的钟面时刻；u、φ 分别为钟差（即地方恒星时与钟面时之差）和测站纬度，观测一组恒星后，可由最小二乘法同时求出钟差 u 和测站纬度 φ。为了取得最好的解算结果，一组恒星应尽可能均匀地分布在方位角 0°～360°范围内。棱镜等高仪是专门为多星等高法设计的仪器，有 60°等高仪和 45°等高仪两种。

3. 甚长基线干涉测量技术

VLBI 测量技术是 20 世纪 60 年代在射电天文学领域发展起来的一门新兴的测量技术，发展至今，VLBI 测量技术已成为精度最高的空间测量技术，是唯一能够同时提供天球参考架（celestial reference frame, CRF）、地球参考架（terrestrial reference frame, TRF）及联系两者之间地球定向参数的技术，不仅精度高，而且具有高度的稳定性[8]。

VLBI 测量技术是在传统射电干涉技术的基础上发展起来的，其基本原理如图 7.2.2 所示。两架天线同时接收来自同一射电源的信号，通过对两架天线各自接收到的信号进行相关处理得到干涉条纹，以测量信号的同一波前到达两架天线的时延 τ，时延 τ 包含基线与射电源方向的夹角信息 $\tau = \dfrac{B \cdot K_S}{c} = \dfrac{|B| \times \cos\theta}{c}$，其中 c 是真空中的光速，B 是基线长度矢量，θ 是基线与射电源方向矢量之间的夹角。VLBI 测量的天线系统通常配置氢原子钟提供本地频率参考，接收系统通过下变频将接收到的射频信号转换为中频信号，之后再进行模数转换操作转换为数字中频信号，对数字中频信号进行处理得到基带信号。将数据存储在磁盘以供后期相关处理，或者通过网络将数据实时传送至相关中心进行相关处理。VLBI 测量技术可用于测定基线的空间指向，或者对射电源进行成图观测。

作为 VLBI 测量技术应用于天体测量和地球动力学方面的合作组织，国际 VLBI 服务（International VLBI Service, IVS）负责协调全球 VLBI 台站开展 VLBI 观测、数据处理及技术发展的国际合作，同时提供数据服务。

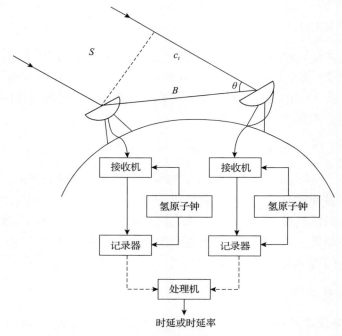

图 7.2.2   VLBI 测量技术基本原理图

VLBI 测量技术是测量 EOP 的有力工具，是至今唯一能同时解算 EOP 中 5 个参数的测量技术[9]。极移和地球自转速率变化使得地心坐标系的三个轴与地壳的相对位置发生变化，表现为地面点坐标或基线坐标分量的变化。VLBI 测量技术通过测量地面点坐标或基线坐标分量的变化，可得到极移和地球自转速率的变化。章动和岁差表现为射电源坐标的变化，也可以通过 VLBI 测量技术来测定。

在利用 VLBI 测量技术进行天体测量和测地的研究中，观测量是河外射电源发出的同一波前到达两架天线的时刻之差，即时延 τ。VLBI 测量技术的理论时延、时延率计算和参数解算都是在天球坐标系框架内进行的，因此必须将测站的坐标从地球坐标系转换至天球坐标系。

设测站在天球坐标系和地球坐标系的坐标分别为 r_c 和 r_e，则其转换公式为

$$r_c(t) = r_e(t)PNRW \tag{7.2.3}$$

式中，P 为岁差旋转矩阵；N 为章动旋转矩阵；R 为地球自转旋转矩阵；W 为极移旋转矩阵。

通过两个矩阵的旋转，将地球坐标系转换到了观测历元的真赤道天球坐标系，其计算公式为

$$RW = \begin{bmatrix} \cos H & -\sin H & -\sin x_p \cos H - \sin y_p \sin H \\ \sin H & \cos H & -\sin x_p \cos H + \sin y_p \sin H \\ \sin x_p & -\sin y_p & 1 \end{bmatrix} \quad (7.2.4)$$

式中，x_p、y_p、H 分别为极移 x、y 分量和观测历元真春分点的时角。

章动旋转矩阵 N 是将真赤道坐标系转换至平赤道坐标系，极移旋转矩阵 W 是将观测历元的天球坐标系旋转至 J2000.0 历元天球坐标系。

在计算得到理论时延后，就可以利用其与观测延迟的差值组成误差方程，然后用间接平差方法解算各参数，如基线改正数 ΔB_x、ΔB_y、ΔB_z，射电源赤经 $\Delta \alpha_s$，射电源赤纬 $\Delta \delta_s$，地球自转参数改正数 ΔUT_1、Δx_p、Δy_p，章动常数改正数 $\Delta \phi$、$\Delta \varepsilon$，观测站天顶大气延迟改正数 $\Delta \rho$，钟差常数项系数、线性项系数及二次项系数等。设时延观测值与理论值之差为 $\Delta \tau$，则误差方程可以表示为

$$\Delta \tau = \frac{\partial \tau}{\partial Bx} \Delta Bx + \frac{\partial \tau}{\partial By} \Delta By + \frac{\partial \tau}{\partial Bz} \Delta Bz + \frac{\partial \tau}{\partial \alpha_s} \Delta \alpha_s + \frac{\partial \tau}{\partial \delta_s} \Delta \delta_s$$
$$+ \frac{\partial \tau}{\partial UT_1} \Delta UT_1 + \frac{\partial \tau}{\partial x_p} \Delta x_p + \frac{\partial \tau}{\partial y_p} \Delta y_p + \frac{\partial \tau}{\partial \rho_1} \Delta \rho_1 + \frac{\partial \tau}{\partial \rho_2} \Delta \rho_2 + \tau_c + \dot{\tau}_c + \ddot{\tau}_c t^2 \quad (7.2.5)$$

利用式 (7.2.5) 可以直接解算出地球自转参数的变化。

目前，中国科学院国家授时中心已建成由位于吉林、喀什、三亚的 3 个 13m 射电望远镜和西安的数据处理中心组成的我国首套宽频带 VLBI 测量系统，该系统的世界时测量精度优于 50μs[10]。

4. 卫星激光测距

1964 年发射第一代 SLR 卫星，目前正在进行第四代 SLR 卫星的研究。现在全球范围内有近百个 SLR 固定站，有 40 多个站有较长时间的观测数据，根据历史观测数据可解出较高精度的站速度。

自 1976 年以来，SLR 就开始用于地球自转参数的日常测定，有着超过 30 年的观测资料积累，较其他空间技术提供的资料累积的时间跨度要长。SLR 是目前精度最高的绝对定位技术，主要用 LAGEOS 卫星来实现 EOP 的测量。

SLR 技术对高精度地心坐标系的建立、板块运动的实测以及地球自转参数的精确测定等地学研究起着重要作用。SLR 的基本原理是利用激光测距的方法测定卫星至测站的距离，进而推算卫星轨道的极移摄动，并计算极移。由卫星的极移摄动解算出地球自转角（或 UT1），但由于地球自转角的变化与卫星的升交点变化时耦合，一般采用 SLR 只能得到 LOD 变化量，而无法得到 UT1。同时，SLR 还不具备确定地球定向参数亚日级变化的能力。

月球激光测距(lunar laser ranging, LLR)与 SLR 的原理类似，都是通过测定激光脉冲在地面激光发射站和月球反射器之间时间间隔的方式求得地月之间的距离。目前，利用 LLR 的极移测量精度可达 0.01mas，UT1 的测量精度可达 30μs。

SLR 和 LLR 测量 EOP 的工作目前由国际激光测距服务(International Laser Ranging Service, ILRS)负责。ILRS 提供的地球自转参数序列以 SINEX 文件的形式给出，由意大利空间局等六个 ILRS 数据分析中心(analysis centres, AC)分别利用过去 7 天的观测数据得到参数解，ILRS 的联合解中心(combination centres, CC)对数据分析中心的结果进行处理，得到联合解，自 1997 年 12 月 28 日起，数据间隔 1 天，包含极移和 LOD。

5. 全球导航卫星系统

国际 GNSS 服务(International GNSS Service, IGS)于 1994 年成立，此后在全球不同国家和地区相继建立了 GNSS 连续观测网，并开始向全球用户提供地球定向参数、钟差等多种数据产品。目前，全球有 507 个 IGS 连续跟踪站。分布全球的 IGS 连续跟踪站很好地弥补了 VLBI 和 SLR 测站较少的不足。

已知跟踪站坐标，基于多个地面跟踪站的 GNSS 测距数据，可以确定 GNSS 卫星轨道。GNSS 卫星定轨通常在惯性坐标系下进行。

由地面测站至卫星间的距离矢量(ρ)可写为

$$\rho = f(r, \dot{r}, r_P) \tag{7.2.6}$$

式中，r、$\dot{r}$ 分别为卫星在惯性坐标系下的位置矢量和速度矢量；r_P 为地面跟踪站惯性坐标系下的坐标矢量。

地面跟踪站固定于地球表面，随地球一起运动，其已知坐标一般在地固坐标系中表示。因此，在 GNSS 卫星定轨时，需要将地面跟踪站坐标由地固坐标系转换至地心惯性坐标系。

r_P 可进一步写为

$$r_P = P(t) \cdot N(t) \cdot R(t) \cdot W(t) \cdot r_{P0} \tag{7.2.7}$$

式中，r_{P0} 为地面跟踪站在地固坐标系下的坐标；P、N、R、W 分别为岁差、章动、地球自转以及极移对应的旋转矩阵。

这样，将地球自转参数与卫星轨道参数联系在一起。从形式上看，在进行 GNSS 卫星定轨时，就可以估计 UT1 等地球自转参数。

然而，由于在惯性坐标系中卫星轨道升交点进动与 UT1 之间存在强相关，基于 GNSS 技术不能估计 UT1 的绝对值，只能估计其变化，通常用日长变化表示。

卫星轨道升交点赤经参数估计中如果存在未模型化的误差，则会造成 GNSS 技术估计的日长参数存在偏差。

全球导航卫星系统在实现对地用户导航定位授时的同时，还有着更广泛的科学应用，地球自转参数的测定就是其中一种。

利用全球导航卫星系统测定地球自转参数，通常是与导航卫星的轨道测定一起进行的。全球导航卫星系统持续对地面监测站与导航卫星之间的距离进行观测，当地面监测站的位置已知时，就可以利用多个地面监测站观测的距离，测定导航卫星的轨道。地面监测站固定在地球上，因此卫星轨道的计算需要利用地球自转参数。反之，利用全球导航卫星系统也可以测定地球自转参数，得到世界时。然而，全球导航卫星系统只能确定世界时的变化或速率，不能直接测量世界时的绝对值。

与 SLR 一样，GPS 的观测量也是无方向的，因此只能求得日长的变化值。与 VLBI 和 SLR 相比，由 GPS 测得的地球定向参数值长期频率稳定度不够，因此为获得更加稳定的解，需要用 VLBI 和 SLR 的解对其进行一定的改正。但 GPS 的地球定向参数解算过程要比其他两种观测手段快得多，目前只需要 3h 就可以获得地球定向参数的变化值。

近年来，随着 GNSS 基准站数量的增加，在站点数量充足且布局分布合理的情况下，GNSS 测量 EOP 的精度已经逐渐接近 VLBI 等手段，但缺点是长期频率稳定度不如 VLBI 和 SLR。因此，为获得更加稳定的解，需要用 VLBI 和 SLR 的解对其进行一定的改正，利用 GNSS 的极移测量精度可达 10μas。

IGS 的 EOP 序列根据采用星历的不同分为超快速产品、快速产品及最终产品，其数据由 IGS 分析中心发布。其 UT1-UTC 由 A 公报中最近一次测量值积分得到，极移及极移速率、日长是通过对各分析中心的结果加权平均得到的。

我国的 GNSS 虽然较欧美发展较晚，但随着我国 BDS 三代的投入运行，国内也建立了相关的数据分析中心，利用 BDS 测量 EOP 也取得一些成果，通过对 BDS 卫星数据进行分析，可以提供相关轨道参数、钟差、EOP 等。

此外，由我国主导建设的国际全球连续监测评估系统已投入运行，该系统是首个同时对四大导航卫星系统的运行状况进行监测和评估的系统[11]。国际全球连续监测评估系统通过对各系统的运行和一些关键技术指标进行监测评估，同时得到精密星历、EOP、卫星钟差参数等。在该系统的建设中，中国科学院国家授时中心承担了全部国内监测站、部分海外监测站、西安数据中心和国家授时中心分析中心的建设。依托导航卫星精密定轨平台，中国科学院国家授时中心建成了基于国际全球连续监测评估系统的世界时测量系统。

与 IGS 数据类型相似，根据所用轨道星历的差异，国际全球连续监测评估系统的 EOP 产品分为超快速产品、快速产品和最终产品。

7.2.2　世界时的服务与应用

在 7.2.1 节中介绍了目前主流的 EOP 测量技术，其中 VLBI 的测量精度高，可测定 EOP 的全部 5 个参数，因而成为目前 EOP 测量的主要技术手段。卫星轨道升交点的进动与地球自转耦合在一起无法分离，GNSS 可用于测定极移二分量与日长，日长并不与地球的自转角度直接相关，因此依靠 GNSS 技术自身并不能测定 EOP 或 ERP，但将 GNSS 的测量序列与 VLBI 测量序列进行融合处理，可有效提高 EOP 序列的时间分辨率，这对于 EOP 工程应用以及中长期预报很有益。SLR/LLR 只能测定极移二分量和日长。数字照相天顶筒可在 1ms 的精度水平上测定包括极移和 UT1 在内的 ERP，对工程应用而言已经足够。

在所有涉及天球参考架坐标与地球参考架坐标相互转换的应用场景中，都需要用到 EOP，如天文观测、卫星定位、航天器测控、火箭发射、星敏自主导航、天文定向等。

EOP 测量系统庞大，数据处理过程复杂，因此通常由专门的机构负责此项工作。国际地球自转服务是专门负责 EOP 测量与服务的国际组织，通过对全世界合作台站的观测数据进行综合处理，可以生成 EOP 序列，并通过网络为全世界用户提供服务，其产品主要包括 Bulletin A、Bulletin B、C04。

中国科学院国家授时中心于 2022 年建成了国内首套具备多数据融合与多服务手段的 EOP 服务系统，可以提供基于国内观测网络自主测量的 EOP 测量与预报产品文件。图 7.2.3 是中国科学院国家授时中心自主 UT1 实时测量产品与国际通用 IERS C04 产品的比较，偏差 DIFF_UT1 均值只有 1.06μs，偏差均方根值为 47μs，最大偏差为 95μs，可以满足大部分用户使用[12]。

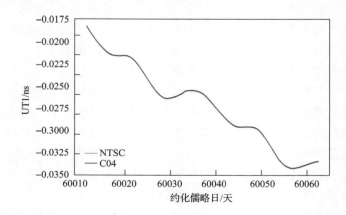

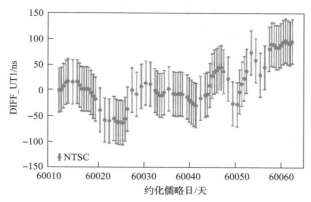

图 7.2.3　中国科学院国家授时中心测量的世界时产品与国际通用产品的比较

与 IERS 相同，中国科学院国家授时中心的 UT1 数据以文件的形式提供给用户。为了保障用户的使用，数据文件格式基本与 IERS 相同，文件内包含极移两分量、dUT1（UT1 与 UTC 之差）、岁差与章动模型改正量、各观测量的测量精度评估结果。不同的是，IERS 的公报 A 每周更新一次，中国科学院国家授时中心的 EOP 文件每天更新一次，可以保障用户获得数据的精度[13]。

7.3　思　考　题

1. 什么是天体的周日视运动？参考于恒星背景和参考于平太阳的周日视运动有什么不同？由此导出的恒星日日长与平太阳日日长之间是什么关系？

2. 简述天文时间尺度的特点，与原子时相比较，天文时间尺度的优点是什么？缺点是什么？请列举一些你所知道的天文时间尺度，并从测量精度、频率稳定度、可实现性这几方面进行比较。

3. 请比较说明世界时和原子时的特点，两种时间尺度背后的物理含义分别是什么？两种时间尺度各自的应用领域是哪些？并且列举 2 个应用实例。

4. 恒星时与世界时都是基于地球自转建立的时间尺度，其中恒星时是以什么为参考点建立的？世界时是以什么为参考点建立的？哪种时间尺度是可以通过观测直接获得的？由此导出的恒星时秒长和世界时秒长之间是什么关系？

5. 描述地球的旋转运动需要哪几个参数？这些参数中哪些是以地球本体为参考描述的？哪些是以天球背景为参考描述的？哪些是缓变量？哪些是快速变化量？

6. 目前常用的世界时测量方法有哪些？请简述不同的测量方法所采用的测量设备、参考基准、测量精度、数据特点。

参 考 文 献

[1] 叶叔华, 黄珹. 天文地球动力学[M]. 济南: 山东科学技术出版社, 2000.

[2] 李广宇. 天体测量和天体力学基础[M]. 北京: 科学出版社, 2015.

[3] 赵铭. 天体测量学导论[M]. 北京: 中国科学技术出版社, 2011.

[4] Soffel M, Langhans R. 时空参考系[M]. 王若璞, 赵东明译. 北京: 科学出版社, 2015.

[5] 夏一飞, 黄天衣. 球面天文学[M]. 南京: 南京大学出版社, 1995.

[6] 郑伟, 陈小前, 杨希祥. 天文学基础[M]. 北京: 国防工业出版社, 2015.

[7] 艾贵斌. 数字天顶摄影定位原理与方法[M]. 北京: 解放军出版社, 2014.

[8] Nothnagel A, Artz T, Behrend D, et al. International VLBI service for geodesy and astrometry[J]. Journal of Geodesy, 2017, 91(7): 711-721.

[9] Bizouard C, Lambert S, Gattano C, et al. The IERS EOP 14C04 solution for Earth orientation parameters consistent with ITRF 2014[J]. Journal of Geodesy, 2019, 93(5): 621-633.

[10] Yao D, Wu Y W, Zhang B, et al. The NTSC VLBI system and its application in UT1 measurement[J]. Research in Astronomy and Astrophysics, 2020, 20(6): 93.

[11] IGMAS.国际 GNSS 监测评估系统产品介绍[EB/OL]. http://www.igmas.org/Product/Cpdetail/detail/nav_id/4/ cate_id/36.html[2021-09-29].

[12] Petit G, McCarthy D D. IERS Conventions (2003)[M]. Frankfurt: Verlag des Bundesamts fur Kartographie und Geodasie, 2004.

[13] Petit G, Luzum B. IERS Conventions (2010)[M]. Frankfurt: Verlag des Bundesamts fur Kartographie und Geodasie, 2010.

第 8 章　脉冲星时间尺度

脉冲星是自转非常稳定的中子星，通常将自转周期小于 20ms 的脉冲星称为毫秒脉冲星。相对于其他脉冲星，毫秒脉冲星的自转频率具有更高的长期频率稳定度，被誉为自然界最稳定的天然时钟。脉冲星时是基于脉冲星自转运动建立的一种时间尺度，具有安全、可靠、长期频率稳定度高等特点。脉冲星时与原子时的物理机制不同，在性能上与原子时有很强的互补性，将脉冲星时用于原子时守时工作中，有望提高原子时的稳定性和可靠性。

8.1　脉冲星的特点与观测方法

脉冲星是高速旋转的中子星，是大质量恒星演化到晚期，核心部分的核燃料燃烧殆尽后，核心以外的星体爆炸，核心物质向中心塌缩，形成致密的中子星。脉冲星具有体积小、密度大、磁场强等特点。强磁场产生高速带电粒子，使其从磁极两端发出电磁辐射，由于磁轴与自转轴不重合，当电磁波扫过地球时，地球上的观测者就可以探测到周期性的脉冲信号。

8.1.1　脉冲星的发现

1967 年 8 月，英国剑桥大学的 Hewish 教授和他的研究生 Bell 在进行行星际闪烁观测研究时，意外接收到具有明显周期性(周期为 1.33730s)的脉冲辐射信号，并且脉冲周期十分稳定[1]。经研究确认，该脉冲辐射信号来自一种新型天体——脉冲星，当时命名为 CP1919，其中 CP 表示剑桥大学，1919 表示脉冲星的赤经。这便是第一颗脉冲星 PSR B1919+21 的发现，其脉冲周期 P 可以被精确测量到 13 位有效数字，即 $P=1.337301192269s$，并且周期变化率很小，仅为 $1.34809×10^{-15}s$ 每秒。脉冲星作为 20 世纪 60 年代天文学的四大发现之一，在之后不到 20 年的时间里，有关脉冲星的研究接连两次获得诺贝尔物理学奖，引起了全世界的轰动。

1982 年，Backer 等[2]发现了第一颗毫秒脉冲星 PSR B1937+21，其自转周期为 1.6ms，并开始了毫秒脉冲星的计时观测。观测证明，PSR B1937+21 自转周期非常稳定，其变化率仅为 10^{-20} 量级[3,4]。这颗毫秒脉冲星的发现及其高稳定度的时频特征，引起了天文学家和时频专家的高度关注。1991 年，Taylor 提出毫秒脉冲星可能是自然界最稳定的天然时钟[5]，并认为毫秒脉冲星的长期稳定度可以与原子钟相媲美。随着更多毫秒脉冲星的发现，毫秒脉冲星计时观测得到迅速发展，

有力推动了脉冲星时间尺度的研究工作。根据已经取得的脉冲星时观测研究成果,
2012 年底国际天文联合会时间专业委员会成立了脉冲星时间标准工作组,旨在推
进脉冲星时在国际时间服务中的应用研究。

8.1.2 脉冲星的特点

  脉冲星是自转非常稳定的中子星,具有体积小(半径约为 10km)、密度大(约
为 10^{14}g/cm^3)、磁场强(约为 10^{12}G)等特点。脉冲星在射电、红外、可见光、紫外、
X 射线和γ射线等电磁波频段都能产生辐射信号。因此,根据信号辐射频段和能谱
的不同,可以将脉冲星分为不同的类型,如射电脉冲星、X 射线脉冲星和γ射线脉
冲星等。根据辐射能量来源的不同,可以将脉冲星分为旋转供能脉冲星
(rotation-powered pulsar, RPP)、吸积供能脉冲星(accretion-powered pulsar, APP)和
反常 X 射线脉冲星(anomalous X-ray pulsar, AXP)等。根据脉冲周期长短的不同,
可以将脉冲星分为正常脉冲星和毫秒脉冲星。

  截至 2021 年 11 月,根据澳大利亚国家望远镜设备(Australia Telescope National
Facility, ATNF)网站公布,已发现 3177 颗脉冲星,其中毫秒脉冲星为 400 多颗,
约 70%的毫秒脉冲星处于双星系统中。通常将周期小于 20ms 的脉冲星称为毫秒
脉冲星,将周期大于 20ms 且小于 10s 的脉冲星称为正常脉冲星,将周期大于 10s
且磁场大于 10^{14}G 的 X 射线脉冲星称为反常 X 射线脉冲星。

  图 8.1.1 是脉冲星在周期与周期变化率的分布。图中用不同符号代表性质各异
的脉冲星。在图的右上部分,集中了反常 X 射线脉冲星(三角形表示)。其他均为
射电脉冲星,其中比较明显的是双星系统和左下角的毫秒脉冲星。

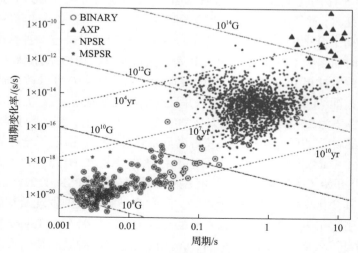

图 8.1.1 脉冲星在周期与周期变化率的分布

图 8.1.1 中有年龄线、磁场线，这是因为它们仅是周期和周期变化率的函数。脉冲星的特征年龄 (T) 可由周期与周期变化率推出，即 $T = P / 2\dot{P}$，特征年龄一般与脉冲星的真实年龄比较接近。由图 8.1.1 可知，正常脉冲星的特征年龄约为 10^7yr，其磁场强度约为 10^{12}G；毫秒脉冲星的特征年龄约为 10^9 年，磁场强度约为 10^9G。

8.1.3　脉冲双星和毫秒脉冲星

脉冲双星是指由两颗星体组成且其中一颗为脉冲星的双星系统，其在引力的作用下沿各自轨道相互缠绕运动。通过测量双星系统的几何轨道和动力学等参数，可以测定脉冲星的质量，并且可以检验爱因斯坦广义相对论的预言——引力波的存在。1974 年，Taylor 和 Hulse 在利用 Arecibo 305m 射电望远镜巡天观测中，发现了第一个脉冲双星系统 PSR B1913+16，该系统还是一个双中子星系统，Taylor 和 Hulse 利用该双星系统的长期观测间接证明了引力波的存在，并共同获得 1993 年的诺贝尔物理学奖。在射电脉冲星中，脉冲双星所占比例不超过 10%，而双中子星系统更少，目前只认证了 9 个双中子星系统。2004 年，Parkes 64m 天线发现了第一个双脉冲星系统 PSR J0737-3090，即双星系统中的两颗中子星辐射的脉冲信号都被探测到，该系统包括一个周期为 22ms 的毫秒脉冲星和一个周期为 2.27s 的普通脉冲星，这也是目前发现的唯一双脉冲星系统。

自 1982 年发现第一颗毫秒脉冲星 PSR B1937+21 以来，目前已发现 400 多颗毫秒脉冲星，约 70% 的毫秒脉冲星处于双星系统中，毫秒脉冲星通常被认为是由双星系统演化而来的，双星系统中的正常脉冲星通过吸积伴星质量来增加角动量，将脉冲星自转周期加速到毫秒量级。与正常脉冲星相比，毫秒脉冲星具有辐射流量弱、自转稳定度高、脉冲形状陡、计时观测精度高、很少发生自转频率的突变等特征，是开展脉冲星计时观测及应用研究的首选对象。

8.1.4　脉冲星的形成与辐射机制

大质量恒星演化到晚期，其核心部分的核燃料燃烧殆尽后，内部辐射压减小，强大的压力迫使核心物质向中心塌缩，形成致密的中心核。当中心核被压缩到临界值时，外面继续塌缩的物质碰到致密中心核会形成反弹激波，加上中子星刚形成时的由中微子加热形成的反弹激波，会引起核心部分以外的星体爆炸，其结果是在核心部分形成致密的中子星，核心外部则形成弥漫的星云状遗迹，称为超新星遗迹。中国古籍上曾记载了 1054 年超新星爆发事件，后来被证实爆发后留下的遗留物就是著名的蟹状星云，并于 1968 年在蟹状星云中发现了 1 颗脉冲星。脉冲星的快速自转表明它具有巨大的转动能，而且自转不断变慢，说明转动能不断地被消耗掉。脉冲星是高速自转的磁中子星，必然有磁偶极辐射。著名的磁偶极模型就是假定脉冲星所损失的自转能全部转化为磁偶极辐射。根据观测到的脉冲轮廓特性，学者在早期就提出了脉冲星磁极冠模型。该模型认为，辐射区是开放磁力线包围的锥形区域，脉冲星有两个磁极，因此有两个辐射区。强磁场产生高速带电粒子，使其从磁极两端发出电磁辐射，由于磁轴与自转轴不重合，当电磁波扫过地球时，地球上的观测者就可以探测到周期性的脉冲信号，这种现象也称为灯塔效应。脉冲星辐射模型如图 8.1.2 所示。高频辐射区在辐射锥的下面部分，而低频辐射区则在高频辐射区之上。一般认为，辐射区的高度是随频率的增加而下降的，辐射锥角随频率的增加而减小。

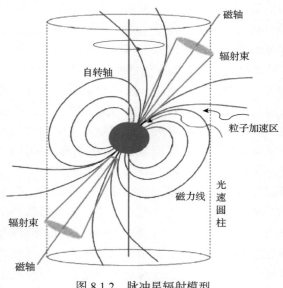

图 8.1.2　脉冲星辐射模型

8.1.5　脉冲星的观测方法

目前能观测到的脉冲星信号极其微弱，脉冲星辐射信号的频带非常宽，从射电（最低 30MHz）、光学、X 射线到γ射线波段（最高 200GeV）都能探测到脉冲星辐射信号，图 8.1.3 给出了多颗脉冲星不同波段辐射的脉冲轮廓。

1. 脉冲星观测

脉冲星的辐射极其微弱，要求射电望远镜有很高的灵敏度，建造大型天线、降低接收机系统噪声和增加接收机的频带宽度是提高射电望远镜灵敏度的重要方法。但是，如图 8.1.4 所示，脉冲星辐射受星际介质色散的影响，只能采用很窄的频带宽度，而且需要采用消色散技术来改善或消除该影响，以提高对脉冲星的观测能力。

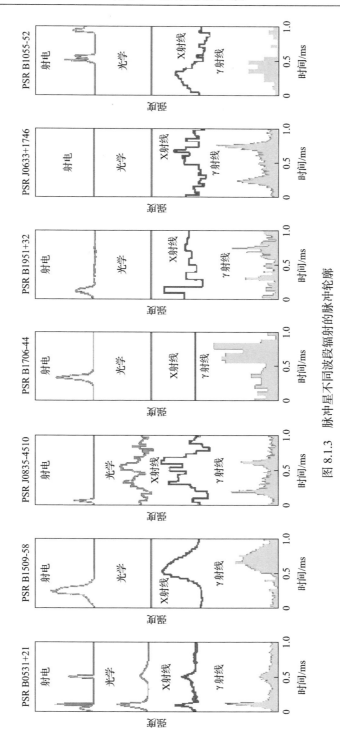

图 8.1.3　脉冲星不同波段辐射的脉冲轮廓

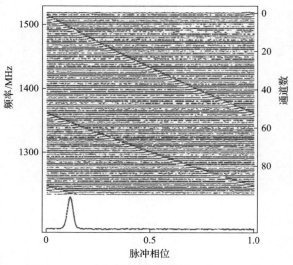

图 8.1.4   不同观测频率下脉冲星信号延迟[6]

1）射电望远镜观测灵敏度

目前，对脉冲星的观测研究主要集中在射电波段，射电望远镜是脉冲星的主要观测设备。脉冲星在射电波段的辐射一般呈幂律谱，其流量 S_ν 与观测频率 ν 满足 $S_\nu \propto \nu^a$，谱指数 a 的平均值为–1.6，即频率越高辐射流量越少，因此一般选择较低频率的脉冲星进行观测，但是由于射电望远镜在低频波段接收机的有效观测带宽较窄，低频引起的色散时延较大且无线电干扰强等因素，会降低观测的脉冲轮廓信噪比，所以脉冲星计时观测的频率也不宜太低，一般选择 1.5GHz 频段左右进行脉冲星计时观测。脉冲星在 1.5GHz 的辐射微弱，其辐射流量范围为 0.001～10Jy，且脉冲星具有很强的线偏振，有些脉冲星线偏振度为 100%。基于脉冲星的辐射特性，脉冲星观测对射电望远镜的系统性能要求很高，射电望远镜脉冲星观测灵敏度公式为

$$S_{\min} = \beta \frac{(S/N)T_{\text{sys}}}{G\sqrt{n_p t_{\text{int}}\Delta f}}\sqrt{\frac{W}{P-W}} \tag{8.1.1}$$

式中，S/N 是观测脉冲信号的信噪比；β 是由低比特量化导致的流量损失因子，若采用 1bit 量化，则 $\beta = \sqrt{\pi/2}$；T_{sys} 是天线系统温度；G 是天线增益（与天线的口径和效率有关）；n_p 是观测馈源极化数；t_{int} 是观测积分时间；Δf 是接收机观测带宽；P 是脉冲星自转周期；W 是脉冲宽度。从观测灵敏度公式来看，提高射电望远镜脉冲星的观测能力，或者可以通过增大射电望远镜口径、降低接收系统温度、增加观测带宽、增加观测积分时间等来提高天线接收的灵敏度。

2）脉冲星消色散技术

脉冲星距离地球非常遥远，脉冲星辐射的射电信号通过星际介质空间到达地球，星际介质主要由中性气体组成，中性氢被电离产生大量自由电子，例如，银河系悬臂的电子数密度 $n_e \approx 0.03\text{cm}^{-3}$。电磁波经过被电离的星际介质时群速度 v_g 小于光速 c，其表达式为

$$v_g = c\left(1 - \frac{f_p^2}{f^2}\right)^{\frac{1}{2}} \tag{8.1.2}$$

式中，c 是光速；$f_p = \left(n_e e^2 / \pi m_e\right)^{\frac{1}{2}}$ 是等离子体频率，n_e 是电子密度，m_e 和 e 分别是电子质量与电荷量；f 是电磁波频率。

由式（8.1.2）可见，电磁波在星际介质中传播的速度与电磁波频率 f 有关，电磁波频率越高，传播速度越快（越接近光速）。因此，若频率为 f_1 和 f_2 的两个信号同时辐射经过星际介质，则传播距离 d 到达射电望远镜的时间是不同的。这是因为等离子体频率 $f_p \approx 2\text{kHz}$ 远小于射电望远镜观测脉冲星的频率 f（MHz 或 GHz），将两个频率信号到达时间之间的时延展开到 f_p^2 / f^2 的一阶项，频率为 f_1 和 f_2 的两个信号到达射电望远镜的时间差 $t_1 - t_2$ 可以表示为

$$t_1 - t_2 = \frac{e^2}{2\pi m_e c}\left(\frac{1}{f_1^2} - \frac{1}{f_2^2}\right)\text{DM} \tag{8.1.3}$$

将从地球到脉冲星视线方向的电子柱密度定义为色散量（dispersion management, DM），即

$$\text{DM} = \int_0^d n_e \text{d}z \tag{8.1.4}$$

同时，定义式（8.1.3）中的 $e^2/(2\pi m_e c) = 1/2.41 \times 10^{-4}$，DM 的单位是 pc/cm^3，时间 t 的单位是 s，频率 f 的单位是 MHz。由于色散效应，脉冲信号不同频率分量按不同速度传播，对于窄带宽 Δf、中心频率 f 的脉冲信号，其不同频率分量的脉冲信号到达的时间差 Δt 为

$$\Delta t = \frac{e^2}{\pi m_e c}\text{DM}\frac{\Delta f}{f^3} \tag{8.1.5}$$

这会使得带宽为 Δf 的脉冲信号变得模糊。在高色散量情况下，如果 Δt 超过

脉冲周期，将使得脉冲信号无法探测。从式 (8.1.5) 中 Δt 与 f^{-3} 之间的关系可知，采用高频观测能够缓解脉冲信号变模糊的问题。然而脉冲星辐射信号具有幂律谱特性，频率越高辐射信号强度越弱，因此通常采用低频 ($f \leqslant 2\text{GHz}$) 观测。消色散是脉冲星高精度计时观测的关键之一，消色散技术有非相干消色散技术和相干消色散技术两种。

脉冲星观测模式主要有两种：一种是搜寻观测模式，如巡天观测，主要用于搜寻发现新的脉冲星，并对已知脉冲星开展单脉冲观测研究，目前国际上的大型射电观测装置都在开展脉冲星巡天观测项目，以发现更多新的脉冲星；另一种是计时阵观测模式，对观测数据利用周期折叠积分模式，获得高信噪比的积分脉冲轮廓，通过分析脉冲信号到达时间特性来研究脉冲星自转特性。

2. 国内外脉冲星计时观测现状

国际上对脉冲星的计时观测研究已有近 50 年的历史，目前国际上主要以计时阵观测模式进行脉冲星的计时观测研究。脉冲星计时阵，就是利用一个射电望远镜对事先选定的一批自转非常稳定的毫秒脉冲星，按照设计好的观测程序，进行长期的计时观测。脉冲星计时阵的主要科学目标包括探测宇宙引力波、建立脉冲星时间标准、检测太阳系行星历表误差等。目前，国际上的脉冲星计时阵主要有以下三个。

(1) 澳大利亚 Parkes 脉冲星计时阵 (Parkes pulsar timing array, PPTA)[7]，自 2004 年开始运行，利用澳大利亚 Parkes 64m 望远镜在 10cm、20cm、50cm 三个波段，对 20 颗毫秒脉冲星进行长期观测，每 2~3 周观测一次，每颗源每次观测约 1h。

(2) 欧洲脉冲星计时阵 (European pulsar timing array, EPTA)，自 2006 年开始运行，主要天线包括德国 Effelsberg 100m、英国 Lovell 76m、法国 Nancay (等效口径 94m)、荷兰 Westerbork (等效口径 96m) 和意大利 Sardinia 64m 五台射电望远镜。

(3) 北美脉冲星计时阵 (即北美纳赫兹引力波观测站，North American nanohertz observatory for gravitational waves, NANOGrav)，自 2007 年开始运行，主要天线包括美国 Arecibo 305m 和 Green Bank 110m 两台射电望远镜。

通过国际合作，联合所有脉冲星计时阵的观测资料可以组成国际脉冲星计时阵 (international pulsar timing array, IPTA)。2016 年，IPTA 公布了第一批数据，包括 49 颗毫秒脉冲星。2019 年公布的第二批数据中包括 65 颗毫秒脉冲星，比第一批数据新增 16 颗毫秒脉冲星。随着毫秒脉冲星计时观测技术的完善和精度的提高，IPTA 有望在脉冲星时间尺度、引力波探测等研究领域取得突破性成果。

EPTA 组织将 EPTA 中 5 台射电望远镜观测数据综合组成大型欧洲脉冲星阵列 (large European array for pulsar, LEAP)，其灵敏度与 Arecibo 射电望远镜观测能力相当。未来，一批新的射电望远镜即将建设或投入运行，例如，澳大利亚平方公里阵 (Australian square kilometre array pathfinder, ASKAP) 和南美的 MeerKAT，将会大大提升南天脉冲星的观测数量和观测精度；中国的 FAST 建成后能够显著提高脉冲星的巡天能力和计时观测水平。中国参与正在建设的平方公里阵 (square kilometre array, SKA)，其观测脉冲星的能力要比现在的射电望远镜高出几百倍，还将有可能探测到黑洞双星系统中的引力波辐射。

近年来，国内在脉冲星计时观测方面取得了长足进步。1992 年，北京天文台在国内首次观测到了射电脉冲星；1996 年，新疆天文台利用 25m 射电望远镜开始脉冲星观测研究，并于 1999 年建立了多通道模拟脉冲星消色散系统，在脉冲到达时间、自行、跃变、模式变换、脉冲消零和暂现源等领域开展了相关研究；2011 年，云南天文台利用 40m 射电望远镜开始对 170 颗脉冲星进行长期计时观测；2013 年底，上海天文台 65m 射电望远镜开始脉冲星观测研究，2015 年初，中国科学院国家授时中心洛南 40m 射电望远镜开始脉冲星观测研究。2016 年 9 月，我国在贵州建成的国际上最大的单口径 (500m) 射电望远镜 FAST，将脉冲星观测列为其主要的科学任务之一，截至 2022 年 5 月，FAST 正在执行的漂移扫描多科学目标同时巡天和银道面脉冲星巡天两个项目已新发现脉冲星总计 425 颗。

8.2　脉冲星时间尺度的建立及误差分析

脉冲星是一种高速旋转的中子星，具有很高的自转稳定性，被誉为自然界最稳定的天然时钟。不同的脉冲星有不同的自转周期和脉冲轮廓，具有可识别的特征。脉冲星的自转参数和位置参数可以通过计时观测技术精确测定，利用脉冲星的自转参数和位置参数可以精确预报脉冲到达太阳系质心处的时间。基于高稳定的脉冲星自转参数建立的时间系统称为脉冲星时系统。

8.2.1　脉冲星到达时间测量

脉冲到达时间 (time of arrival, TOA) 是指观测脉冲信号到达天线的时间。脉冲到达时间的观测简单明了，但脉冲星到达时间的测量比较复杂，需要观测积分脉冲轮廓及构建模板脉冲轮廓，然后再进行脉冲星到达时间测量。

1. 观测积分脉冲轮廓

对于一些辐射流量较强的脉冲星，通过单脉冲观测模式可以直接探测到其辐射的脉冲信号。长期观测的结果表明，同一颗脉冲星的积分脉冲轮廓的形状、强度、相位一般很稳定，但单脉冲的形状、强度、相位则随时间有明显变化。在 8s 时间内观测到的脉冲星 PSR B0329+54 辐射的单脉冲轮廓，如图 8.2.1 所示。绝大多数的脉冲星辐射流量低，无法直接记录脉冲星的连续单脉冲信号，而且单脉冲信号不稳定，脉冲到达时间测量精度低。为获得高精度的脉冲到达时间测量结果，脉冲星计时观测通常采用较长的观测积分时间，结合测站坐标及原子钟时间对接收到的脉冲信号进行周期折叠，将经过消色散后的千万个脉冲取平均，构成信噪比更高的观测积分脉冲轮廓。观测积分脉冲轮廓的形状通常很稳定，是确定脉冲到达时间的基本观测数据。在脉冲星计时观测时，对于不同的脉冲星，根据其信号强度、脉冲形状和观测设备性能等因素，需要设计合适的观测积分时间，以便获得较高信噪比和较高时间分辨率的脉冲轮廓。为了满足一定的时间分辨率，在一个叠加的脉冲周期内，脉冲轮廓的采样数，即将周期叠加的脉冲信号按脉冲相位分别采样的子区间（bin）数，一般选为 1024～4096。采样数越多，脉冲轮廓的时间分辨率越高，同时可能会降低每个采样信号的信噪比。因此，观测时应该在采样数和采样信号的信噪比之间选择一个比较合适的数值。

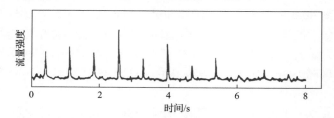

图 8.2.1　脉冲星 PSR B0329+54 辐射的单脉冲轮廓

2. 构建模板脉冲轮廓

原则上，模板脉冲轮廓采用与观测积分脉冲轮廓相同的方法建立，采用同一颗卫星在同一波段的多次观测资料，通过历元叠加构建成信噪比更高的平均脉冲轮廓。为更好地消除平均脉冲轮廓的观测噪声，可以用 von Mises 函数拟合脉冲星的平均脉冲轮廓。首先得到脉冲星脉冲轮廓的 von Mises 分量，然后将拟合得到的所有 von Mises 分量求和，得到基本不含观测噪声的模板脉冲轮廓。

Manchester 等[7]在 2013 年前后利用 Parkes 64m 射电望远镜在三个波段（10cm、20cm 和 50cm）分别对三颗毫秒脉冲星（PSR J0437-4715、PSR J1022+1011、PSR J1744-1134）进行了计时观测，并相继得到了其积分脉冲轮廓与模板脉冲轮廓。Manchester 等[7]的计时观测与拟合结果表明：①脉冲星 PSR J0437-4715 的脉冲轮廓，在 10cm、20cm 和 50cm 波段分别有 13 个、14 个和 17 个 von Mises 分量，而其他脉冲星较少，但不会少于 3 个 von Mises 分量；②即使同一颗脉冲星，其在不同波段的脉冲轮廓也是有差异的；③不同脉冲星的脉冲轮廓彼此间差异更大。有的脉冲星具有单一主脉冲，有些脉冲星的脉冲轮廓表现为多个子脉冲，且脉冲幅度、脉冲宽度也不一样。

　　所有脉冲星的模板脉冲轮廓应该在应用之前先建立，通过将观测积分脉冲轮廓与同一脉冲星同一波段事先建立好的模板脉冲轮廓进行比较，可以确定每次观测的脉冲星到达时间。为方便起见，模板脉冲轮廓一般选取脉冲轮廓特征点作为相位基准点，即作为到达时间测量参考的相位零点。当脉冲轮廓包含多个子脉冲时，往往选择信号较强、较陡峭子脉冲的尖锋作为相位基准点。在构建模板脉冲轮廓时，通常将脉冲基准点的相位设为零。对同一脉冲星而言，其积分脉冲轮廓的相位基准点与模板脉冲轮廓的相位基准点定义相同，而且积分脉冲轮廓与模板脉冲轮廓应该具有相同的采样点数（相位子区间 bin 数）。通过积分脉冲轮廓与模板脉冲轮廓的互相关分析，确定的脉冲星到达时间则是与脉冲基准点相对应的脉冲到达时间。

3. 脉冲星到达时间测量

　　虽然脉冲星的多个连续单脉冲的形状和强度各异，但在一定的积分时间内由大量脉冲积分得到的平均脉冲轮廓非常稳定。通过积分脉冲轮廓与事先建立好的模板脉冲轮廓进行比较，确定脉冲星每次观测的到达时间。图 8.2.2 以 Arecibo 305m 射电望远镜在 1410MHz 观测频率上观测的 PSR B1855+09 脉冲轮廓为例，详细说明脉冲星到达时间的测量原理[8]。

　　在图 8.2.2 中，横坐标是脉冲相位，纵坐标是归一化脉冲强度。图 8.2.2(a) 的积分脉冲轮廓和图 8.2.2(b) 的模板脉冲轮廓均包含 4096 个采样的相位子间隔，图 8.2.2(c) 是 PSR B1855 + 09 的积分脉冲轮廓与其模板脉冲轮廓的相位偏离。在观测脉冲星的积分时间内，计时观测系统记录下每次采样瞬间测站原子钟的时间，观测的第一次采样时间为积分起始时间 t_{start}。为进行历元叠加，由脉冲星计时模型计算得到观测时刻的站心周期。对于自转周期变化大的脉冲星或者轨道周期短的脉冲双星，在观测积分时间内，观测到的脉冲星周期会有明显变化，从而使得由历元叠加得到的积分脉冲轮廓变得模糊。为削弱这种影响，进行历元叠加时采用观测积分时间中间时刻的站心周期值，积分时间中间时刻与 t_{start} 的差记为 Δt_{mid}，通常 Δt_{mid} 表示为被测脉冲星的整数个脉冲周期。一般选取模板脉冲轮廓的尖锋为到达时间测量的基准点，图 8.2.2(b) 标示出了标准模板脉冲轮廓基准点相位 $\Delta \Phi_{fid}$。在构建模板脉冲轮廓时，为了方便，一般先把脉冲基准点的相位置零。图 8.2.2(c) 标示出了观测得到的积分脉冲轮廓与模板脉冲轮廓基准点之间的相位偏离 $\Delta \Phi_{off}$。设观测平均时刻的瞬时周期为 $\Delta \Phi_{inst}$，则模板脉冲轮廓基准点相位 $\Delta \Phi_{fid}$ 对应的时间偏离 $\Delta t_{fid} = \Delta \Phi_{fid} P_{inst}$，$P_{inst}$ 由脉冲星计时模型计算得到，积分脉冲轮廓与模板脉冲轮廓之间的时间偏离为 $\tau = \Delta \Phi_{off} P_{inst}$。最后，观测得到的到达时间定义为

$$t = t_{start} + \Delta t_{mid} + \Delta t_{fid} + \tau \qquad (8.2.1)$$

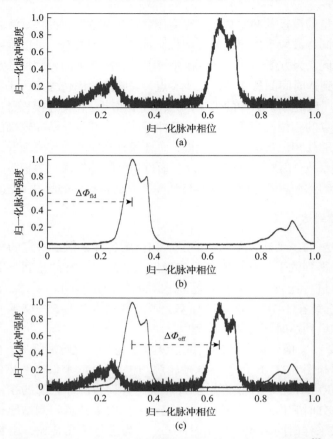

图 8.2.2　PSR B1855+09 的积分脉冲轮廓与模板脉冲轮廓[8]

　　式(8.2.1)右边前三项都有明确定义。为方便起见，通常定义脉冲轮廓的相位基准点的相位为零，则有 $\Delta t_{\text{fid}} = 0$ ，式(8.2.1)变为

$$t = t_{\text{start}} + \Delta t_{\text{mid}} + \tau \tag{8.2.2}$$

　　到达时间主要是通过积分脉冲轮廓与模板脉冲轮廓的比较精确测定 τ ， τ 确定后，利用式(8.2.2)得到的。到达时间的测量精度主要取决于 τ 的测量精度。一般通过傅里叶变换在频域内进行相关分析，从而实现到达时间的高精度测量。频域测量适合于毫秒脉冲星观测。然而，观测信噪比较高的脉冲星，在时域测量到达时间有时能够得到更可靠的结果。

　　对于同一颗脉冲星，观测得到的积分脉冲轮廓 $p(t)$ 与事先建立好的相同波段模板脉冲轮廓 $s(t)$ 的关系可以表示为

$$p(t) = a + bs(t - \tau) + g(t) \tag{8.2.3}$$

式中，a 是待定常数；b 是比例因子；τ 是时间偏离；$g(t)$ 是随机噪声。

式（8.2.3）中 $0 \leqslant t \leqslant P$，$P$ 是观测时刻脉冲星的自转周期。根据脉冲轮廓的建立方法，脉冲轮廓是用等时间间隔 Δt 采样得到的。$\Delta \tau = \Delta \Phi P$，$\Delta \Phi$ 是 M 个相等的相位子间隔，因此 $\Delta t = P/M$，采样时刻 $t_j = j\Delta t (j = 0, 1, \cdots, M-1)$。

1）到达时间的频域测量方法

到达时间测量的关键是高精度测量积分脉冲轮廓与模板脉冲轮廓的时间偏离，即式（8.2.3）中的 τ，确定后，利用式（8.2.2）得到到达时间。

通过对 $p(t)$ 和 $s(t)$ 进行离散傅里叶变换，在频域进行二者间的相关分析，可高精度地确定式（8.2.3）中 τ、a 和 b。$p(t)$ 和 $s(t)$ 的离散傅里叶变换可以表示为

$$P_k \exp(\mathrm{i}\theta_k) = \sum_{j=0}^{M-1} p_j \exp(\mathrm{i}2\pi jk/M), \quad k = 0,1,\cdots,M-1 \tag{8.2.4}$$

$$S_k \exp(\mathrm{i}\phi_k) = \sum_{j=0}^{M-1} s_j \exp(\mathrm{i}2\pi jk/M), \quad k = 0,1,\cdots,M-1 \tag{8.2.5}$$

式中，P_k 和 S_k 是傅里叶系数的幅度；θ_k 和 ϕ_k 是相位。

根据 $p(t)$ 与 $s(t)$ 关系式（8.2.3），利用傅里叶变换的线性平移特性和时域平移特性，有

$$P_k \exp(\mathrm{i}\theta_k) = aM + bS_k \exp\big(\mathrm{i}(\phi_k + k\tau)\big) + G_k, \quad k = 0,1,\cdots,M-1 \tag{8.2.6}$$

式中，随机噪声 G_k 等于时域采样噪声 $g(t_j)$ 的傅里叶变换；aM 是常数值。

计算 b 和 τ 为

$$\chi^2(b,\tau) = \sum_{k=1}^{M/2} \left| \frac{P_k - bS_k \exp\big(\mathrm{i}(\phi_k - \theta_k + k\tau)\big)}{\sigma_k} \right|^2 \tag{8.2.7}$$

式中，σ_k 是与 k 对应的频率分量的噪声，实际上，各个频率分量噪声变化很小，σ_k 可视为常数 σ。

由于傅里叶变换的对称性，式（8.2.7）右边取和范围为 $1 \sim M/2$，绝对值符号表示复数取模运算，将复数的指数式写为三角式，并计算复数的模，得到

$$\chi^2(b,\tau) = \sigma^{-2} \sum_{k=1}^{M/2} \big(P_k^2 + b^2 S_k^2\big) - 2b\sigma^{-2} \sum_{k=1}^{M/2} P_k k \cos\big(\phi_k - \theta_k + k\tau\big) \tag{8.2.8}$$

为使 $\chi^2(b,\tau)$ 最小，$\chi^2(b,\tau)$ 对 b 和 τ 的导数应等于零，即

$$\frac{\partial \chi^2}{\partial \tau} = \frac{2b}{\sigma^2} \sum_{k=1}^{M/2} kP_k S_k \sin\big(\phi_k - \theta_k + k\tau\big) = 0 \tag{8.2.9}$$

$$\sum_{k=1}^{M/2} k P_k S_k \sin(\phi_k - \theta_k + k\tau) = 0 \tag{8.2.10}$$

$$\frac{\partial \chi^2}{\partial b} = \frac{2b}{\sigma^2} \sum_{k=1}^{M/2} S_k^2 - \frac{2}{\sigma^2} \sum_{k=1}^{M/2} P_k S_k \cos(\phi_k - \theta_k + k\tau) = 0 \tag{8.2.11}$$

由式(8.2.10)采用迭代方法可计算出 τ。

由式(8.2.9)可得

$$b = \sum_{k=1}^{M/2} P_k S_k \cos(\phi_k - \theta_k + k\tau) \Big/ \sum_{k=1}^{M/2} S_k^2 \tag{8.2.12}$$

根据 $k=0$，可直接写出常数 a 为

$$a = (P_0 - b S_0) / M \tag{8.2.13}$$

b 和 τ 的方差可由式(8.2.14)和式(8.2.15)进行估计：

$$\sigma_b^2 = \left(\frac{\partial^2 \chi^2}{\partial b^2} \right)^{-1} = \frac{\sigma^2}{2 \sum\limits_{k=1}^{M/2} S_k^2} \tag{8.2.14}$$

$$\sigma_\tau^2 = \left(\frac{\partial^2 \chi^2}{\partial \tau^2} \right)^{-1} = \frac{\sigma^2}{2b \sum\limits_{k=1}^{M/2} k^2 P_k S_k \cos(\phi_k - \theta_k + k\tau)} \tag{8.2.15}$$

根据前面的讨论，计时观测的数据采样间隔 $\Delta t = P / M$，由式(8.2.4)～式(8.2.15)可以看出，这些公式中都没有出现 Δt，也就是说，采用傅里叶变换的到达时间测量方法，τ、b 和 a 的解与 Δt 无关。

2)到达时间时域测量方法

令 $p(i)$ 为脉冲星的观测积分脉冲轮廓时间序列，$s(i)$ 为同一脉冲星同一观测波段的模板脉冲轮廓时间序列，其中 i 表示第 $i(i = 0, 1, \cdots, m)$ 个采样数据点。n 是采样点数。积分脉冲轮廓相对于模板脉冲轮廓时延为 j 个采样间隔的互相关系数 $R(j)$ 的计算公式为

$$R(j) = \frac{\sum\limits_{i=1}^{n-j} p(i+j) \cdot s(i)}{\sqrt{\sum\limits_{i=1}^{n-j} p(i+j)^2} \cdot \sqrt{\sum\limits_{i=1}^{n-j} \cdot s(i)^2}} \tag{8.2.16}$$

当 $R(j)$ 取最大值时，j 个采样间隔即为两时间序列间的时延量。采样间隔通

常为脉冲相位间隔 $\Delta\Phi$，观测时刻脉冲星的自转周期为 P，则积分脉冲轮廓相对于模板脉冲轮廓的时延量为 $\Delta t = j\Delta\Phi P$。该方法所能达到的测量精度即为采样间隔大小。若利用高斯线形函数或洛伦兹线形函数对互相关序列进行拟合，可使测量精度提高到采样间隔的 50%。

　　脉冲星到达时间的频域测量方法或时域测量方法在应用时应该根据脉冲轮廓的形状、信噪比等实际情况进行具体分析。对于同样的积分脉冲轮廓和模板脉冲轮廓，频域测量误差比时域测量误差小。但最好还应该利用实际资料研究这两种测量方法之间是否存在系统误差，以便确定哪种方法更适合于特定的脉冲星观测资料。

　　增加到达时间观测的积分时间，能够提高到达时间观测精度。实际观测结果表明，脉冲星参数拟合后计时残差弥散度（均方根）与到达时间观测积分时间的平方根成反比。计时残差一般指的是实际测得的脉冲到达时间与理论模型计算得到的到达时间的差值。图 8.2.3 给出了两颗脉冲星的残差弥散度与到达时间对应轮廓积分时间关系[8]，图中实线表示实际观测结果，虚线表示理论结果，虚线的斜率为–1/2，说明影响计时残差的因素主要表现为白噪声特性。

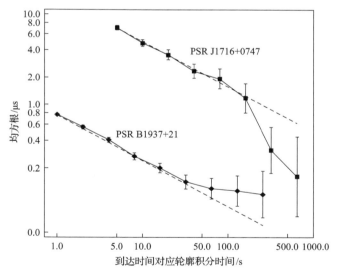

图 8.2.3　残差弥散度与到达时间对应轮廓积分时间关系[8]

8.2.2　脉冲星到达时间分析模型

　　脉冲星的脉冲到达时间转换模型（也称为到达时间转换模型）是描述脉冲星脉冲到达天线的时刻和脉冲星在惯性坐标系中脉冲信号辐射特征关系的理论模型。利用地面射电望远镜对脉冲星进行长期计时观测，可以得到一系列脉冲到达天线时刻的数据，脉冲星钟模型参数就是通过分析一系列到达天线的时间来确定的。由于地固坐标系不是一个惯性坐标系，一般选择太阳系质心参考坐标系作为基本参考坐标系进行计时分析。因此，需要将测站到达时间转换到太阳系质心（solar system barycentric, SSB）处的到达时间，以消除外界对脉冲信号的时延影响，只留下能够反映脉冲星本征辐射特性的信号特征，通过研究分析来确定脉冲星钟模型。在到达时间转换过程中主要包括几何时延、引力时延、相对论时延（地球时转换到质心坐标时）、色散延迟等，脉冲到达时间转换模型为

$$T_{\text{SSB}} = T_{\text{obs}} - \Delta_{\text{clock}} - \Delta_R - \Delta_S - \Delta_E - \Delta_A - \Delta_D \tag{8.2.17}$$

式中，T_{SSB} 是脉冲星的脉冲到达太阳系质心处的时间；T_{obs} 是脉冲到达测站的时间（以测站原子钟为参考时间）；Δ_{clock} 是观测参考时间校准项；Δ_R 是 Roemer 时延，即地球相对于太阳质心运动引起的几何时延；Δ_S 是引力时延，由于太阳系内大质量天体引起时空弯曲而带来的额外时延；Δ_E 是爱因斯坦时延，即相对论时延（地球时转换为质心坐标时的时延）；Δ_A 是地球大气延迟；Δ_D 是色散时延，即观测的信号在星际介质中传播时相对于在真空中传播的时延。

1）参考时间校准

脉冲到达时间转换模型中第二项为观测参考时间校准项 Δ_{clock}，脉冲星信号到达时间的记录以测站本地原子钟为参考，其精度为微秒量级，尚不能满足高精度脉冲星计时需求。在实际脉冲星计时研究中，为避免本地钟波动的影响，需要将本地钟时间改正到地球时（terrestrial time, TT）。一般而言，首先将测站本地原子钟通过远程比对与时间实验室保持的 UTC(k) 进行同步，然后通过国际时间比对链路与协调世界时 UTC 或国际原子时 TAI 同步，最后归算到 TT 系统，或者采用 GPS 共视时间比对方法，将测站本地原子钟改正到 GPST，再改正到 TAI 和 TT 系统。

2）几何时延

真空中脉冲到达测站与脉冲到达太阳系质心处的时延差称为几何时延。测站随地球绕太阳做周年轨道运动，当地球靠近或远离脉冲星时，脉冲到达测站的时间由于地球公转运动会有周年性的变化，其表达式为

$$\Delta_R = -\frac{1}{c} r \cdot n - \frac{r^2 - (r \cdot n)^2}{2cR_0} \tag{8.2.18}$$

式中，c 为光速；n 为太阳系质心到脉冲星的方向矢量；r 为质心天球参考坐标系（barycentric celestial reference system, BCRS）中测站相对于太阳系质心的位置矢量，可分解为测站相对于地心矢量 r_{EO} 与地心相对于太阳系质心矢量 r_{SSB} 之和，

r_{SSB} 可以通过太阳系行星历表如 JPL（美国喷气动力学实验室）DE421 计算获得；R_0 为脉冲星相对于太阳系质心的距离。式(8.2.18)中第一项通常称为 Roemer 时延，第二项称为视差项。

3）引力时延

脉冲到达时间受太阳和太阳系内天体引力作用产生的引力时延，也称为太阳系 Shapiro 时延，其表达式为

$$\varDelta_S = -\sum_{k=1}^{\mathrm{PB}_{ss}} \frac{2GM_k}{c^3} \ln \left| \frac{n \cdot r_k + r_k}{2R_0} \right| + \varDelta_{\mathrm{sh2}} \tag{8.2.19}$$

式中，PB_{ss} 是太阳系大行星数；G 是牛顿引力常数；M_k 是第 k 个行星质量；r_k 是测站相对于第 k 个行星的矢量；$|r_k|$ 是该矢量的模；$\varDelta_{\mathrm{sh2}}$ 是太阳的 Shapiro 时延二阶项，其表达式为

$$\varDelta_{\mathrm{sh2}} = \frac{4G^2 m_\odot^2}{c^5 r_\odot \tan\psi \sin\psi} \tag{8.2.20}$$

式中，$m_\odot$ 是太阳质量；$r_\odot$ 是测站到太阳的距离；ψ 是太阳和脉冲星相对测站的张角。

脉冲星计时中最大的 Shapiro 时延项由太阳引起，最大值约为 120μs，木星引起的最大 Shapiro 时延约为 200ns。目前，在脉冲星计时分析中考虑了太阳、金星、木星、土星、天王星、海王星的一阶引力时延项，以及太阳的二阶引力时延项，太阳的二阶引力时延最大值达到 9.1ns。下面以 PSR J0437-4715 为例计算太阳系内天体的引力时延影响，图 8.2.4 为太阳对 PSR J0437-4715 到达时间观测引起的 Shapiro 时延，横坐标是约化儒略日，纵坐标是 Shapiro 时延。

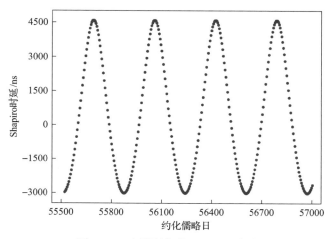

图 8.2.4　太阳引起的 Shapiro 时延

4) 爱因斯坦时延

太阳系质心参考坐标系是脉冲星计时分析的基本参考坐标系, 根据脉冲星计时原理, 需要将观测站到达时间转换到太阳系质心处, 将进行地心参考坐标系与太阳系质心参考坐标系之间的时空坐标转换。一般来说, 空间坐标的相对论长度收缩量级很小, 在目前的脉冲星计时分析中, 空间坐标转换的相对论改正值约为200ps, 在目前计时观测的精度下, 该项改正可以忽略不计。

参考坐标系的相对论转换关键是时间坐标转换问题, 即观测参考时间地球时到质心坐标时 (barycentric coordinate time, TCB) 的转换。首先需要将地球时转换到地心坐标时 (geocentric coordinate time, TCG), 再转换到质心坐标时[9]。在脉冲星计时观测到达时间资料分析中, 地球时转换到地心坐标时、地心坐标时转换到质心坐标时都需要遵循国际上规定的标准算法。在实际应用中, 为方便起见, 通常将地心坐标时到质心坐标时转换事先计算好, 制作成地球时间历表。目前, 国际上脉冲星计时分析软件系统 Tempo2 采用的是由 JPL DE405 计算得到的地球时间历表。如果需要进一步提高地球时间历表的精度, 最好利用高精度新版本 JPL DE系列行星历表, 重新分析研究新的地球时间历表。

5) 色散时延

电磁波在传播过程中受到星际介质的干扰, 不同频率的电磁波经过星际介质后产生的时延不同。在计时分析中, 色散时延包括星际介质色散时延和太阳系内色散时延两个方面。

(1) 星际介质色散时延。

脉冲星观测时射电望远镜的观测中心频率和带宽是固定的, 由于地球自转及公转的轨道运动使接收到的脉冲信号频率有多普勒频移, 所以在轨道的不同点上接收到的频率是变化的。频率的变化导致因星际介质色散引起的时延也在发生变化, 故在地球轨道不同位置上所受到的星际介质色散的影响是不同的。电磁波在星际介质中传播相对于真空中传播的时延为

$$\Delta_{D-D\oplus} = \frac{e^2}{2\pi m_e c} \frac{\mathrm{DM}}{f_{\mathrm{SSB}}^2} = \frac{D}{f_{\mathrm{SSB}}^2} \qquad (8.2.21)$$

式中, f_{SSB} 为太阳系质心参考架中的脉冲星观测频率。

地球轨道运动产生的多普勒效应导致射电望远镜实际观测频率与 f 不同, 二者之间的关系式为

$$f_{\mathrm{SSB}} = \left(1 + \frac{\mathrm{d}\Delta_R}{\mathrm{d}t} + \frac{\mathrm{d}\Delta_E}{\mathrm{d}t}\right) f \qquad (8.2.22)$$

式中, f 为接收机观测中心频率; 等号右边第二项为 Roemer 时延的变化率 (约为

10^{-4}），即地球轨道运动引起的多普勒项；等号右边第三项为爱因斯坦时延变化率，为二阶相对论修正和引力红移之和，其大小约为 10^{-8}。

（2）太阳系内色散时延。

由于太阳风电子的存在，脉冲星发出的射电信号在穿过行星际介质时会产生色散效应，太阳风引起的色散量计算公式[10]为

$$\mathrm{DM}_\oplus = \int_0^\infty n_0 \left[\frac{1\mathrm{AU}}{r(s)} \right]^2 \mathrm{d}s = n_0 (1\mathrm{AU})^2 \frac{\rho}{|r|\sin\rho} \tag{8.2.23}$$

式中，AU 为天文单位，数值取地球和太阳之间的平均距离；$|r|$ 为太阳到观测站的距离；ρ 为脉冲星-太阳-观测站三者之间的夹角；n_0 通常取值为 $4\mathrm{cm}^{-3}$。

太阳系内色散时延为

$$\varDelta_{D\oplus} = \frac{\mathrm{DM}_\oplus}{2.14\times10^{-16}\mathrm{cm}^{-3}\mathrm{px}} (f_{\mathrm{SSB}})^{-2} \tag{8.2.24}$$

脉冲星计时模型中总的色散时延为式（8.2.21）与式（8.2.24）之和，即

$$\varDelta_D = \varDelta_{D-D\oplus} + \varDelta_{D\oplus} \tag{8.2.25}$$

6）大气时延

电磁波传播的群速度在大气层中与真空中不同，主要由大气层中的电离部分（主要在电离层）和中性部分（主要在对流层）引起。对流层部分的影响又可分为"流体静力学的"和"湿的"部分。其中，大气时延的 90% 是由流体静力学部分引起的，流体静力学部分引起的时延公式[11]为

$$\varDelta_{\mathrm{hz}} = \frac{\dfrac{P}{43.921\mathrm{kPa}}}{c\left[1 - 0.00266\times\cos\varphi - \left(\dfrac{3.6\times10^6\mathrm{m}}{H} \right) \right]} \tag{8.2.26}$$

式中，$\varDelta_{\mathrm{hz}}$ 为流体静力学部分引起的时延项；P 为表面大气压强；φ 为观测站的地理纬度；H 为观测站的海拔。

对流层中"湿的"部分引起的时延很小，且其时延数值变化比较大，无法进行精确预报。

7）脉冲星双星系统引起的时延

在脉冲星时的研究中，最好利用自转稳定性好的毫秒脉冲星，但是 70% 的毫

秒脉冲星处于双星系统中，在进行计时研究时，其处于双星系统中，产生了一些额外的时延影响，增加了计时模型的复杂性，需要计算双星轨道引起的时延。脉冲双星轨道引起的时延的计算公式为

$$\Delta_B = \Delta_{RB} + \Delta_{SB} + \Delta_{EB} + \Delta_{AB} \tag{8.2.27}$$

式中，Δ_B 是脉冲双星轨道引起的总时延量，主要包括双星轨道运动引起的 Roemer 时延 Δ_{RB}、引力时延 Δ_{SB}、爱因斯坦时延 Δ_{EB} 以及光行差时延 Δ_{AB}。现有的双星理论模型有十几种，它们分别对应不同类型的双星轨道特性，考虑了不同阶数的相对论效应。

澳大利亚 Parkes 天文台脉冲星团组给出了计时精度为 1ns 的到达时间转换模型，各修正项的详细介绍请参考 Tempo2 的相关文献[12]。该模型的精度满足国际上新一代大型射电望远镜的计时观测需求，如平方公里阵，其脉冲星观测精度优于 10ns。

8.2.3　脉冲星计时的主要误差

脉冲星计时的误差来源于多个方面，它们之间存在复杂的相互影响关系。脉冲星计时的误差主要有计时观测误差、色散误差、参考时间误差、太阳系行星历表误差和脉冲星计时噪声引起的误差。

1）计时观测误差

脉冲星计时观测误差主要是由脉冲星本征特性和观测设备决定的，与脉冲轮廓宽度 W 成正比，与脉冲轮廓信噪比 S/N 成反比。脉冲星计时观测误差的估计公式[13]为

$$\sigma_{\mathrm{rms}}(\mathrm{s}) = \frac{(\Delta t)^{3/2} T_k}{(B \cdot \tau \cdot P)^{1/2} <S> G_t} \tag{8.2.28}$$

式中，Δt 是脉冲半宽（单位 s）；P 是脉冲周期（单位 s）；T_k 是射电望远镜的系统温度；$<S>$ 是平均流量密度（单位 Jy）；G_t 是射电望远镜增益（单位 k/Jy）；B 是观测带宽（单位 Hz）；τ 是观测积分时间（单位 s）。

从式(8.2.28)可以看出，要想提高观测精度，减小观测误差，可以通过提高天线灵敏度、增加观测带宽、增加观测积分时间来实现。在观测源的选择方面，可以选择一些流量较强、脉冲轮廓较窄的观测源，以便获得满意的观测精度。

脉冲星到达时间是由积分脉冲轮廓与模板脉冲轮廓进行互相关分析确定的，每个到达时间的测量误差由采用的时域测量方法或频域测量方法给出。

2）色散误差

观测表明，有些脉冲星的色散量随时间缓慢变化，这种变化可能是由电离星

际介质的湍动引起的。这种长期变化应该予以考虑，否则将会影响脉冲星参数的拟合误差。为估计 DM 变化，将它表示为时间 t 的变量 $DM(t)$，利用多波段观测估计 $DM(t)$，并在方法中对估计值进行平滑[14]。实验表明，如果计时残差还包含与观测波段无关的影响因素，如计时观测参考时间误差等，称为公共参数，则需同时拟合公共参数与 $DM(t)$；反之，忽略该公共参数，单独估计 $DM(t)$，将会影响 $DM(t)$ 估计值的准确性。

3）参考时间误差

根据时间系统建立原理，时间系统的建立需要进行参与时间系统的守时钟之间的相互比对，确定比对时刻的钟差，进而确定钟模型参数及其噪声特征。脉冲星钟模型是利用脉冲星地面射电望远镜观测数据，通过计时分析建立的。以建立脉冲星钟模型为目的的脉冲星计时观测，不仅需要高的到达时间观测精度，还需要有高精度的时间基准作为参考。参考时间本身的误差会直接影响脉冲星钟模型参数的精度，因此脉冲星钟模型的建立必须选用最高精度的时间基准。目前，一般选用地球时作为脉冲星计时观测的参考时间基准。地球时是在国际原子时基础上利用多年的大量守时原子钟资料和频率基准钟数据，采用事后处理方式计算获得的，进一步消除了国际原子时系统的误差，由国际权度局每年计算更新一次，因而地球时比国际原子时更适合于脉冲星计时应用。

4）太阳系行星历表误差

在进行脉冲星计时研究中，将测站观测的到达时间转换到太阳系质心处时，需用到太阳系行星历表，目前常用的太阳系行星历表有 DE200、DE405 和 DE414 等版本，不同版本的太阳系行星历表，其精度和适用范围也不同。其中，DE200 包括章动，但不含岁差，适用范围为 1599~2169 年；DE405 包括章动和岁差，适用范围为 1949~2050 年，DE414 适用范围为 1599~2201 年。由不同太阳系行星历表得到的地球到太阳质心处的距离存在很大差异，对到达时间转换的影响显著。图 8.2.5 为不同太阳系行星历表（DE414~DE200）对三颗脉冲星（PSR J0437-4715、PSR J0711-6830、PSR J1713+0743）Roemer 时延的影响。图中横坐标是约化儒略日，纵坐标是 Roemer 时延之差。

虽然不同太阳系行星历表之间的差别很大，但是利用不同太阳系行星历表进行计时分析时，计时拟合后残差的差别并不明显，尤其是 DE405 与 DE414，因为在计时拟合中不同 DE 历表的差别，有相当部分被拟合的脉冲星参数（包括位置和自转参数）吸收了。下面利用澳大利亚 Parkes 64m 射电望远镜对 PSR J1713+0747 的观测数据进行计时分析，研究不同太阳系行星历表对脉冲星计时结果的影响，在计时分析时，对脉冲星的位置和自转参数进行了拟合。

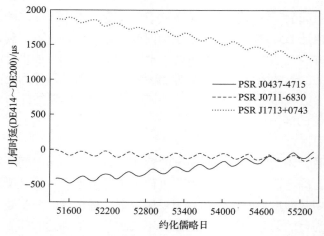

图 8.2.5　太阳系行星历表 DE414～DE200 对 Roemer 时延影响之差

表 8.2.1 给出了利用三种不同太阳系行星历表对 PSR J1713+0747 进行计时分析得到的计时残差均方根值（RMS）和拟合参数的比较。从结果可以看出，不同太阳系行星历表对计时残差的影响并没有它们本身差别那么大，这是因为在拟合过程中太阳系行星历表的某些误差被拟合参数吸收，影响了脉冲星参数的准确性。还可以看出，采用 DE414 拟合后的残差比 DE200 的弥散度小得多，这是因为 DE414 的精度较早期历表 DE200 有了明显改进。

表 8.2.1　利用三种不同太阳系行星历表的计时分析结果

PSR J1713+0747	DE200	DE405	DE414
RA	17:13:49.531509(2)	17:13:49.5326282(8)	17:13:49.5325445(8)
DEC	+07:47:37.49976(7)	+07:47:37.50160(2)	+07:47:37.49993(2)
F0	218.8118404410053(2)	218.81184044143597(9)	218.81184044143634(9)
F1	$-4.08882(9) \times 10^{-16}$	$-4.08381(3) \times 10^{-16}$	$-4.08384(3) \times 10^{-16}$
RMS/μs	0.704	0.253	0.234

5）脉冲星计时噪声引起的误差

脉冲星计时残差为脉冲预报到达时间与观测到达时间之差，如果脉冲星钟模型预报足够准确，则计时残差表现为白噪声谱。脉冲星本身自转不稳定性等的影响，使得计时结果中出现一些无法用模型拟合的残差，即残差不表现为白噪声谱，而在残差中存在明显的红噪声，称为计时噪声[15]。普通脉冲星表现有明显的计时噪声，如图 8.2.6 所示。不同脉冲星计时噪声表现形式不同[16]。脉冲星计时残差的不规则性主要有两类：①周期跃变，即脉冲星的自转周期有突然的跳变；②计时噪声，其残差主要表现为低频红噪声。脉冲星计时噪声的本质来源是什么，这

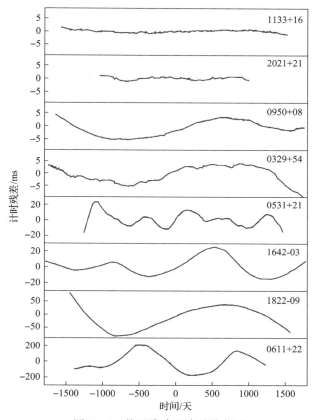

图 8.2.6　普通脉冲星计时噪声图

个问题现在还不太清楚，可能是由外部因素引起的，也可能来源于中子星内部。外部因素是多种多样的，包括星系并合产生的引力波对脉冲星信号的调制、球状星团的加速引力、轨道运动的扰动、伴星的星风的影响、脉冲星的进动、星际介质色散量的变化、星际闪烁效应、太阳系行星历表的误差、地球无线电干扰和钟的误差等。排除这些外部因素的影响后，其内部因素的来源是什么？较早的研究认为计时噪声可能来自随机游走过程。后来某位研究者的工作表明：蟹状星云脉冲星(Crab)的时间噪声符合自转频率的随机游走，然而另一小组的研究者对此并不认同。还有研究小组提出计时噪声不能都归为随机游走过程。蟹状星云脉冲星的计时噪声具有准周期振荡特性。有学者提出，这可能是由于脉冲星内部超流晶格的振荡，而另外的学者则认为是固体核与壳层之间相对运动的振荡形式。目前，人们普遍认为，计时噪声与脉冲星内部的超流过程、内部温度的变化以及磁层中的过程有关。毫秒脉冲星的计时噪声很小这个特点非常重要，只要应用大型射电望远镜、优质接收机以及强有力的消色散终端观测毫秒脉冲星，就可以获得测量精度特别高的脉冲到达时间。

8.3　综合脉冲星时间尺度

脉冲星到达时间测量过程就是脉冲星钟与参考原子时之间的时间比对过程。但由观测到的脉冲星到达时间并不能直接得到脉冲星钟与参考原子时之间的钟差，必须利用脉冲星计时数据处理技术消除各类系统性效应的影响，可获得脉冲星钟与参考原子时之间的钟差值。任何守时钟都具有不可忽略的噪声，由多个守时钟构成与维持的综合时间尺度能够更好地消除各类噪声的影响，因而综合时间尺度比任何单个时钟具有更高的频率稳定性。与原子钟守时、构建和维持综合原子时类似，利用多颗脉冲星的射电计时观测，可以建立与维持具有更高频率稳定度的综合脉冲星时。

8.3.1　脉冲星时定义

对一个具体的脉冲星而言，由其形成的脉冲星时可用脉冲星钟模型表示，脉冲星钟模型描述的是任意时刻的脉冲星自转相位，其公式描述如下：

$$\phi(t) = \phi_0 + v(t - t_0) + \frac{1}{2}\dot{v}(t - t_0)^2 + \cdots \tag{8.3.1}$$

式中，$\phi(t)$ 是脉冲星 t 时刻的自转相位；ϕ_0 是参考历元 t_0 时刻脉冲星的相位；v 和 $\dot{v}$ 分别是脉冲星在参考历元时刻的自转频率和自转频率的一阶导数；t 是脉冲星在太阳系质心参考坐标系中质心坐标时时间尺度下的时间。

一般情况下，毫秒脉冲星自转模型只包括自转频率的一阶导数。毫秒脉冲星自转频率的二阶及以上高阶导数非常小，目前还无法精确测量，可以忽略不计。正常脉冲星自转频率二阶及以上高阶导数是可测量的。

脉冲星时的建立过程即是脉冲星钟模型参数精确测量的过程，脉冲星钟模型的高精度测量主要依赖地面射电望远镜的脉冲星计时观测手段。首先利用射电望远镜观测获得脉冲到达天线的时间；将到达天线的时间转换为到达太阳系质心处的时间；然后与脉冲星钟模型预报的脉冲到达太阳系质心处的时间进行比较，得到计时残差，即脉冲星时与地球时之差，如图 8.3.1 所示。最后通过拟合计时残差，得到高精度的脉冲星自转参数和天体测量参数，此过程即更新了脉冲星钟模型参数。

与脉冲星时相比，原子时短期频率稳定度高，但长期频率稳定度往往不如脉冲星时。脉冲星时长期稳定度的优势提供了检验、评价并改进原子时系统长期性能的一种手段，二者具有互补性。图 8.3.2 表明脉冲星时长期稳定度比原子时 TA（A.1）好[11]。图中还给出了原子钟 HP0343 与美国海军天文台主钟 MC2 钟差序列以及 TA(PTB)-TA(A.1) 短期稳定度。

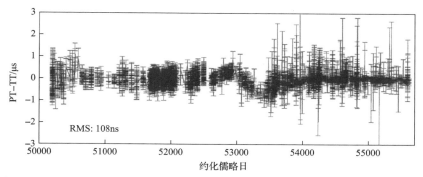

图 8.3.1 PSR J0437-4715 建立的脉冲星时(PT)与地球时(TT)之差(数据来自 IPTA)

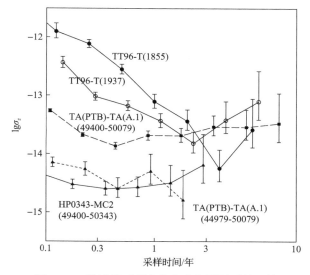

图 8.3.2 脉冲星时频率稳定度与原子时的比较

8.3.2 综合脉冲星时算法

单颗脉冲星定义的脉冲星时受原子时误差、行星历表的不确定性、星际介质散射、宇宙初始背景引力波、脉冲星自身的不稳定性等影响,其稳定度还不够高。除了原子时本身的噪声、行星历表误差、背景引力波影响外,可以认为其他噪声源对不同的脉冲星是相互独立的。因此,可以通过利用多颗脉冲星定义的脉冲星时 PT_i 加权平均建立综合脉冲星时 PT_{ens} 来消除独立噪声源的影响。由多颗脉冲星的计时观测建立综合脉冲星时,可有效提高脉冲星时间尺度的精度,这与利用大量原子钟守时资料建立综合原子时的方法类似,目前关于综合脉冲星时的算法有以下几种。

1. 加权平均算法

脉冲星计时观测到达时间采样通常都是非等间隔的。采用加权平均算法构建综合脉冲星时,首先需要对脉冲星计时残差,即脉冲星时 PT_i 与参考原子时(atomic time, AT)比对的时间序列 $AT-PT_i$ 进行平滑和内插,以便得到等时间间隔采样的 $AT-PT_i$ 时间序列。数据平滑的目的是滤掉白噪声,因为原子时白噪声很低,主要是低频波动,而 PT_i 主要表现为白噪声,所以应该先估计每颗脉冲星 $AT-PT_i$ 时间序列的白噪声水平,然后采用相应的平滑和内插方法得到等间隔采样的 $AT-PT_i$。内插得到的 $AT-PT_i$ 必须保留需要的低频信号,并用来构建综合脉冲星时 $AT-PT_{ens}$。

构建综合脉冲星时算法的出发点是获得最好的长期频率稳定度,因此综合脉冲星时 PT_{ens} 应该是每颗脉冲星 TP_i 的加权平均;权重的选取应该以每颗脉冲星时 PT_i 的长期稳定度为依据;尽量避免由残差的系统性趋势引入的不必要噪声。

PT_{ens} 可以表示为

$$AT-PT_{ens} = \sum_i W_i \cdot (AT-PT_i) \tag{8.3.2}$$

式中,权重 W_i 应该反比于该脉冲星的长期频率稳定度,脉冲星的频率稳定度用 $\sigma_z(\tau)$ 估计。如果参加综合的脉冲星时 PT_i 数量足够多,则最好采用 N 角帽方法计算 PT_i 的不稳定度。所有脉冲星时 PT_i 的权重 W_i 应该进行归一化。

在计算综合脉冲星时的时候,最好利用原始的到达时间观测数据,并且用统一分析模型来处理,以便保证 PT_i 的一致性。如果仅能得到拟合后的残差数据,应该同时获得模型参数,以便核对所使用的模型之间是否有差异。特别是对于同一颗脉冲星,应该消除由不同观测站观测获得的观测资料之间的偏差。残差中残余的确定性的趋势应该仔细分析,找出原因并酌情消除。当进行综合处理时,应该根据实际算法要求,对计时残差进行适当的预处理,一般情况下,采用等间距的资料是方便和合适的。为达到最好的效果,应尽量注意以下方面。

(1)参加综合的脉冲星应具有尽量高的自转稳定度。

(2)到达时间观测具有尽量高的精度。

(3)要有相当数量的脉冲星参加综合。

(4)到达时间数据跨度要足够长。

(5)参考的原子时标准具有好的长期稳定度。

(6)测站钟与参考时间 TAI 之间要有尽量高的时间传递精度。

(7)分析模型和相关修正要采用最合适的模型与理论,分析模型本身误差应该比到达时间测量误差小一个量级。

(8) 脉冲星计时观测需要采用最佳的数据采集系统及数据处理系统。

新毫秒脉冲星的发现和投入观测或者已观测过的脉冲星出于某种原因中断了观测，将引起参加综合的脉冲星数目的增减，为避免综合的脉冲星数目增减导致的时间阶跃，当脉冲星数目有变化时，应加一项改正值 a，使得

$$\mathrm{AT} - \mathrm{PT}_{\mathrm{ens}} = \mathrm{AT}(t + \delta t) - \left[\mathrm{PT}'_{\mathrm{ens}}(t + \delta t) + a\right] \tag{8.3.3}$$

式中，$\mathrm{PT}'_{\mathrm{ens}}$ 是脉冲星数目变化后计算得到的新综合脉冲星时；a 是 $\mathrm{PT}'_{\mathrm{ens}}$ 与脉冲星数目变化之前计算的 $\mathrm{PT}_{\mathrm{ens}}$ 的差值。与原子时时间尺度的算法不同，对脉冲星时不需要进行频率改正，因为在 PT_i 中已经消除了频率变化的系统性趋势。

2. 小波分析算法

利用经典加权算法对脉冲星时的综合时的每一颗脉冲星只能赋一个权值，无法兼顾同一脉冲星时的长期稳定度和短期稳定度，因此该算法存在一定的缺陷。建立在小波分析基础上的综合脉冲星时算法，是把脉冲星计时残差中的脉冲星时信号在小波域进行分解，提取出不同频率范围的分量，然后用小波方差表征脉冲星时信号在不同频率范围内的稳定度，据此对信号进行加权平均[17]。

对时频分析来说，用得最多的就是傅里叶变换，但是傅里叶变换是全域的，不能提供时间与频率的相关信息。为克服这个缺点，引进了窗口傅里叶变换，窗口傅里叶变换在时域和频域内均有局域化功能，但其时域窗口和频域窗口的大小是固定不变的，没有自适应性，不适于分析多尺度信号和突变过程。而脉冲星时的噪声包括原子时误差、脉冲星本身的自转噪声、星际介质传播、行星历表误差及引力波影响等。这些噪声在不同频率的分量是不同的，而经典加权算法无法考虑脉冲星时的噪声在不同频率的不同稳定度，利用小波分析算法可以解决这个问题。小波变换是对窗口傅里叶变换的发展。在小波变换中，一个小波基函数的作用就相当于一个窗口函数，小波平移相当于窗口的平移，从而使小波分析成为比较理想的时频分析工具。假设信号 $f(x)$ 的小波变换为

$$W_{f(a,b)} = \int_{-\infty}^{\infty} f(x)\overline{\psi}_{a,b}(x)\mathrm{d}x \tag{8.3.4}$$

式中，$\overline{\psi}_{a,b}(x) = \dfrac{1}{\sqrt{|a|}}\overline{\psi\left(\dfrac{x-b}{a}\right)}$，是窗函数 $\psi(t)$ 经时间平移 b 和尺度伸缩 a 作用的结果。

小波变换分离的信号是按时间和尺度来划分的，分别对应于时域和频域的分析，可将信号按不同的频率成分和尺度逐步分离出来，在小尺度有高频信号，在大尺度有低频信号。先将脉冲星的计时残差信号展开为小波级数：

$$f(t) = \sum_{k=-\infty}^{\infty} f, \quad \phi_{j_0,k} > \phi_{j_0,k}(t) + \sum_{j=-\infty}^{j_0} \sum_{k=-\infty}^{\infty} f, \quad \varphi_{j,k} > \varphi_{j,k}(t) \tag{8.3.5}$$

即用小波尺度的观点将信号分为两个层次，j_0 以上为基本特征提取，j_0 以下为细节近似。对于测量的第 i 个信号，式（8.3.5）可写为

$$f^i(x) = \sum_{k=-\infty}^{\infty} \beta_{j_0,k}^i \phi_{j_0,k}(x) + \sum_{j=-\infty}^{j_0} \sum_{k=-\infty}^{\infty} \alpha_{j,k}^i \varphi_{j,k}(x) \tag{8.3.6}$$

脉冲星的时间频率能量分布可以表示为

$$E_f = \int_{-\infty}^{\infty} \int_{-\infty}^{\infty} \left| W_f(a,b)^2 \right| \frac{\mathrm{d}a\mathrm{d}b}{a^2} \tag{8.3.7}$$

对于二阶小波变换，在某一局部频率范围内脉冲星信号的能量可以表示为

$$E_j = \begin{cases} \dfrac{1}{\sum\limits_{k=n_1}^{n_2} (n_2 - n_1)\alpha_{j,k}^2} \\[3em] \dfrac{1}{\sum\limits_{k=n_1}^{n_2} (n_2 - n_1)\beta_{j,k}^2} \end{cases} \tag{8.3.8}$$

信号的局部能量分布与方差具有相同的量纲，可以定义为

$$\sigma_j^2 = \begin{cases} \dfrac{1}{\sum\limits_{k=n_1}^{n_2} (n_2 - n_1)\alpha_{j,k}^2} \\[3em] \dfrac{1}{\sum\limits_{k=n_1}^{n_2} (n_2 - n_1)\beta_{j,k}^2} \end{cases} \tag{8.3.9}$$

这样，σ_j 就表示在小波尺度 j 下的多分辨率加权。一般来说，为求 1 个信号 $f^i(x)(i=1,2,\cdots,l)$ 的加权平均值，即

$$\overline{f}(x) = \frac{\sum W_i f^i(x)}{\sum W_i} \tag{8.3.10}$$

式中，W_i 表示第 i 个信号的权重。

根据小波变换及其重构关系，式（8.3.10）也可写为

$$\overline{f}(x) = \sum_{k=-\infty}^{\infty} \frac{\sum_i \sigma_j^i \beta_{j_0,k}^i \phi_{j_0,k}(x)}{\sum_i \sigma_j^i} + \sum_{j=-\infty}^{j_0} \sum_{k=-\infty}^{\infty} \frac{\sum_i \sigma_j^i \alpha_{j,k}^i \varphi_{j,k}(x)}{\sum_i \sigma_j^i} \tag{8.3.11}$$

式中，σ_j^i 表示信号 $f^i(x)$ 在小波尺度 j 时的多分辨率加权。

3. 维纳滤波算法

假定 n 个观测量 $r = (r_1, r_2, \cdots, r_n)$ 已知，r 是互不相关的两个量的和，$r = s + \varepsilon$，其中 s 为脉冲星计时残差中由参考钟的误差引起的部分，是要提取的信号，ε 是与脉冲星本身有关的计时噪声，s 和 ε 都应该与理想时间尺度联系在一起。维纳滤波，即线性最小均方误差滤波，只要将脉冲星的计时残差输入维纳滤波器，得到的输出即为估计的由参考钟误差引起的残差 $\hat{s}$ [18]。对于 r、s、ε，其协方差方程可写成如下形式：

$$\begin{cases} \mathrm{cov}(r,r) = \langle r_i, r_j \rangle = \langle s_i, s_j \rangle + \langle \varepsilon_i, \varepsilon_j \rangle, \\ \mathrm{cov}(s,s) = \langle s_i, s_j \rangle, \\ \mathrm{cov}(s,r) = \langle s_i, r_j \rangle = \langle s_i, s_j \rangle, & i,j = 1,2,\cdots,n \\ \mathrm{cov}(\varepsilon,\varepsilon) = \langle \varepsilon_i, \varepsilon_j \rangle, \end{cases} \tag{8.3.12}$$

式中，$\langle \cdot \rangle$ 表示求综合集平均。

如果测量值 r 和式 (8.3.12) 已知，则可用维纳滤波器推断出信号 s 的估计值为

$$\hat{s} = Q_{sr} Q_{rr}^{-1} r \tag{8.3.13}$$

其协方差函数为

$$D_{ss} = Q_{ss} - Q_{sr} Q_{rr}^{-1} Q_{rs} \tag{8.3.14}$$

式中，协方差矩阵 Q_{rr}、Q_{sr}、Q_{ss} 是以 Toeplitz 矩阵的形式构建的，相应的协方差为

$$\langle a_i, a_j \rangle = q(\tau) = q(t_i - t_j) = q_{i-j}$$

$$Q_{aa} = \begin{bmatrix} q_0 & q_1 & q_2 & \cdots & q_{n-1} \\ q_1 & q_0 & q_1 & \cdots & q_{n-2} \\ q_2 & q_1 & q_0 & \cdots & q_{n-3} \\ \vdots & \vdots & \vdots & & \vdots \\ q_{n-1} & q_{n-2} & q_{n-3} & \cdots & q_0 \end{bmatrix} \tag{8.3.15}$$

目前,还不可能脱离参考钟来实施脉冲星计时观测,因此要将协方差 $\left\langle s_i, s_j \right\rangle$ 和 $\left\langle \varepsilon_i, \varepsilon_j \right\rangle$ 分开,必须对至少两颗脉冲星使用同一参考时间尺度进行观测。这样,结合脉冲星计时残差就可以确定信号和噪声的协方差:

$$\left\langle {}^1r_i + {}^2r_i, {}^1r_j + {}^2r_j \right\rangle = \left\langle {}^1\varepsilon_i, {}^1\varepsilon_j \right\rangle + \left\langle {}^2\varepsilon_i, {}^2\varepsilon_j \right\rangle + \left\langle {}^1\varepsilon_i, {}^2\varepsilon_j \right\rangle + \left\langle {}^2\varepsilon_i, {}^1\varepsilon_j \right\rangle + 4\left\langle s_i, s_j \right\rangle \quad (8.3.16)$$

$$\left\langle {}^1r_i - {}^2r_i, {}^1r_j - {}^2r_j \right\rangle = \left\langle {}^1\varepsilon_i - {}^2\varepsilon_i, {}^1\varepsilon_j - {}^2\varepsilon_i \right\rangle = \left\langle {}^1\varepsilon_i, {}^1\varepsilon_j \right\rangle + \left\langle {}^2\varepsilon_i, {}^2\varepsilon_j \right\rangle - \left\langle {}^1\varepsilon_i, {}^2\varepsilon_j \right\rangle - \left\langle {}^2\varepsilon_i, {}^1\varepsilon_j \right\rangle$$
$$(8.3.17)$$

可以认为互协方差 $\left\langle {}^2\varepsilon_i, {}^1\varepsilon_j \right\rangle = \left\langle {}^1\varepsilon_i, {}^2\varepsilon_j \right\rangle = 0$,将式(8.3.16)减去式(8.3.17)可得

$$\left\langle s_i, s_j \right\rangle = \left(\left\langle {}^1r_i + {}^2r_i, {}^1r_j + {}^2r_j \right\rangle - \left\langle {}^1r_i - {}^2r_i, {}^1r_j - {}^2r_j \right\rangle \right) / 4 \quad (8.3.18)$$

也可以通过更简单的方法获得相同的结果,即

$$\left\langle s_i, s_j \right\rangle = \left\langle {}^1r_i, {}^2r_j \right\rangle \quad (8.3.19)$$

在式(8.3.13)中,矩阵 Q_{rr}^{-1} 可用作白化滤波器。在含噪声的残差中提供了白化数据,由这些白化数据形成矩阵 Q_{ss}。在实际运算中,根据主要的功率谱 S_{ij} 和 Wiener-Khinchine 定理计算的残差协方差方程要优于根据式 $q_{i-j} = \left\langle r_i, r_j \right\rangle$ 定义的方程,Wiener-Khinchine 定理的计算公式为

$$q_{i-j} = \int_0^\infty S_{ij}\cos(\omega\tau)\mathrm{d}\omega \quad (8.3.20)$$

脉冲星计时以原子时为参考,利用脉冲星计时残差,由维纳滤波算法构建综合脉冲星时,被估计的信号是原子时与脉冲星时的差值,即 $S = \mathrm{AT} - \mathrm{PT}$ 。

4. 参数拟合算法

脉冲星计时阵中多颗毫秒脉冲星的计时观测到达时间都用同一台原子钟作为参考,在各个脉冲星的独立参数(自转参数、天体测量参数、双星轨道参数以及色散量变化参数等)精确确定后,剩余的计时残差都包含参考时间误差的影响,参考时间误差对所有脉冲星计时残差的影响是相同的,因而将参考时间的误差作为公共参数,可以从脉冲星计时阵所有脉冲星的计时残差中估计出来。利用所有脉冲星计时残差估计公共参数的方法,也称为最小二乘法。通过加权最小二乘法拟合公共参数,使得拟合后所有脉冲星加权的残差平方和最小。如果脉冲星计时阵所

有脉冲星到达时间测量参考的时间尺度为原子时（AT），则拟合得到的原子时的误差就是 AT–PT$_{ens}$，PT$_{ens}$ 是脉冲星计时阵包括的所有脉冲星加权平均确定的脉冲星时。在拟合公共参数 PT$_{ens}$ 时，脉冲星的权重可以按照每颗脉冲星的长期频率稳定度 $\sigma_z^2(\tau)$ 的倒数选取。个别具有明显红噪声的脉冲星给予较低权重，甚至可以给予零权重。当然，每颗脉冲星的计时残差中也包含宇宙引力波的信息，宇宙引力波对每颗脉冲星计时残差的影响具有与参考时间尺度误差不同的可识别特征。可以将宇宙引力波信号作为脉冲星计时阵的另一个公共参数，希望利用脉冲星计时阵的长期资料探测到宇宙引力波[19]。脉冲星计时残差中包含的引力波信号比参考时间误差信号弱得多，因而测量宇宙引力波信号需要更多的毫秒脉冲星更长时间跨度的计时观测。宇宙引力波探测和脉冲星时间尺度研究是脉冲星计时阵的直接科学目标。脉冲星计时阵残差也受到太阳系天体历表误差的影响，也可以将它作为脉冲星计时阵的公共参数。目前，尚难以建立历表误差参数模型，主要原因是利用脉冲星计时阵资料检测太阳系天体质量的误差较大。

利用脉冲星计时阵检测原子时相对于脉冲星时的误差，即 AT–PT$_{ens}$，必须确定 AT–PT$_{ens}$ 的函数形式。一种方法是将傅里叶级数作为 AT–PT$_{ens}$ 的数学模型；另一种方法是将 AT–PT$_{ens}$ 参数作为脉冲星计时阵的计时残差时间序列，在等间隔的 n 个采样点 $t_j(j=1, 2,\cdots,n)$ 上，通过最小二乘法拟合确定 n 个采样值及其误差。相邻两个采样值之间的时间间隔根据 AT 的误差估计确定，确定的 n 个采样值是从脉冲星计时阵计时残差中提取出的 AT–PT$_{ens}$ 信号，n 个采样值之间的 AT–PT$_{ens}$ 由线性内插得到。

1）傅里叶级数方法

利用傅里叶级数描述 AT–PT$_{ens}$，此处，AT 是脉冲星计时阵到达时间分析参考的原子时，PT$_{ens}$ 代表脉冲星计时阵确定的综合脉冲星时，AT–PT$_{ens}$ 是利用脉冲星计时阵所有脉冲星长期观测的计时残差，是需要拟合确定的公共参数。若将所有脉冲星的拟合后残差近似为钟误差 $x_c(t)$，则有

$$x_c(t) = \sum_{k=1}^{n}\left[A_k\cos\left(k\omega_0 t\right) + B_k\sin\left(k\omega_0 t\right) \right] \qquad (8.3.21)$$

设脉冲星计时阵到达时间的时间跨度为 T，式（8.3.21）中的 $\omega_0 = 2\pi / T$，A_k 和 B_k 是需要拟合确定的第 k 个谐波的傅里叶系数，谐波数 n 取决于脉冲星计时阵残差资料的实际情况，由实际拟合数据确定。一般情况下，只需要拟合几个主要谐波，对忽略的谐波的误差进行估计。利用式（8.3.21）拟合确定 n 个谐波的傅里叶系数后，利用式（8.3.21）右边表达式计算得到 AT–PT$_{ens}$。因为 AT–PT$_{ens}$ 与脉冲星计时阵的某些其他参数是高度协变的，所以最小二乘法拟合公共参数时需要增加约

束条件，以避免出现公共参数与脉冲星其他参数之间的大协方差。

2) 数值采样方法

将公共参数 AT–PT$_{ens}$ 用等间隔的时间序列来描述，AT–PT$_{ens}$ 时间序列的每个数值直接由脉冲星计时阵拟合后的残差拟合确定。AT–PT$_{ens}$ 时间序列的 n 个数值对应于 n 个采样点 $t_j (j = 1, 2, \cdots, n)$。这种函数形式较傅里叶级数简单，最小二乘拟合也比较容易操作，并且容易进行公共参数的误差估计，关键问题是选择数据采样点之间的时间间隔 T_s。在公共参数拟合时，在时间间隔为 T_s 的采样之间进行线性内插，等效于带宽为 $f_{LP} = 1 / (2T_s)$ 的低通滤波器。考虑到原子时的误差是低频信号，T_s 可选为 0.5～1yr。如果脉冲星计时阵的观测精度较高，到达时间采样较密集，T_s 可接近 0.5yr，否则，$T_s \approx 1yr$。与傅里叶级数方法一样，最小二乘法需要增加约束条件。拟合确定 AT–PT$_{ens}$ 时间序列后，两个采样点之间的 AT–PT$_{ens}$ 值由线性内插方法得到。根据脉冲星时间尺度原理，脉冲星时不能检测原子时线性误差及二次变化误差，AT–PT$_{ens}$ 是原子时的三次项及以上高阶项的误差[20]。

下面给出 Hobbs 等[20]利用 Parkes 64m 射电望远镜计时阵 PPTA 扩展系列（包括 2004 年前的到达时间）资料，拟合得到的 AT–PT$_{ens}$ 时间序列。因为目的是检测国际原子时的误差，到达时间分析采用的参考时间尺度是国际原子时，所以最终拟合得到的 AT–PT$_{ens}$ 就是 TAI–PT$_{en}$ 时间序列。图 8.3.3 是 19 颗毫秒脉冲星拟合后计时残差和由计时残差拟合得到的 TAI–PT$_{ens}$ 时间序列采样[20]。

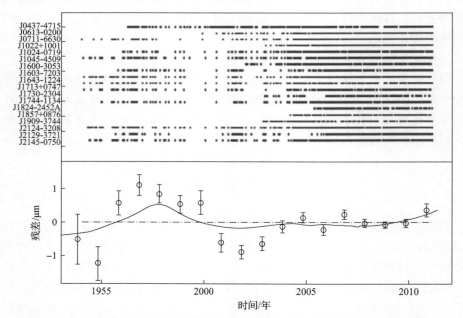

图 8.3.3　19 颗毫秒脉冲星的观测采样点（上图）和拟合得到的 TAI–PT$_{ens}$（下图）

上图是 19 颗毫秒脉冲星观测采样点,下图是 $TAI-PT_{ens}$ 的采样值(用带有误差棒的符号 o 表示),下图中的实线是扣除线性与二次项后的地球时 TT 与国际原子时 TAI 的差值 TAI-TT 曲线。从图中可以看出,拟合得到的 $TAI-PT_{ens}$ 与 TAI-TT 变化趋势相同。地球时 TT 比国际原子时 TAI 更准确、更稳定。这说明,$TAI-PT_{ens}$ 差值由国际原子时的误差所致,PT_{ens} 的精度非常接近地球时。PT_{ens} 与地球时之间的差异,究竟是来自地球时误差还是 PT_{ens} 误差,还需要未来更精确的脉冲星计时阵观测予以证实。2004 年以后拟合得到的 $TAI-PT_{ens}$ 的误差比 2004 年前明显变小,说明 PPTA 2004 年后的观测精度提高,且趋于稳定。2004 年后综合脉冲星时 PT_{ens} 与地球时 TT 差异很小,而在 2004 年之前,二者差异较大。可以看出 2004 年前,TAI-TT 曲线本身波动较大,说明国际原子时误差较大,综合脉冲星时 PT_{ens} 检测到了国际原子时的误差影响。

8.3.3　脉冲星时稳定度估计方法

当使用脉冲星计时观测资料建立脉冲星时,需要建立一种合理的统计方法来评定脉冲星时的稳定性。原子钟的稳定度一般利用 σ_y(阿伦方差的平方根)来评定,由于原子钟频率的漂移率很小,所以用该方法估计原子钟的稳定度是合理的。脉冲星钟模型除了包括脉冲星自转频率参数外,还包括脉冲星自转频率的变化率,在评定其稳定度时必须将自转频率的变化率考虑在内。脉冲星计时分析得到的计时残差为脉冲星时 PT 与地球时 TT 之差。由于在计时残差分析中认为脉冲星的频率、频率一阶导数是精确测定的,计时残差的三次差分是脉冲星计时残差中剩余的最低阶偏差。Taylor[5] 和 Matsakis 等[21] 先后提出和描述了与时间残差的三次差分相联系的 $\sigma_z(\tau)$ 估计方法。与一般的统计方法相比,$\sigma_z(\tau)$ 估计方法对低频噪声(红噪声)更灵敏,因此 $\sigma_z(\tau)$ 估计方法是适用于脉冲星时间稳定度分析研究的估计方法。$\sigma_z(\tau)$ 估计方法也可以用来估计原子时的频率稳定度,但其与阿伦方差不同,$\sigma_z(\tau)$ 估计方法估计的是与钟差三次差分相关的波动。

1. $\sigma_z(\tau)$ 估计方法

对于存在可测或者可消除的确定频率偏差的原子钟,$\sigma_y(\tau)$ 估计方法是适宜的,但它并不能很好地应用于脉冲星观测数据资料中,因为脉冲星还具有不可忽略的频率变化率。毫秒脉冲星自转模型表示为

$$\phi(t) = \phi_0 + v(t-t_0) + \frac{1}{2}\dot{v}(t-t_0)^2 \qquad (8.3.22)$$

式中,$\phi(t)$ 为 t 时刻的脉冲相位,是观测量;参考历元 t_0 时刻的脉冲相位 ϕ_0、脉冲星的自转频率 v 及其一阶导数 $\dot{v}$ 由观测量到达时间根据脉冲星自转模型精确拟

合得到。因此，可以认为脉冲星的初始相位、自转频率及其一阶导数对脉冲星计时残差的影响已经消除，而自转频率二阶导数的影响成为脉冲星计时残差中最低阶的偏差。为评估脉冲星钟的稳定度，不仅希望忽略相位和自转频率的固定偏差量，也希望忽略固定的频率漂移量（即自转频率的一阶导数 $\dot{\nu}$），因此应用计时残差归一化的三次差分，其形式为

$$D_3(t,\tau) = \frac{x\left(t+\dfrac{\tau}{2}\right) - 3x\left(t+\dfrac{\tau}{6}\right) + 3x\left(t-\dfrac{\tau}{6}\right) - x\left(t-\dfrac{\tau}{2}\right)}{2\sqrt{5}\tau} \tag{8.3.23}$$

由上述 D_2 和 D_3 的定义可知，它们是无量纲的，实际上 D_2 和 D_3 表征着不同阶数的波动。

式 (8.3.23) 只适用于等间隔的计时观测。对于实际上非等间隔的计时观测，在长度为 τ 的计时残差子序列上进行三次多项式拟合计算是方便的，并且可以得到与等间隔资料等效的结果。Matsakis 等[21]用在 τ 间隔上拟合得到的三次项系数的加权均方根值定义 $\sigma_z(\tau)$，并且强调加权的重要性。

多项式方法的一个好处就是拟合分量相对于每一个间隔上的所有 x 都是灵敏的，而不只是依赖间隔为 $\tau/3$ 的四个基准点。$\sigma_z(\tau)$ 能够区别相位白噪声和偏差相位噪声，这一点在某种方式上类似于修正的阿伦方差。

根据 Matsakis 等[21]的讨论，$\sigma_z(\tau)$ 的具体计算可以归纳如下：

（1）按时间先后顺序将观测时间、计时残差及其误差分别记为 t_i、x_i、$\sigma_i(i=1,2,\cdots,N)$，所取数据的总时间跨度 $T = t_N - t_1$。

（2）为求出 $\sigma_z(\tau)$，将这些数据按观测时间顺序连续地分成时间间隔长度为 τ 的子序列。设 t_0 为任意的参考时刻，在每个子序列应用三次多项式：

$$X(t) = c_0 + c_1(t-t_0) + c_2(t-t_0)^2 + c_3(t-t_0)^2 \tag{8.3.24}$$

进行最小二乘拟合，使得 $\left\{\left[x_i - X(t_i)\right]/\sigma_i\right\}^2$ 最小。定义 $\sigma_z(t)$ 为

$$\sigma_z(\tau) = \frac{\tau^2}{2\sqrt{5}}\left\langle c_3^2 \right\rangle^{1/2} \tag{8.3.25}$$

式中，$\langle \cdot \rangle$ 表示在所有子序列上进行加权平均，权重反比于 c_3 的误差的平方；$X(t)$ 的单位与时间的单位相同，σ_z 是无量纲的。

每个子序列中至少要有四个数据点，且第一个和最后一个数据点之间的时间间隔至少为 $\tau = \sqrt{2}$。考虑到非计时模型化误差的存在，可将 σ_i 设为一个常数并对所有的测量值取相同的权重。如果计算时按 σ_i 加权，则应该特别说明加权方法。

t_0 最好选择为每个子序列的中点。

（3）为计算 $\sigma_z(\tau)$ 方便，建议 τ 只取 T，$T/2$，$T/4$，$T/8,\cdots$，因为其他 $\sigma_z(\tau)$ 的值与这些值不是相互独立的，并且在计算 $\sigma_z(\tau)$ 时，将时间跨度为 T 的整套资料按时间间隔 τ 分为连续而不相互重叠的子序列。在某些情况下，包括 τ 的重叠时间间隔的子序列能够获得更准确的估计值，但是对低频红噪声来说，这样计算得到的 $\sigma_z(\tau)$ 值并不能得到有效改善，而且误差分析将会更加复杂。

$\sigma_z(\tau)$ 能够估计钟差时间序列的频率稳定度，实际上，$\sigma_z(\tau)$ 也是钟差时间序列的一种噪声分析方法。假设某个钟差时间序列的功率谱密度模型为

$$S_x(f) \propto f^{\alpha-2} \tag{8.3.26}$$

式中，f 是傅里叶频率，则对该钟差时间序列分析得到的 $\sigma_z^2(\tau)$ 也具有幂律形式：

$$\sigma_z^2(\tau) \propto \tau^{\mu} \tag{8.3.27}$$

式中，τ 是时间，有 $f = 1/\tau$。

式（8.3.26）中的指数 α 与式（8.3.27）中的指数 μ 之间具有如下关系：如果 $\alpha < 3$，则 $\mu = \alpha + 1$，否则，$\mu = -4$。$\sigma_z(\tau)$ 是分析低频红噪声的好方法，特别适用于脉冲星钟低频噪声的统计分析，但不能用来分析谱指数 $\alpha > 3$ 的红噪声过程。可以说，$\sigma_z(\tau)$ 这种在时域内的噪声分析方法，是对频域功率谱分析方法的补充。

2. $\sigma_z(\tau)$ 的误差估计

通常情况下，计算的 $\sigma_z^2(\tau)$ 值具有 n 个自由度的 χ^2 分布，n 是式（8.3.25）中计算平均值用到的 c_3^2 的个数，在最小情况下为 $n-1$。如果 n 太小，则 χ^2 分布被扭曲，因为分布的中值小于平均值，使得估计的 $\sigma_z(\tau)$ 偏低。利用 γ 函数 $P(a,x)$ 可以计算偏离，并估计其误差范围。特别地，对于每个 n，希望发现满足如下关系的 x_{16}、x_{50} 和 x_{84} 的值，即

$$\begin{cases} P(0.5n, 0.5nx_{16}) = 0.16 \\ P(0.5n, 0.5nx_{50}) = 0.50 \\ P(0.5n, 0.5nx_{84}) = 0.84 \end{cases} \tag{8.3.28}$$

$\sigma_z(\tau)$ 是以 10 为底的对数，其偏离改正量为

$$b = -0.5\lg x_{50} \tag{8.3.29}$$

利用式（8.3.25）计算得到的 $\sigma_z(\tau)$ 的对数 $\lg\sigma_z(\tau)$ 应该加上改正值 b。改正后的

$\lg \sigma_z(\tau)$ 的正向误差和负向误差分别为

$$\begin{cases} \delta_+ = -0.5\lg x_{16} - b \\ \delta_- = 0.5\lg x_{84} + b \end{cases} \tag{8.3.30}$$

b、δ_+ 和 δ_- 的近似值可以用下面的关系式进行计算：

$$b \approx 0.17/n \tag{8.3.31}$$

如果 $n>1$，　$\delta_+ \approx 0.31\sqrt{n-1}$；如果 $n=1$，则

$$\begin{cases} \delta_+ = 0.52 \\ \delta_- = 0.31/\sqrt{n} \end{cases} \tag{8.3.32}$$

在 n 较大的情况下，有

$$\delta_+ \approx \delta_- \approx 0.31\sqrt{n} \tag{8.3.33}$$

脉冲星时稳定度 σ_z 估计方法是在脉冲星频率及其一阶导数精确测定的基础上提出的。随着国内外大型射电望远镜的建成，脉冲星计时观测精度将得到极大提高，其脉冲星自转参数的测量精度也在不断提高，将可以精确地确定频率的二阶导数和三阶导数等，计时残差的三次差分评估方法 σ_z 将不能准确地评估脉冲星的稳定度。因此，需要提出更合理的分析方法来估计脉冲星稳定度，研究并提出新的脉冲星时稳定度评估方法很有必要。

8.4　脉冲星时间尺度的应用

毫秒脉冲星的自转非常稳定，利用大量长期计时观测资料能够获得长期频率稳定度较高的脉冲星时，观测资料证明，不少毫秒脉冲星较原子时具有更高的长期频率稳定度。但是，脉冲星计时观测白噪声较大，目前脉冲星计时观测的最好精度约为 $0.1\mu s$，导致脉冲星时的短期频率稳定度比原子时低得多。理论上，利用脉冲星时可以改进原子时的长期频率稳定度。

8.4.1　脉冲星时在原子时守时中的应用

有些毫秒脉冲星自转的长期频率稳定度非常高，利用这些脉冲星的长期计时观测，高精度拟合脉冲星的独立参数，虽然吸收了参考时间尺度的线性误差、二次误差和周年性误差，但是因为脉冲星时比参考时间尺度具有较高的长期频率稳定度，利用脉冲星时仍然可以检测到参考时间尺度三次及以上的高阶系统误差，

而这些高阶系统误差在构建原子时系统时往往是不容易消除的。因此，利用长期自转稳定度较高的毫秒脉冲星可以改进原子时。

1997 年，Matsakis 等[21]利用 PSR B1855+09 的长期计时观测资料，开展了改进美国海军天文台原子时 TA(A.1) 的研究工作。图 8.4.1 是采用 8 年的 Arecibo 305m 射电望远镜的计时观测资料 PSR B1855+09，图中横坐标为约化儒略日，纵坐标为残差(μs)，得到了包含 177 个非均匀分布观测数据点的计时残差 TT96-T(1855)，其中 TT96 表示地球时 TT(BIPM 96)，T(1855) 表示由 PSR B1855+09 确定的脉冲星时。对计时残差时间序列应用维纳滤波器，采用样条插值方法得到 177 个均匀分布的采样数据点。再对均匀分布的包含 177 个数据点的时间序列进行傅里叶变换。其目的是利用脉冲星的长期稳定性改进原子时，因此只保留周期大于 800 天的傅里叶频率，抛弃其他所有周期小于 800 天的傅里叶频率，将频域数据转换回时域。这样滤波后的 TT96-T(1855) 消除了观测噪声和高频波动，保留了需要的低频信号。滤波后的 TT96-T(1855) 如图 8.4.1 所示。

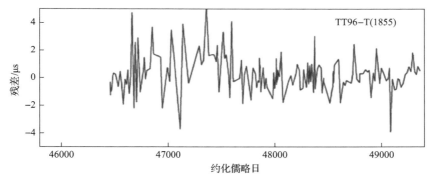

图 8.4.1　PSR B1855+09 拟合后的计时残差

图 8.4.2 还给出了原子时 TA(PTB)-TA(A.1)，其中 TA(PTB) 是德国联邦物理技术研究院频率基准钟保持的原子时，TT96 和 TA(PTB) 是两个性质非常相似的时间尺度，二者间的差异可以忽略不计。TA(A.1) 是 USNO 保持的原子时。从图中可以清楚地看到，差值序列 TA(PTB)-TA(A.1) 消除了线性和二次变化，但 TA(PTB)-TA(A.1) 比 TT96-T(1855) 长期波动大得多，这主要是由 TA(A.1) 的长期频率不稳定度导致的。为改进 TA(A.1) 的长期频率不稳定度，将图 8.4.2 所示的 TT96-T(1855) 与 TA(PTB)-TA(A.1) 取平均，得到 TA(A.1) 改进后的时间尺度，如图 8.4.2(c) 所示。显然，利用脉冲星时 T(1855) 改进后的原子时 TA(A.1) 提高了其长期频率稳定度。

应该指出的是，随着脉冲星计时观测的发展和精度的提高，更多具有足够高长期频率稳定度的毫秒脉冲星计时观测资料问世。如何更好地利用毫秒脉冲星的长期频率稳定度改进原子时的长期频率稳定度，如何将脉冲星时应用于时间服务，是值得深入研究的新课题。

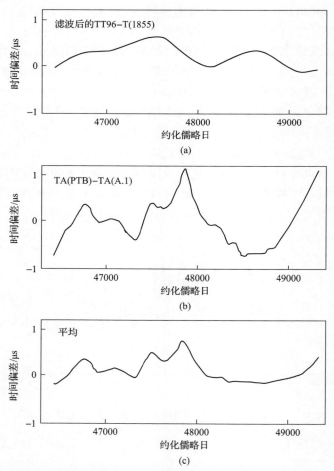

图 8.4.2　用脉冲星时长期频率稳定度改进原子时示例[11]

8.4.2　脉冲星时在自主导航中的应用

脉冲星时的另一个重要应用是基于脉冲星的飞行器自主导航应用。不同的脉冲星有不同的自转周期和脉冲轮廓，具有可识别特性。一组自转参数和位置参数被精确测定的脉冲星可构成脉冲星时空参考架，用于脉冲星自主导航，可实现深空飞行器的自主定位和授时。脉冲星自主导航的基本原理是通过飞行器上安装的 X 射线探测器测量获得脉冲信号到达飞行器的时间，与脉冲星钟模型预报的脉冲到达太阳系质心的时间进行比较，估计深空飞行器在太阳系质心系中相对于脉冲星视线方向上的投影。同时，观测 4 颗及以上的脉冲星就可以对深空飞行器进行绝对定位、定时、定姿态，脉冲星自主导航适用于各类深空飞行器。脉冲星是自然天体，基于脉冲星的自主导航更具有安全性，有良好的应用前景。脉冲星辐射的脉冲信号为宽频带信号，从射电、红外、光学、X 射线到 γ 射线等波段都有辐射。1981 年，美国研究人员提出利用 X 射线脉冲星为星际飞行器导航，其优势是易于探测器小型化。2005 年，Sheik[22]对 X 射线脉冲星导航原理进行了全面论述。

2018 年，美国利用在国际空间站上的 NICER 探测器实施 SEXTANT（station explorer for X-ray timing and navigation technology）项目实验，通过观测 4 颗毫秒脉冲星开展脉冲星自主导航定位实验，最高定位精度优于 5km[23]。2016 年，我国发射了脉冲星导航实验（XPNAV-1）卫星，其核心目的是开展脉冲星导航空间实验和在轨验证国产探测器性能，基于 XPNAV-1 卫星观测的蟹状星云脉冲星数据实现了定位精度优于 10km[24]。2016 年，中国科学院高能物理研究所的研究人员利用搭载在天宫二号上的 POLAR 探测器，基于蟹状星云脉冲星 1 个月观测数据开展了对天宫二号的定轨实验，位置误差约为 10km。利用相同定轨算法，2019 年，研究人员利用硬 X 射线调制望远镜慧眼卫星观测数据开展了定轨实验，定轨精度优于 10km[25]。

8.4.3　脉冲星时在引力波探测中的应用

1919 年，爱因斯坦的广义相对论预言了引力波的存在。在广义相对论中，引力被描述成时空弯曲的几何效应，物质和能量的分布引起时空的弯曲。2015 年，美国的激光干涉仪引力波天文台首次捕捉到一个来自两个恒星量级黑洞合并的引力波信号事件。研究表明，引力波的频率范围非常宽，由不同的引力波源贡献，不同频段引力波信号由不同引力波探测器所探测，美国的激光干涉仪引力波天文台探测到的引力波信号为高频（100～1000Hz）信号。甚低频（1×10^{-9}～1×10^{-7}Hz）引力波可以有望被脉冲星计时阵探测到。当引力波信号通过地球与脉冲星之间时，脉冲星发出的射电波所经过的路径就会被周期性地压缩和拉长，导致射电望远镜接收到的脉冲信号出现周期性地早到和时延。对脉冲到达时间进行长期监测，有希望捕捉到引力波信号。天文学家提出了脉冲星计时阵的概念，即同时监测多颗脉冲星，寻找引力波对不同脉冲星时间信号造成的相互关联影响。

目前，国际上已经投入大量的人力和物力开展脉冲星计时阵探测引力波的研究。由澳大利亚的 PPTA，美国的 NANOGrav 以及欧洲的 EPTA 组成的 IPTA 主要目标就是引力波探测研究。未来的 SKA 也将 PTA 测量引力波作为主要目标之一。中国正在依托 FAST 等现有的天线组建中国脉冲星计时阵（Chinese pulsar timing array, CPTA），将大幅提升我国基于脉冲星计时阵探测引力波的能力。

8.5　思　考　题

1. 脉冲星被称为 20 世纪 60 年代天文学的四大发现之一。什么是脉冲星？它们是如何形成的？首颗脉冲星是如何被发现的，这中间有哪些故事呢？

2. 脉冲星有何运动特点？电磁波的频率范围为 3Hz～3000GHz，脉冲星的辐射在哪些波段？其他波段没有探测到脉冲星辐射的可能原因有哪些？

3. 如何观测脉冲星？观测脉冲星的设备都有几个组成部分？简要说明每个部分的功能。目前观测到的脉冲轮廓有什么特点？

4. 部分脉冲星(包括毫秒脉冲星)位于双星系统中，什么是脉冲星双星？其运动有什么特点？脉冲双星的计时残差有哪些？

5. 利用脉冲星极其稳定且精确的自转参数可构建脉冲星钟模型，为什么脉冲星钟要建立在太阳系质心？观测到的到达时间通常要归算到太阳系质心，请详述到达时间是如何进行转换的，并给出理论依据。

6. 综合脉冲星时间尺度比任何单个脉冲星钟具有更高的频率稳定性，请简要说明建立综合脉冲星时的具体方法。

7. 周期与周期变化率是射电辐射源最基本的参数，脉冲星的周期通常很短且十分稳定，请简述脉冲星周期/周期变化率这个指标的意义有哪些。

8. 与脉冲星时相比，原子时短期频率稳定度高，但长期频率稳定度往往不如脉冲星时。脉冲星时有哪些应用？展望一下，我国未来的脉冲星时研究前景如何？

参 考 文 献

[1] 吴鑫基, 乔国俊, 徐仁新. 脉冲星物理[M]. 北京: 北京大学出版社, 2018.

[2] Backer D C, Kulkarni S R, Heiles C, et al. A millisecond pulsar[J]. Nature, 1982, 300(5893): 615-618.

[3] Backer D C, Kulkarni S R, Taylor J H. Timing observations of the millisecond pulsar[J]. Nature, 1983, 301(5898): 314-315.

[4] Rawley L A, Taylor J H, Davis M M, et al. Millisecond pulsar PSR 1937 + 21: A highly stable clock[J]. Science, 1987, 238(4828): 761-765.

[5] Taylor J H. Millisecond pulsar: Natures most stable clock[J]. Proceedings of the IEEE, 1991, 79(7): 1054-1062.

[6] Lyne A G, Graham-Smith F. Pulsar Astronomy[M]. Cambridge: Cambridge University Press, 2005.

[7] Manchester R N, Hobbs G, Bailes M, et al. The Parkes pulsar timing array project[J]. Publications of the Astronomical Society of Australia, 2013, 30: e017.

[8] Splaver E M. Long-term timing of millisecond pulsars[D]. Princeton: Princeton University, 2004.

[9] 杨廷高, 高玉平. 脉冲星时间尺度及其 TOA 预报初步分析[J]. 时间频率学报, 2012, 35(1): 16-23.

[10] Issautier K, Meyer-Vernet N, Moncuquet M, et al. Solar wind radial and latitudinal structure: Electron density and core temperature from Ulysses thermal noise spectroscopy[J]. Journal of Geophysical Research: Space Physics, 1998, 103(A2): 1969-1979.

[11] Davis J L, Herring T A, Shapiro I I, et al. Geodesy by radio interferometry: Effects of atmospheric modeling errors on estimates of baseline length[J]. Radio Science, 1985, 20(6): 1593-1607.

[12] Edwards R T, Hobbs G B, Manchester R N. TEMPO 2, a new pulsar timing package-II: The timing modal and precision estimates[J]. Monthly Notices of the Royal Astronomical Society, 2006, 372(4): 1549-1574.

[13] Foster R S, Backer D C. Constructing a pulsar timing array[J]. The Astrophysical Journal, 1990, 361: 300.

[14] Keith M J, Coles W, Shannon R M, et al. Measurement and correction of variations in interstellar dispersion in high-precision pulsar timing[J]. Monthly Notices of the Royal Astronomical Society, 2013, 429(3): 2161-2174.

[15] Kopeikin S M. Millisecond and binary pulsars as nature's frequency standards-I. A generalized statistical model of low-frequency timing noise[J]. Monthly Notices of the Royal Astronomical Society, 1997, 288(1): 129-137.

[16] Lyne A G, Pritchard R S, Shemar S L. Timing noise and glitches[J]. Journal of Astrophysics & Astronomy, 1995, 16: 179-190.

[17] 仲崇霞, 杨廷高. 综合脉冲星时的小波分析算法[J]. 天文学报, 2007, 48(2): 228-238.

[18] Rodin A E. Algorithm of ensemble pulsar time[J]. Chinese Journal of Astronomy and Astrophysics, 2006, 6(S2): 157-161.

[19] Tong M L, Zhang Y, Zhao W, et al. Using pulsar timing arrays and the quantum normalization condition to constrain relic gravitational waves[J]. Classical and Quantum Gravity, 2014, 31(3): 035001.

[20] Hobbs G, Coles W, Manchester R N, et al. Development of a pulsar-based time-scale[J]. Monthly Notices of the Royal Astronomical Society, 2012, 427(4): 2780-2787.

[21] Matsakis D N, Taylor J H, Eubanks T M. A statistic for describing pulsar and clock stabilities[J]. Astronomy and Astrophysics, 1997, 326(3): 924-928.

[22] Sheik S I. The use of variable celestial X-ray sources for spacecraft navigation[D]. Parker : University of Maryland, 2005.

[23] Mitchell J W, Winternitz L M, Hassouneh M A, et al. SEXTANT X-ray pulsar navigation

demonstration: Initial on-orbit results[C].The 41st Annual American Astronautical Society (AAS) Guidance and Control Conference, Breckenridge, 2018: 18-155.

[24] 帅平, 刘群, 黄良伟, 等. 首颗脉冲星导航试验卫星及其观测结果[J]. 中国惯性技术学报, 2019, 27（3）: 281-287.

[25] Zheng S J, Zhang S N, Lu F J, et al. In-orbit demonstration of X-ray pulsar navigation with the insight-HXMT Satellite[J]. The Astrophysical Journal Supplement Series, 2019, 244（1）: 1-7.

第 9 章 原子钟与原子时

原子钟是现代原子守时的基础。本章首先从分析守时型原子钟的特性开始，给出钟差数据的处理方法，包括异常数据及比对噪声的处理。然后介绍原子时尺度算法的基本原理。最后介绍国际权度局计算国际原子时的加权平均算法以及原子时尺度算法的改进和发展。

9.1 守时型原子钟

守时就是产生并保持标准时间的过程。现代守时工作的基础是能够连续运行的原子钟，也称为守时型原子钟或者守时钟。原子钟通常可分为基准型和守时型，其中守时型原子钟最重要的特性是稳定、可靠、具有连续不间断运行能力。而基准钟是运行在一定的实验室环境，具有自我评估能力，具有对守时钟和时间尺度进行标校能力的时间频率标准装置，如实验室铯束频率标准、冷原子铯喷泉钟、锶原子光钟等[1]。

原子钟是利用原子吸收或释放能量时发出的电磁波来计时的。由于这种电磁波非常稳定，再加上利用一系列精密的仪器进行控制，原子钟的计时就可以非常准确。目前，广泛应用于守时的原子钟主要包括氢原子钟、铯原子钟和铷原子钟等，这几种原子钟性能各异，一般来说，氢原子钟具有良好的短期稳定性，其秒稳定度在 10^{-13} 量级；而铯原子钟则具有较好的长期频率稳定度，其月稳定度在 10^{-14} 量级，因此守时实验室通常采用氢原子钟、铯原子钟联合(组合)守时的方法，使产生的时间尺度兼顾短期和长期稳定性能。而铷原子钟虽然准确性和稳定性略低，但其体积小，因此常作为机载钟或星载钟使用。

9.1.1 钟差数据处理的总体要求

时间测量系统产生的时间偏差比对数据是时间尺度计算的数据基础，由于不同类型原子钟本身存在性能的差异，测量比对系统各环节的电子设备也会出现故障，加上外部环境和条件的变化，如供电中断、温度、湿度、磁场变化等都会导致测量比对数据出现不同程度的异常波动，甚至出现奇异点或数据缺失的情况，直接影响了最后原子时尺度的品质。同时，随着原子钟的老化，其性能也在逐渐变差，为获得一个长期连续、稳定的时间尺度，需对每台参与计算的原子钟进行性能评估，而稳定度分析、时间尺度计算都需要钟差数据连续且等间隔，如果数据缺失，则需要修补，对奇异点进行剔除并修复。有效的原子钟相位和频率测量数据，是进行原子钟性能分析及应用研究的前提和基础。

在原子钟钟差测量结果中，测量系统内测量设备和辅助材料（如电缆、连接插头等）的一些不确定因素，导致测量数据中偶尔出现数据缺失或者相位数据、频率数据的跳变。

对于缺失数据，为了保证测量数据的等间隔特性，需要补充完整，以确保分析和计算的正确性。数据缺失的主要修补方法有线性插值、预报插值等。在数据还未进行奇异点检测之前，依据不同类型原子钟的特性，铯原子钟一般采用线性插值，不仅保证了数据的完好性，而且能有效地避免引入额外误差。如果缺失数据的原子钟存在频率漂移，则需要采用频率预报方法进行拟合。

对于相位或者频率的跳变，如果跳变是由测量比对系统引起或者人为因素带入的，且跳变前后钟的性能没有变化，则需要对钟差数据进行必要的处理和修复，修正后的钟差数据依然可以参加原子时计算；如果跳变是由原子钟自身因素引起的，则一般不进行处理和修复。

标称原子钟是指处于钟所要求的理想环境，输出符合说明书规定性能指标物理信号的自由运转原子钟。假定原子钟的标称噪声类型为白色频率噪声，其中 $y[n]$ 代表实际原子钟与标称原子钟的频率偏差，$y_0[n]$ 代表归一化的标称原子钟噪声，其数学模型为

$$y_0[n] = \varepsilon[n] \tag{9.1.1}$$

式中，$\varepsilon[n]$ 是一个均值为 $\mu_\varepsilon[n]$ 的高斯随机过程，即

$$\mu_\varepsilon[n] = E[\varepsilon[n]] = 0 \tag{9.1.2}$$

自相关函数 $R_\varepsilon[n_1, n_2]$ 定义为

$$R_\varepsilon[n_1, n_2] = E[\varepsilon[n_1], \varepsilon[n_2]] = \delta[n_1 - n_2] \tag{9.1.3}$$

式中，$E[\cdot]$ 表示求期望值；δ 表示离散 delta 函数，即

$$\delta[n_1 - n_2] = \begin{cases} 1, & n_1 = n_2 \\ 0, & n_1 \neq n_2 \end{cases} \tag{9.1.4}$$

$y_0[n]$ 的均值为 0，方差为

$$\sigma_{y_0}^2[n] = E[y_0^2[n]] = 1 \tag{9.1.5}$$

一般情况下，原子钟比对数据异常有三种典型情况，包括相位跳变、频率跳变和方差增大，此时钟性能会突然变差，在守时工作中需及时发现并对钟差数据

进行必要的处理。根据上述模型，对典型的异常情况建立相应的数学模型。

9.1.2　相位跳变数据的处理

相位跳变的出现，首先可能是原子钟信号的传输路径或测量过程某环节出现了问题，其次也可能由原子钟本身引起。相位数据的跳变对应于频率数据的峰值，这种异常现象具有与调频白噪声相似的特性，从而使原子钟的稳定性分析结果中出现调频白噪声的特性，易造成混淆。因此，相位跳变需在频域和时域相互佐证。图 9.1.1 是相位跳变的相位偏差和频率偏差变化，呈现出在时域和频域的特点，相位跳变在频率偏差值上会出现一个明显的跳变点[1]。

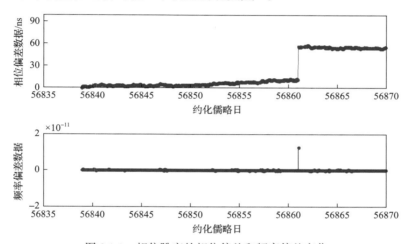

图 9.1.1　相位跳变的相位偏差和频率偏差变化

相位跳变的数学模型定义为

$$y[n] = \mu_a \delta[n - n_a] + \varepsilon[n] \tag{9.1.6}$$

式中，n_a 为发生异常的时刻；μ_a 为 $y[n]$ 的均值；$\delta[n - n_a]$ 为离散 delta 函数，其表达式为

$$\delta[n - n_a] = \begin{cases} 1, & n = n_a \\ 0, & n \neq n_a \end{cases} \tag{9.1.7}$$

利用式（9.1.1），可以将标称原子钟的输出定义为

$$y[n] = \mu_a \delta[n - n_a] + y_0[n] \tag{9.1.8}$$

从式（9.1.8）可以看出，$y[n]$ 的均值为

$$E[y[n]] = \mu_a \delta[n] \tag{9.1.9}$$

从式(9.1.8)可以知道，在时刻 n_a，$y[n]$ 的均值为 μ_a，而在时刻 n_a 之前和之后，$y(n)$ 的均值为 0。

相位跳变的处理多采用数据奇异点检测与修正方法，为了避免对调频白噪声产生误判，需在时域和频域同时进行数据奇异点检测，相位调整后对钟跳数据进行修复，确认修复后的数据与没有发生相位跳变前的数据特性无异。

9.1.3 频率跳变数据的处理

频率跳变的出现，说明原子钟的频率过程为非平稳过程，对于原子钟数据中频率跳变点的识别和定位，多数算法都是通过在频率数据上采用移动窗口来实现的，查找移动窗口前后两部分数据均值的变化点，以此来定位频率跳变点。将频率跳变点前后的数据分为两部分，分别单独进行分析，对于由客观原因造成的频率跳变需要进行频率跳变修正。图 9.1.2 是频率跳变的相位偏差和频率偏差变化。

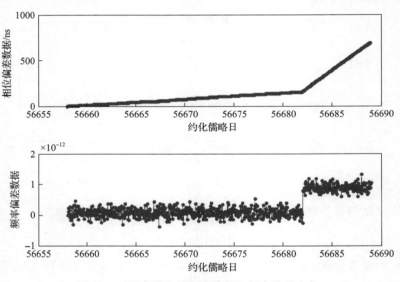

图 9.1.2　频率跳变的相位偏差和频率偏差变化

频率跳变一般体现在相对频率偏移的均值突然在某个时刻发生了跳变，因此频率跳变的数学模型为

$$y[n] = \mu_a u\big[n - n_a\big] + \varepsilon[n] \tag{9.1.10}$$

式中，n_a 为发生异常的时刻，而 $u\big[n - n_a\big]$ 为阶跃函数，其表达式为

$$u\big[n - n_a\big] = \begin{cases} 0, & n < n_a \\ 1, & n \geqslant n_a \end{cases} \tag{9.1.11}$$

利用式(9.1.1)，可以将正常钟的输出定义为

$$y[n] = \mu_a u[n - n_a] + y_0[n] \tag{9.1.12}$$

从式(9.1.1)可以看出，$y[n]$ 的均值为

$$E[y[n]] = \mu_a u[n] \tag{9.1.13}$$

因此，在时刻 n_a 之前，$y[n]$ 的均值为 0，而在 $n \geq n_a$ 时，$y[n]$ 的均值为 μ_a。

如果原子钟的频率跳变是外界因素或人为因素造成的，且发生频率跳变后频率稳定度性能与之前无异，则应进行频率修正，修正后的数据仍然可以用于时间尺度的计算。如果原子钟的频率跳变是原子钟自身原因造成的，一般不进行修复，这是因为短时间内无法准确判断该原子钟的频率输出是否稳定。

9.1.4 方差增大数据的处理

原子钟在运行期间会受到内部或外部的干扰，也会因自身某些器件的老化、失灵导致性能突然降低或发生故障，极端时原子钟无信号输出，绝大多数情况下会导致原子钟测量数据的方差变大。图 9.1.3 是方差变大的相位偏差和频率偏差变化，呈现出原子钟输出异常时在时域和频域的表现特点。方差增大情况下的数学模型为

$$y[n] = \sigma[n]\varepsilon[n] \tag{9.1.14}$$

式中，

$$\sigma[n] = \begin{cases} 1, & n < n_a \\ \sigma_a, & n \geq n_a \end{cases} \tag{9.1.15}$$

由式(9.1.14)和式(9.1.1)可以看出

$$E[y[n]] = 0 \tag{9.1.16}$$

因此，频率方差为

$$\sigma_y^2[n] = E\left[y^2[n]\right] = \sigma^2[n] \tag{9.1.17}$$

也就是说，当 $n < n_a$ 时，$\sigma_y^2[n] = 1$；而当 $n \geq n_a$ 时，$\sigma_y^2[n] = \sigma_a^2$。

对方差变大的检验方法除频率方差外，多采用频率稳定度指标。如果原子钟的方差突然变大是外界因素或人为因素造成的，而且持续时间不长，则应对这段数据进行特殊的降噪处理，降噪后的数据仍然可以用于时间尺度的计算。在确认外界干扰因素消失后，需对该原子钟的性能进行重新评价。

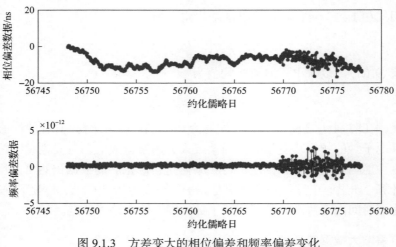

图 9.1.3　方差变大的相位偏差和频率偏差变化

9.2　原子钟噪声分析及降噪方法

原子钟是由各种电子元器件组成的电子设备，设备内部噪声是影响其频率稳定度的主要因素。原子钟不同部件的噪声对输出信号的相位和频率的作用机制不同，这些噪声对相位和频率的影响分为五种基本类型：调频闪烁噪声、调频白噪声、调相闪烁噪声、调相白噪声和频率随机游走噪声。原子钟的频率漂移特性与原子钟的类型有关[1,2]。

9.2.1　原子钟频率漂移的修正

由于物理结构及其自身工作特性，通常氢原子钟存在较明显的频率漂移效应，氢原子钟的长期频率稳定度随着时间的推移不断降低，频率漂移是原子钟的确定性变化分量，很难对其进行直接测量。在时间实验室一般先计算氢原子钟相对于一个稳定的时间尺度的相位变化，然后通过以下方法(表 9.2.1)估计频率漂移量值。

表 9.2.1　频率漂移估计方法

数据类型	估计方法	适用范围
相位数据	二次拟合法	调相白噪声
	二次差分均值法	频率随机游走噪声
	三点拟合法	调频白噪声和频率随机游走噪声
频率数据	线性拟合法	调频白噪声
	两段拟合法	调频白噪声和频率随机游走噪声

相位数据频率漂移的估计方法有如下几个方面。

1）二次拟合法

二次拟合法就是用二次多项式对相位数据进行拟合，参数 D 就是要估计的频率漂移项，该方法适合于调相白噪声情况下的频率漂移估计。

$$x(t) = x_0 + y_0 t + \frac{1}{2} D t^2 + \varepsilon_x(t) \qquad (9.2.1)$$

式中，x_0、y_0、D 分别为初始相位（时间）偏差、初始频率偏差和频率漂移；$\varepsilon_x(t)$ 为原子钟时间偏差的随机变化分量。

2）二次差分均值法

对相位数据进行二次差分，可得

$$x'(t) = D + \varepsilon_x'(t) \qquad (9.2.2)$$

由此可知，相位数据二次差分的均值即为频率漂移估计值，该方法适合于频率随机游走噪声情况下的频率漂移估计。

3）三点拟合法

三点拟合法是用相位数据的起点、中点和终点计算频率漂移：

$$D = 4 \left(x_{\text{end}} - 2 x_{\text{mid}} + x_{\text{start}} \right) / (Nt)^2 \qquad (9.2.3)$$

式中，N 为相位数据个数。

三点拟合法适合于调频白噪声和频率随机游走噪声情况下的频率漂移估计。

频率漂移估计方法的选择可根据拟合残差来判断。如果拟合残差为随机白噪声，则说明该拟合模型比较合适。也可根据主要噪声类型选择使用哪种拟合模型，但需要预先确定主要噪声类型。当拟合时间不是很长时，可以认为其频率漂移是一个常量。当拟合时间较长时，需考虑环境和原子钟参数的变化及钟运行的历史记录，对预报模型进行修正。对存在频率漂移的原子钟，只有进行频率漂移修正后方可进行原子钟的频率预报。

9.2.2　比对噪声的处理

在频域频率稳定度的测量中，能够用幂律谱密度噪声模型分离 5 种噪声类型，而在时域频率稳定度的测量中，无法分辨究竟是调相白噪声还是调相闪烁噪声在起作用，因此频域频率稳定度能够更好地反映频率标准受内部噪声影响的本质。但是，频域频率稳定度通常测量的是单边带相位噪声，对于频率随机游走噪声，其频率非常低，目前的频域测量设备几乎无法测出这种噪声，而时域测量设备采用比相法或比时法就可以测出这种噪声。因此，频域分析和时域分析是全面考察原子钟频率稳定度的两种手段，从不同的角度观察内部噪声对输出频率的影响情况，二者优势互补。噪声对原子钟输出频率的干扰往往不是表现在频率值的变化上，而是表现为对输出信号的干扰，即表现为相位噪声。因此，频率稳定度通常采用相位测量数据计算。

对于给定的原子钟，不同噪声影响与采样间隔有关，也就是在某一采样间隔一种噪声起主导作用，并不是每一个原子钟均存在 5 种噪声，且在每一时段上均有表现，更多的情况是每一类原子钟主要受其中部分噪声的影响。对铯原子钟来说，在采样间隔 $\leqslant 10^5 s$ 时，主要表现为调频白噪声，之后是频率随机游走噪声；氢原子钟的主要噪声在采样间隔 $\leqslant 10^4 s$ 时，主要表现为调频白噪声，之后是频率随机游走噪声。

原子钟的自身噪声水平不仅影响其频率稳定特性，还将影响钟差比对结果。时间测量系统中涉及较多的测量比对环节会引入多种噪声，导致测量数据的质量降低，如果直接引用会带入多种误差，所以首先需要对这样的测量比对数据进行消噪，目的就是减小或削弱测量数据的噪声，提高数据质量。数据降噪处理的方法很多，需根据原子钟数据的特点选择降噪方法。降噪方法通常有 Vondrak 平滑降噪、卡尔曼滤波算法和小波去噪等。原子钟的噪声根据来源可以分为两类：一类来自测量系统及其外部环境；另一类来自原子钟本身，消噪方法只对调相白噪声、调相闪烁噪声和调频白噪声有效，即消噪方法可以提高采样间隔 $\leqslant 10^5 s$ 以内的频率稳定度，对于调频闪烁噪声和频率随机游走噪声这两种噪声，只能通过原子时尺度算法来降低或削弱。

1. 卡尔曼滤波算法

卡尔曼滤波算法是一种自回归最优化数据处理方法，该算法的基本思想是不考虑输入信号和观测噪声的影响，得到状态变量和输出信号的估计值；再利用输出信号的估计误差加权后校正状态变量的估计值，使状态变量估计误差的均方误差最小。最终通过递推法将系统及测量的随机噪声滤除，得到准确的空间状态值。卡尔曼滤波算法的关键是计算出权矩阵的最佳值。

设 k 时刻系统的状态变量为 x_k，则卡尔曼滤波算法的状态方程以及输出方程为

$$\begin{cases} X_k = \Phi_{k,k-1} X_{k-1} + W_{k-1} \\ Y_k = H_k X_k + V_k \end{cases} \tag{9.2.4}$$

式中，W 为输入信号噪声向量，是一个白噪声；V 为输出信号观测噪声，也是一个白噪声；H 为状态向量和输出信号之间的增益矩阵；Φ 为状态转移矩阵。

设系统的输入信号噪声 W 和输出信号观测噪声 V 是均值为 0 的正态白噪声，方差分别为 Q 和 R，则经推导可得如下卡尔曼滤波递推公式：

$$\begin{cases} \hat{X}_k^- = \Phi_{k,k-1}\hat{X}_{k-1} \\ P_k^- = \Phi_{k,k-1}P_{k-1}\Phi_{k,k-1}^{\mathrm{T}} + Q \\ G_k = P_k^- H_k^{\mathrm{T}}\left(H_k P_k^- H_k^{\mathrm{T}} + R\right)^{-1} \\ \hat{X}_k = \hat{X}_k^- + G_k\left(Y_k - H_k\hat{X}_k^-\right) \\ P_k = \left(I - G_k H_k\right)P_k^- \end{cases} \tag{9.2.5}$$

式中，$\hat{X}_k$ 为 X_k 的最优估计值；$\hat{X}_k^-$ 为还没有经过校正的估计值，称为先验估计值；P_k^- 为先验估计误差的协方差矩阵；P_k 为后验估计误差的协方差矩阵；G_k 为增益矩阵，实为一个加权矩阵。

对于线性离散系统，设定初始状态 $\hat{X}_0$ 以及协方差矩阵 P_0，利用以上递推公式即可得到卡尔曼滤波结果。利用上一个采样时刻的钟差估计值和当前时刻的钟差观测值，来估计当前时刻的钟差估计值，当前时刻之后的观测值不会对当前时刻的估计值产生影响。

2. Vondrak 平滑降噪

Vondrak 平滑降噪的基本思想是在两个相互矛盾的条件下找到一个折中点，也就是建立的目标函数既要尽可能接近测量值，又要尽可能平滑。

对于一个时间比对数据序列，设为 $(t_i, x_i)(i = 1, 2, \cdots, N)$，Vondrak 平滑降噪的基本假设为

$$Q = F + \lambda^2 S \to \min \tag{9.2.6}$$

式中，

$$F = \sum_{i=1}^{N} p_i\left(x_i^j - x_i\right)^2 \tag{9.2.7}$$

$$S = \sum_{i=1}^{N-3} \left(\Delta^3 x_i^j\right)^2 \tag{9.2.8}$$

式中，F 为通常的加权最小二乘法的目标函数，称其为 Vondrak 平滑降噪的拟合度；S 为平滑值三次差分的平方和，反映了待求平滑曲线总体上的平滑程度，称其为平滑度；x_i^j 为平滑后的值；$\Delta^3 x_i^j$ 为 x_i^j 的三次差分；p_i 为 x_i 的权重；λ 为平滑系数。

在实际计算中，设 $\left(t_{i+1}, x_{i+1}^j\right)$ 和 $\left(t_{i+2}, x_{i+2}^j\right)$ 在光滑曲线 $f(t)$ 上，以相邻的四个点

$\left(t_i,x_i^j\right)$、$\left(t_{i+1},x_{i+1}^j\right)$、$\left(t_{i+2},x_{i+2}^j\right)$、$\left(t_{i+3},x_{i+3}^j\right)$构造的三次拉格朗日多项式 $L_i(t)$ 来逼近 $f(t)$，$L_i(t)$ 的表达式为

$$L_i(t) = \frac{(t-t_{i+1})(t-t_{i+2})(t-t_{i+3})}{(t_i-t_{i+1})(t_i-t_{i+2})(t_i-t_{i+3})}x_i^j$$
$$+ \frac{(t-t_i)(t-t_{i+2})(t-t_{i+3})}{(t_{i+1}-t_i)(t_{i+1}-t_{i+2})(t_{i+1}-t_{i+3})}x_{i+1}^j$$
$$+ \frac{(t-t_i)(t-t_{i+1})(t-t_{i+3})}{(t_{i+2}-t_i)(t_{i+2}-t_{i+1})(t_{i+2}-t_{i+3})}x_{i+2}^j \quad (9.2.9)$$
$$+ \frac{(t-t_i)(t-t_{i+1})(t-t_{i+2})}{(t_{i+3}-t_i)(t_{i+3}-t_{i+1})(t_{i+3}-t_{i+2})}x_{i+3}^j$$

对式(9.2.9)求三阶导数，代入式(9.2.8)可得

$$S = \sum_{i=1}^{N-3}\left(a_ix_i^j + b_ix_{i+1}^j + c_ix_{i+2}^j + d_ix_{i+3}^j\right)^2 \quad (9.2.10)$$

式中

$$\begin{cases} a_i = \dfrac{6\sqrt{x_{i+2}-x_{i+1}}}{(x_i-x_{i+1})(x_i-x_{i+2})(x_i-x_{i+3})} \\[2mm] b_i = \dfrac{6\sqrt{x_{i+2}-x_{i+1}}}{(x_{i+1}-x_i)(x_{i+1}-x_{i+2})(x_{i+1}-x_{i+3})} \\[2mm] c_i = \dfrac{6\sqrt{x_{i+2}-x_{i+1}}}{(x_{i+2}-x_i)(x_{i+2}-x_{i+1})(x_{i+2}-x_{i+3})} \\[2mm] d_i = \dfrac{6\sqrt{x_{i+2}-x_{i+1}}}{(x_{i+3}-x_i)(x_{i+3}-x_{i+1})(x_{i+3}-x_{i+2})} \end{cases} \quad (9.2.11)$$

根据 $Q = F + \lambda^2 S \to \min$ 有

$$\frac{\partial Q}{\partial x_i^j} = \frac{\partial F}{\partial x_i^j} + \lambda^2 \frac{\partial S}{\partial x_i^j} = 0, \quad i = 1,2,\cdots,N \quad (9.2.12)$$

将式(9.2.12)展开、合并整理可得

$$\sum_{j=-3}^{3} A_{ji}x_{j+i}^j = B_ix_i, \quad i = 1,2,\cdots,N \quad (9.2.13)$$

式中，$B_i = \varepsilon p_i$，这就是 Vondrak 平滑降噪的基本方程组；A_{ji} 的计算公式为

$$
\begin{cases}
A_{-3i} = a_{i-3}d_{i-3} \\
A_{-2i} = a_{i-2}c_{i-2} + b_{i-3}d_{i-3} \\
A_{-1i} = a_{i-1}b_{i-1} + b_{i-2}c_{i-2} + c_{i-3}d_{i-3} \\
A_{0i} = a_i^2 + b_{i-1}^2 + c_{i-2}^2 + d_{i-3}^2 + \varepsilon p_i \\
A_{1i} = a_i b_i + b_{i-1}c_{i-1} + c_{i-2}d_{i-2} \\
A_{2i} = a_i c_i + b_{i-1}d_{i-1} \\
A_{3i} = a_i d_i \\
\varepsilon = 1/\lambda^2
\end{cases}
\tag{9.2.14}
$$

这里要求

$$
A_{ji} = 0, \quad j + i \leqslant 0 \text{ 或 } j + i \geqslant N + 1
\tag{9.2.15}
$$

求解线性方程组(9.2.14)即能唯一确定一组平滑值。

9.3　原子时算法

从理论上来说，每台原子钟都可以产生一个时间尺度，但由于每台原子钟都存在噪声和误差，而且每一种物理装备都有可能出现故障，为了保持时间尺度的稳定性和可靠性，需要使用原子时算法把多台原子钟综合成一个比单台原子钟更稳定、更准确、更可靠的综合原子时时间尺度。原子时算法的最终目的是使生成的原子时尺度的稳定度大于钟组内任何单个原子钟所产生的原子时尺度[3]。

产生时间尺度的实验室通常有多台不同类型的原子钟，而如何最大限度地发挥出不同类型原子钟的性能，就需要依据实际需求选择合适的原子时算法，从而得到一个稳定、准确且可靠的原子时时间尺度。

对原子时而言，算法的本质是调整原子钟之间的相互关系，每一种相互关系都代表着不同的物理实现过程。研究原子时算法就是选择或构造某一个物理过程，使时间尺度的不确定性最低、稳定性最高。另外，原子时算法的基础是原子钟噪声模型，原子钟之间的相互关系实际上也是它们之间的噪声关系，通过各自的噪声系数体现在算法中，也就是说原子时算法就是所有原子钟噪声系数的某种组合。

9.3.1　原子时时间尺度计算的基本方法

若有 N 台原子钟，其读数为 $h_i(t)(i = 1, 2, \cdots, N)$，利用加权平均算法，建立一个时间尺度 $\text{TA}(t)$。其一般形式可以表示为[4]

$$\mathrm{TA}(t) = \sum_{i=1}^{N} \omega_i(t) h_i(t), \quad \sum_{i=1}^{N} \omega_i(t) = 1 \tag{9.3.1}$$

式中，$\omega_i(t)$ 表示原子钟 i 的权重。

当每个原子钟相互独立时，采用正确的加权平均算法会产生比任何单个原子钟更稳定的时间尺度。

$\mathrm{TA}(t)$ 即是由 N 台原子钟综合得到的时间尺度，因此 $\mathrm{TA}(t)$ 的噪声是各原子钟噪声的加权和，即

$$\varepsilon_s(t) = \sum_{i=1}^{N} \omega_i(t) \varepsilon_i(t) \tag{9.3.2}$$

为了使综合原子钟的噪声 $\varepsilon_s(t)$ 最小，通常利用式 (9.3.3) 来确定权重，即

$$\omega_i(t) = \frac{\dfrac{1}{\sigma_i^2}}{\displaystyle\sum_{i=1}^{N} \dfrac{1}{\sigma_i^2}}, \quad i = 1, 2, \cdots, N \tag{9.3.3}$$

式中，σ_i^2 既可以是阿伦方差，也可以是标准方差，无论是哪种方差，都能使综合原子钟的噪声方差最小。

若 $h_i'(t)$ 为在 t 时刻加到原子钟 i 读数上的时间修正，应用此值的目的是在计算时间尺度时，当原子钟 i 的权重发生改变或者参与计算的原子钟数目改变时，可保证时间尺度相位和频率的连续性。因此，式 (9.3.1) 可以写为

$$\mathrm{TA}(t) = \sum_{i=1}^{N} \omega_i(t) \{ h_i(t) + h_i'(t) \}, \quad \sum_{i=1}^{N} \omega_i(t) = 1 \tag{9.3.4}$$

式中，$\omega_i(t)$ 和修正值 $h_i'(t)$ 的计算方法因不同原子时算法而不同。

事实上，由于不存在理想的时间，所以单个原子钟相对于理想时间的差无法获取，即不能从式 (9.3.4) 计算出时间尺度 $\mathrm{TA}(t)$ 的数值，能得到的是原子钟 i 和平均时间尺度 $\mathrm{TA}(t)$ 的差 $x_i(t)$，即

$$x_i(t) = \mathrm{TA}(t) - h_i(t) \tag{9.3.5}$$

设 $X_{ij}(t)$ 是原子钟 i 和原子钟 j 的相位偏差数据，是可以经过测量直接获取到的，为

$$X_{ij}(t) = x_j(t) - x_i(t), \quad i, j = 1, 2, \cdots, N, \quad i \neq j \tag{9.3.6}$$

由式 (9.3.4) 和式 (9.3.5) 可得

$$\sum_{i=1}^{N} \omega_i(t) x_i(t) = \sum_{i=1}^{N} \omega_i(t) h_i'(t) \tag{9.3.7}$$

由式 (9.3.6) 和式 (9.3.7) 组成方程组为

$$\begin{cases} \displaystyle\sum_{i=1}^{N} \omega_i(t) x_i(t) = \sum_{i=1}^{N} \omega_i(t) h_i'(t) \\ X_{ij}(t) = x_j(t) - x_i(t), \quad i,j = 1,2,\cdots,N, \quad i \neq j \end{cases} \tag{9.3.8}$$

式 (9.3.7) 共给出 N–1 个相互独立的方程，再加上式 (9.3.6)，共 N 个方程，N 个未知数，可以从中解出 N 个 $x_i(t)$。

通常情况下，$h_i'(t)$ 是由线性预测得到的。常见的预测公式为

$$h_i'(t) = x_i(t_0) + y_i'(t)(t - t_0) \tag{9.3.9}$$

式中，t_0 为上一次计算的最后时刻；$x_i(t_0)$ 为上一次计算的在 t_0 时刻的原子时与原子钟 i 的差；$y_i'(t)$ 为原子钟 i 相对于所计算的平均时间尺度 TA(t) 的频率偏差，或者称为原子钟 i 相对于所计算的平均时间尺度 TA(t) 的速率（以下均以"原子钟 i 的速率"表示），预测 $y_i'(t)$ 所用的参考是 TA(t)，这样就要求以最好的原子时时间尺度为参考，而且因为 $y_i'(t)$ 的参考是 TA(t) 过去的值，所以如果计算原子时的方法不恰当，则前期计算出的原子时将直接影响 TA(t) 的准确性。

上述计算原子时的算法中始终认为 $\omega_i(t)$ 已知，因此只给出原理公式 (9.3.4)。基于经典加权的不同原子时算法只是预测 $y_i'(t)$ 和 $\omega_i(t)$ 的方法不同而已。计算原子时应考虑的重点问题如下。

(1) 在测量 $X_{ij}(t)$ 时带入的误差应该远小于各原子钟的噪声。

(2) 每个原子钟必须自由、独立运行。

原子时算法需根据实际需求进行设计，例如，要计算得到的原子时时间尺度是实时的 (如 NIST 所采用的每 2h 计算一次) 还是滞后的 (如 BIPM 每个月计算一次，滞后 40～45 天) 时间尺度，或者多长时间段的稳定度更重要，注重短期频率稳定度还是长期频率稳定度，这些因素影响着计算原子时的时间段以及频率预测算法。频率预测算法取决于原子钟的性能及预测时间段。典型情况如下。

(1) 调频白噪声为主要噪声。

一台商品铯原子钟在平均时间 τ =1～10 天表现出的主要噪声。在这种情况下，可以用前 τ 时间内几个时间段的平均频率值来预测下一个计算区间的频率值。

(2) 频率随机游走噪声为主要噪声。

一台商品铯原子钟在平均时间 τ =20～70 天表现出的主要噪声。在这种情况

下，可以用前 τ 时间内最后一个时间段的频率值作为下一个计算区间频率值的预测。

(3)频率的线性漂移为主要情况。

某些氢原子钟的频率有长期漂移，这种情况的 τ 一般大于几天。在这种情况下，可以用前 τ 时间内最后一个时间段的频率值扣除线性漂移后作为下一个计算区间频率值的预测。

每个原子钟的权重与该原子钟的频率方差成反比，如果没有约束条件，原子时的频率方差应该小于每个原子钟的频率方差。换句话说，通常情况下原子时的稳定度优于每一个原子钟的稳定度。当所计算的原子时时间尺度自身作为参考时间尺度时，权重大的原子钟对时间尺度有较大的影响。在这种情况下，通常采用最大权方法来限制由个别原子钟的权重过大而导致时间尺度的不可靠性。

9.3.2　国际原子时算法

国际权度局计算国际原子时的第一步是计算自由原子时(echelle atomique libre, EAL)尺度，它是由全球五百余台(截至 2022 年 12 月)不同类型原子钟加权平均得到的，算法选取 ALGOS(加权平均)算法，主要保证 EAL 具有良好的长期频率稳定度。之后，EAL 经过频率校准获得国际原子时，其频率校准是通过 EAL 频率与基准频率标准的比对获得的。

计算 EAL 尺度时所用的基本公式为

$$x_j(t) = \mathrm{EAL}(t) - h_j(t) = \sum_{i=1}^{N} \omega_i(t)\left[h_i'(t) - x_{i,j}(t) \right] \tag{9.3.10}$$

式中，N 为原子钟的个数；ω_i 为原子钟 H_i 的相对权重；$h_j(t)$ 为原子钟 H_j 在 t 时刻上的读数；$h_i'(t)$ 为原子钟 H_i 在 t 时刻的预报值；$x_{i,j}(t)$ 为原子钟 H_i 和原子钟 H_j 的相位偏差数据，直接可以通过测量获得，公式为

$$x_{i,j}(t) = h_j(t) - h_i(t) \tag{9.3.11}$$

1. 频率预报算法

在两个连续的时间段 $I_{k-1}(t_{k-1}, t_k)$ 和 $I_k(t_k, t_{k+1})$ 计算时间尺度时，需要在 t_k 时刻预测出原子钟 H_i 的修正项 $h_i'(t)$ 的值，以保证相位和频率上都连续。

目前，EAL 每个月计算一次，计算中采用的数据是通过国际远程时间比对手段获取到的全球各守时实验室的原子钟与 UTC(PTB)的比对结果，每 5 天计算一个值，数据点对应的时刻是国际权度局规定的标准历元(约化儒略日的尾数为 4 和 9)UTC 0 h，每次计算的周期为 30 天或 35 天，故可以获得每台原子钟的 $x_i(t_k + nT/6)$, $n =$

$0,1,\cdots,6$ 或 $x_i\left(t_k+nT/7\right),\ n=0,1,\cdots,7$ ，基于这些数据，利用最小二乘法得到原子钟 H_i 相对于 EAL 的频率 $B_{ip,I_k}\left(t_k+T\right)$ 。因此，在 30 天的时间间隔 $I_k\left(t_k,t_{k+1}\right)$ 内，原子钟 H_i 的修正项 $h_i'(t)$ 为

$$h_i'(t)=a_{i,I_k}\left(t_k\right)+B_{ip,I_k}(t)\cdot\left(t-t_k\right) \tag{9.3.12}$$

式中，$a_{i,I_k}\left(t_k\right)$ 为 t_k 时刻原子钟 H_i 相对于 EAL 的相位偏差；$B_{ip,I_k}\left(t_k\right)$ 为 $I_k=\left[t_k,t\right]$ 时间间隔内原子钟 H_i 相对于 EAL 的频率，下标 i 表示参与计算的各原子钟，p 表示在上一次计算的时间间隔内预测的参数。在计算的时间间隔内，频率为一固定常量。

a_{i,I_k} 的估计值为

$$\hat{a}_{i,I_k}\left(t_k\right)=\text{EAL}\left(t_k\right)-h_i\left(t_k\right)=x_i\left(t_k\right) \tag{9.3.13}$$

计算周期为 30 天或 35 天，在这期间铯原子钟的噪声主要表现为频率随机游走噪声，因此假定当前时间段 $I_k\left(t_k,t_{k+1}\right)$ 预测的速率和前一个时间段 $I_{k-1}\left(t_{k-1},t_k\right)$ 上的速率相同。因此，对 $x_i\left(t_k+nT/6-T\right)(n=0,1,\cdots,6)$ 或 $x_i\left(t_k+nT/7-T\right)(n=0,1,\cdots,7)$ 进行一阶线性预测得到 $B_{ip,I_{k-1}}(t)=B_i\left(t_k\right)$ 。

B_{ip,I_k} 的估计值 $\hat{B}_{ip,I_k}$ 为

$$\hat{B}_{ip,I_k}(t)=B_i\left(t_k\right) \tag{9.3.14}$$

式中，$t=t_k+nT/6(n=0,1,\cdots,6)$ 或者 $t=t_k+nT/7(n=0,1,\cdots,7)$ 。

2. 权重预报算法

在当前时间段 $I_k\left(t_k,t_{k+1}\right)$ 上权重的确定是根据以下步骤实现的[5]：

（1）利用上一次计算时间段 $I_{k-1}\left(t_{k-1},t_k\right)$ 上所采用的权重以及式（9.3.14）中的速率 $\hat{B}_i\left(t_k\right)$ 来求解当前时间段上的 6 或 7 个 $x_i(t)$ 值。

（2）将获得的 6 或 7 个 $x_i(t)$ 值，利用一阶线性预测计算得到当前的速率 $B_{ip,I_k}(t)$ ，计算经典的频率方差（或阿伦方差）$\sigma_i^2(12,T)$ ，$\sigma_i^2(12,T)$ 是计算原子时的当月和之前 11 个月速率值的方差。其计算公式为

$$\sigma_i^2(12,T)=\frac{1}{12}\sum_{k=1}^{12}\left[B_{ip,I_k}(t)-\left\langle B_{ip,I_k}(t)\right\rangle\right]^2 \tag{9.3.15}$$

式中，k 为时间段索引；$B_{ip,I_k}(t)$ 为原子钟 i 在时间段 $I_k\left(t_k,t\right)$ 的频率值。

权重计算公式为

$$\omega_i(t) = p_i \bigg/ \sum_{i=1}^{N} p_i, \qquad p_i = 1/\sigma_i^2(12,T), \qquad \sum_{i=1}^{N} \omega_i(t) = 1 \qquad (9.3.16)$$

目前，参与国际原子时计算的原子钟大体上分为三类：高性能铯原子钟、氢原子钟以及其他钟。在计算国际原子时时，为了尽可能发挥性能稳定的钟的优势，采用了加权算法，以提高"好钟"在原子时计算中所占比例。但如果赋予这样的原子钟太大的权重，则会使计算得到的原子时时间尺度对一台或几台性能好的原子钟的依赖性增强，当这些原子钟出现问题(故障或者性能改变)时，可能使得计算出的原子时表现出一定的不连续。为了防止上述问题的发生，有必要对权重进行一定的限制，即最大权问题[6]：若 $\omega_i(t) \geqslant \omega_{\max}$，则有

$$\omega_i(t) = \omega_{\max} \qquad (9.3.17)$$

$$\omega_{\max} = A/N \qquad (9.3.18)$$

式中，$\omega_{\max}$ 为最大权重；N 为参与运算的原子钟个数；A 为经验常数(BIPM 常选用的值是 2.5)，A 值的选取应考虑到参与运算的原子钟的性能，既要考虑到尽量发挥更多性能优异原子钟的优势，又不能使满权重的原子钟的个数过多，以确保国际原子时的频率稳定度。

3. 坏点剔除的计算方法

为了从所有钟差数据中剔除不正常的值，ALGOS 算法采用如下方法：如果当前时间段的 $B_{ip,I_k}(t)$ 和前 11 个月平均的 $\left\langle B_{ip,I_k}(t)\right\rangle_{11}$ 相差较大，则赋予该原子钟的权重为 0。即

$$\omega_i(t) = 0, \quad B_{ip,I_k}(t) - \left\langle B_{ip,I_k}(t)\right\rangle_{11} > 3\mathrm{si}(12,T) \qquad (9.3.19)$$

由于需重点关注国际原子时的长期频率稳定度，所以涉及的原子钟的噪声主要为频率随机游走噪声，即 $\mathrm{si}(12,T)$，可用式(9.3.20)进行估计：

$$\mathrm{si}^2(12,T) = \frac{12}{11}\sigma_i^2(11,T) = \frac{1}{11}\sum_{k=1}^{11}\Big[B_{ip,I_k}(t) - \left\langle B_{ip,I_k}(t)\right\rangle\Big]^2 \qquad (9.3.20)$$

这就是判断异常钟的 3σ 准则。

9.3.3　AT1 算法

AT1 算法是美国国家标准与技术研究院采用的一种实时原子时尺度算法，其钟组由约 10 台商品铯原子钟组成。其计算原子时的基本方程与 ALOGS 算法相同。

美国国家标准与技术研究院的时间实验室内部钟的比对测量间隔为 2h，计算

原子时的时间间隔也是 2h，即

$$t = t_0 + mT, \quad m = 1, \ T = 2\text{h} \tag{9.3.21}$$

式中，t_0 为 2h 前的计算时刻；t 为本次计算时刻；T 为计算时间段。

权重和预测的频率值每 2h 更新一次。预测的原子钟 i 的频率变化 $y_i'(t)$ 为

$$y_i'(t) = \frac{1}{m_i + 1}\left[y_i(t) + m_i y_i'(t_0) \right] \tag{9.3.22}$$

$$y_i(t) = \frac{x_i(t) - x_i(t_0)}{t - t_0} \tag{9.3.23}$$

假设原子钟噪声主要表现为调频白频率和频率随机游走噪声，则 $y_i'(t)$ 可以通过一个时间常数 m_i 来确定其最优估计，即

$$m_i = \frac{1}{2}\left[-1 + \left(\frac{1}{3} + \frac{4}{3}\frac{\tau_{\min,i}^2}{T^2} \right)^{1/2} \right] \tag{9.3.24}$$

式中，$\tau_{\min,i}$ 为原子钟 i 表现最稳定的最小采样间隔，直观地说就是计算出的阿伦方差值达到最小时所对应的采样间隔。

t 时刻权重的确定是通过前一个时间段的数值计算的，即

$$\omega_j(t) = \frac{p_i}{\sum\limits_{i=1}^{N} p_i}, \quad p_i = \frac{1}{\langle \varepsilon_i^2 \rangle}, \quad \sum_{i=1}^{N} \omega_i(t) = 1 \tag{9.3.25}$$

$$\langle \varepsilon_i^2 \rangle_t = \frac{1}{N_t + 1}\left(\varepsilon_i^2 + N_t \langle \varepsilon_i^2 \rangle_{t_0} \right) \tag{9.3.26}$$

$$|\varepsilon_i| = |h_i'(t) - x_i(t)| + K_i \tag{9.3.27}$$

$$K_i = 0.8 p_i \langle \varepsilon_i^2 \rangle^{1/2} \tag{9.3.28}$$

式(9.3.26)中定义的指数滤波器的常数 N_t 一般取为 20～30 天，这样可以减小由估计值引起的误差。ε_i 是原子钟 i 的预测值与估计值之间的差，K_i 是考虑到原子钟 i 和原子时之间的相关性而取的改正值，当钟组的原子钟个数较多（多于 10 台）时，K_i 可以忽略不计，但当原子钟个数少于 10 台时，任何一台原子钟和由所有原子钟综合出的原子时都有较大的相关性，因此 K_i 不可忽略。

美国国家标准与技术研究院采用的 AT1 算法不记录过去频率的真实值，而只考虑频率的变化，该算法类似于求解各原子钟的阿伦方差。但是使用这种算法很显然忽略了原子钟长期波动的信息，其最大的优势在于计算的实时性[7]。

权重的确定和频率预测算法选取的主要依据是：参与运算的原子钟个数、所采用的测量样本数及计算时间尺度的目的。对 BIPM 来说，参与 EAL 计算的原子钟个数较多，因而可以通过严格的长期频率稳定度计算来确定各原子钟在原子时时间尺度中的权重。但对于原子钟个数较少的守时实验室，一方面由于原子钟个数及测量样本数的限制，季节性波动的消除不容易满足；另一方面由于地方协调时 UTC(k) 控制需要将计算的实时原子时作为参考，类似于 AT1 的实时或者准实时原子时算法更有效。

9.3.4 原子时算法的比较和发展

ALGOS 算法与 AT1 算法的基本原理类似，都采用不等权加权平均，忽略了测量不确定度，认为原子钟是相互独立的，权重取值主要根据原子钟的稳定度。但在预测频率变化和权重确定时，两种算法选择了不同的方法。在 ALGOS 算法中，对钟速的预测是采用前一个月的钟速作为本月钟速的预测值，权重的选取原则发挥了原子钟的长期性能，利用长期性能确定各原子钟在计算中的权重。而 AT1 算法采用的钟速预测算法是前面几个时间段钟速的指数平均，权重的确定只需要计算短时间的频率方差，不需要考虑频率的长期漂移。因此，AT1 算法虽具有较强的实时性，但它忽略了频率长期(如季节因素)波动和漂移的影响。ALGOS 算法虽为滞后计算，但其注重长期稳定度，并可以很好地消除季节因素的影响[8]。

另外一种常见的算法是卡尔曼滤波算法，其与经典的加权算法(ALGOS 算法与 AT1 算法)迥然不同，完全放弃了权重的概念，而是从估值理论的观点出发，对参考原子钟和理想原子钟之间的钟差进行最优估计，并将此值作为修正量，计算综合时间尺度。

协调世界时计算主要涉及三种常用算法：原子钟频率预测算法、权重算法以及驾驭算法。ALGOS 算法在 2011 年 9 月进行了修改，更换了一种新的频率预报算法，在新的频率预报模型中，相对于 EAL 的频率漂移被扣除，明显提高了 EAL 的频率稳定度。但由于依然沿用旧的权重算法，新的频率预报算法并没有影响权重分布，氢原子钟和铯原子钟在总权重中的比例基本没有改变，氢原子钟依然只取到较小的权重[9]。

2014 年 1 月，基于新的频率预报算法，ALGOS 算法再次更换了一种新的权重算法，新的权重算法主要基于“可预测性”来取权重，当一台原子钟具有明显的特征(如频率漂移或老化现象)，如果这个特征可以很好地被预测并合理修正，那么这台原子钟就被认为是“好钟”。在新的权重算法中，采用钟的真实速率与预报速率的偏差来估计权重，利用一年滤波后的数据来估计权重，保证原子时的长期频率稳定度。新的权重算法提高了 EAL 的短期频率稳定度和长期频率稳定度，同时改变了以往铯原子钟权重占比过大的现象，平衡了不同类型原子钟在国际原子时中的权重，尤其提升了氢原子钟的作用[10]。

9.4　思　考　题

1. 有一组测量获得的钟差数据序列，从原始数据曲线可明显看出含有噪声。如何从该组数据中最大限度地消除由测量比对环节引入的噪声，从而得到真实的钟差结果？

2. ALGOS 算法是利用全球 500 余台原子钟计算自由原子时 EAL 的基本方法。某地时间实验室仅有十余台原子钟，如果希望采用类似 ALGOS 算法的方法计算并保持一个本地原子时应该对 ALGOS 算法做哪些改变？

3. 钟差数据异常通常有哪些情形，何种性质的异常数据不能进行修复？

4. 当原子钟的权重发生改变或者参与计算的原子钟数目改变时如何保证时间尺度的连续性？

5. 由于不存在一个理想的时间，所以单个原子钟相对于理想时间的差是无法得到的。这种情况下如何评估原子钟的性能。

6. 如果某种应用更关注输出实时物理信号的性能，则应该选择何种时间尺度算法？

参 考 文 献

[1] 董绍武, 袁海波, 屈俐俐, 等. 现代守时技术[M]. 北京: 科学出版社, 2022.

[2] 宋会杰, 董绍武, 李玮, 等. 原子钟噪声误差估计方法研究[J]. 天文学报, 2017, 58(3): 3-12.

[3] 漆贯荣. 时间科学基础[M]. 北京: 高等教育出版社, 2006.

[4] Panfilo G, Arias E F. Studies and possible improvements on the EAL algorithm[J]. IEEE Transactions on Ultrasonics, Ferroelectrics, and Frequency Control, 2010, 57(1): 154-160.

[5] Panfilo G, Harmegnies A. A new weighting procedure for UTC[C]. 2013 Joint European Frequency and Time Forum International Frequency Control Symposium, Prague, 2013: 652-653.

[6] Thomas C, Azoubib J. TAI computation: Study of an alternative choice for implementing an upper limit of clock weights[J]. Metrologia, 1996, 33 (3): 227-240.

[7] 王正明, 屈俐俐. 地方原子时 TA(NTSC)计算软件设计[J]. 时间频率学报, 2003, 26(2): 96-102.

[8] 董绍武, 王燕平, 武文俊, 等. 国际原子时及 NTSC 守时工作进展[J].时间频率学报, 2018, 41(2): 73-79.

[9] 赵书红. UTC(NTSC)控制方法研究[D]. 北京: 中国科学院大学, 2014.

[10] Panfilo G, Harmegnies A, Tisserand L. A new prediction algorithm for the generation of international atomic time[J]. Metrologia, 2012, 49 (1): 49-56.

第 10 章　现代守时技术

现代守时的标志是基于原子秒长的时间尺度的建立以及原子钟在守时工作中的广泛使用。本章主要介绍原子守时的基本原理,包括国际原子时、协调世界时、北京时间等基本概念。简要介绍现代守时系统的构建以及全球卫星导航系统时间,包括 GPS、GLONASS、Galileo 和 BDS 等系统时间。

10.1　守时与标准时间

20 世纪 50 年代之前,标准时间的测量和定义依赖天体测量的观测结果,即以地球自转周期为基础的世界时。基于天体测量的天文时间在人类历史活动和科学技术进步中发挥了巨大的作用,而且目前依然是确定国际标准时间——协调世界时的两个要素之一[1]。

天体运动的周期不够稳定,由其确定的时间单位(日或秒)的测量精度不高,而且观测时间长,不便使用,越来越不能满足现代科学技术高速发展的需要,因此在 20 世纪 50 年代以后,时间单位"秒"的定义逐步被以量子物理学为基础的原子时间标准(原子钟)所代替。建立在量子物理学基础上的铯原子时间标准诞生于 1955 年。经过十几年的理论分析、比对测量和技术协调,原子时间标准在 1967 年正式取代了天文学时间标准的"秒长"定义,并在几年之后(1971 年)形成全球统一的时间标准——国际原子时和协调世界时,并一直沿用至今。协调世界时是现今全球各国法定时间授时服务实际使用的标准时间,是天文时和原子时的折中和统一,即协调世界时的秒长采用原子时秒,而在时刻上尽量靠近世界时(天文时)。一般来说,世界时能够直接反映地球自转和昼夜变化规律,在日常生活与生产活动、天文观测、大地测量和宇宙飞行等领域不可或缺,而原子时准确、稳定,在通信、卫星导航、科学研究等领域得到了广泛应用。

时间,是连续流逝的物理量,包括时刻和时间间隔两个要素。时刻表示事件发生或者结束的时间点;时间间隔表示事件发生所持续时间的长短。图 10.1.1 是守时的基本原理:测量得到一个稳定的时间间隔,并且连续计数,从时间起点加上累计的时间间隔得到当前时刻。一个稳定的时间间隔是通过测量物质的周期性运动获得的[2]。

以上表述或许太过抽象,而图 10.1.2 是较容易理解的两个例子。通过测量钟摆的运动,可以得到稳定的时间间隔,将其进行连续计数并累加即可得到当前时刻。而对于铯原子钟，在能级跃迁时吸收或释放一定能量的电磁波，这类电磁波与单摆一样，是一种周期运动，其频率更高、周期更短、稳定性更强，因而测量得到的时间间隔更精确，守时精度也更高。

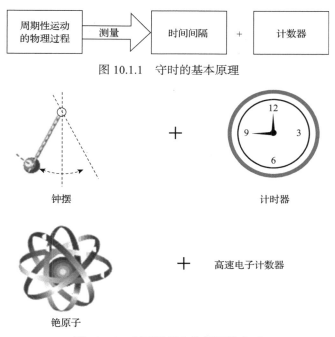

图 10.1.1 守时的基本原理

图 10.1.2 利用钟摆和铯原子钟守时

原子守时原理是原子频率标准输出标准频率，经过适当分频和控制后带动时钟钟面，从而给出一种由原子频率标准确定的时间，该类时钟称为原子钟。如果所用的是铯束原子频率标准，即为铯原子钟。任何一台原子钟均存在各种系统误差和随机误差，原子钟输出频率包含不同的变化分量，为提高守时性能，首先需要研究原子钟输出信号的变化特性。基于原子钟现代守时方法的基本原则是：采用一组原子钟，通过精密测量比对尽可能消除各种系统误差和随机误差的影响，由统计学方法产生综合时间尺度（如平均）。对所产生的原子时间尺度的要求是尽可能均匀或者稳定。

标准时间的产生与保持（也称为守时）是授时服务的基础和核心，守时实验室的时间基准系统完成标准时间信号的产生和输出，生成的物理信号或者编码通过不同介质传递给时间用户，从而实现授时服务。图 10.1.3 是 UTC（NTSC）时间基准系统，是由中国科学院国家授时中心保持的我国标准时间授时服务的国家时间基准。

图 10.1.3　UTC（NTSC）时间基准系统

10.1.1　国际原子时

国际标准时间由国际权度局建立和维持，其采用原子时的秒长，根据地球自转对时刻进行调整，从而产生稳定、可靠且时刻与世界时的偏差不超过 0.9s 的协调世界时，作为全球法定标准时间。

区别于天文测时，现代守时也可称为原子守时。有正式记载的国际原子时的计算工作可追溯到 1967 年，根据当年的国际时间局年报《1967 年国际时间局年度报告》记载，当时只有包括美、英、法、德等 12 个守时实验室参与国际原子时的归算，在这期国际时间局年报上登载的信息也相对较少，主要是上年度的原子钟数据和几个授时发播台站信息。随着原子钟性能的提高以及远距离高精度时间比对手段的出现，国际原子时的计算方法、工作规范不断完善并持续改进。在过去的半个世纪中，全世界实际使用的时间尺度从稳定度为 10^{-8}/日的地球自转产生的世界时，过渡到目前稳定度达 10^{-15}/日甚至更高的原子时。为社会发展和科学应用提供准确、稳定的时间，是世界上所有时间实验室的共同任务。近年来，原子钟的准确度由最初 10^{-11} 到目前锶原子光钟 10^{-18}，远距离时间比对精度由罗兰 C 系统的微秒量级发展到目前 TWSTFT 和 GNSS 精密单点定位（precise point positioning, PPP）的亚纳秒量级，精度提升了近万倍[3]。

原子时的基本单位是秒，一个原子时秒的长度是铯原子跃迁振荡 9192631770 周所持续的时间。更长的时间单位由秒的累加得到。国际原子时由设在法国巴黎的国际权度局建立并保持。国际权度局分析处理全世界约 80 多个时间实验室的 500 多台原子钟数据（截至 2022 年 12 月），得到纸面时间尺度——国际原子时。

10.1.2　协调世界时

原子时秒长稳定，但时刻没有物理内涵。而世界时恰好相反，地球自转速率的长期趋势在减慢，同时存在季节性不均匀变化等因素，使其秒长不均匀，但其时刻对应于太阳在天空中的位置，反映地球在空间旋转时地轴方位的变化。这不仅与人们的日常生活密切相关，而且具有重要的科学应用价值。一般来说，空间活动、大地测量等需要知道地球自转轴在空间中的角位置，即世界时时刻；而精密校频、信息传输等应用领域，则要求均匀的时间间隔，即需要秒长稳定的原子时[4]。

但是，时间服务部门一般不可能以同一个原子钟为基础发播时号，同时满足性质完全不同的两种要求。于是，出现了原子时和世界时如何协调的问题。

原子时起点的定义与世界时一致，假定在某一时刻 t_0，原子时时刻与世界时时刻的差值为零，即 $t = t_0$ 时刻 TAI–UT=0。但是由于地球自转速度逐年减慢、季节性不均匀变化等因素，自 $t = t_0$ 时刻起，TAI–UT 不再等于零，随着时间的推移，原子时与世界时之差变得越来越大。

为了协调原子时与世界时之间的关系，在定义了原子时的起点（1958 年 1 月 1 日 UTC 0 点）以后，就产生了协调世界时。1972 年以前的通过频率补偿和小步长的相位补偿，使得协调世界时的时刻与世界时之差小于 0.1s。1960 年，国际电信联盟向国际时间局提出建议，固定实施频率偏差调节改正的日期，最好在一年当中保持不变，这一建议得到了采纳。自 1963 年起，频率偏差调节引起的阶跃由 50ms 变为 100ms，以保证 TAI–UT 的差值不超过 0.1s，频率偏差调节日期一般规定为每月的月初。

协调方法几经改变，最终的方案是当协调世界时与世界时的时间偏差即将超过 0.9s 时，进行人为调整，使其增加或减少 1s，即实行闰秒制。协调世界时在本质上还是一种原子时，因为其秒长采用的是原子时秒长，只是在时刻上通过人工干预，尽量靠近世界时[5]。协调世界时 UTC 的定义为

$$UTC = TAI - 闰秒 \tag{10.1.1}$$

$$UTC - UT1 < 0.9s \tag{10.1.2}$$

截至 2022 年 12 月 31 日，闰秒数已经达到 37s，最后一次闰秒的时间是 2017 年 12 月 31 日。

协调世界时是由国际权度局及国际地球自转和参考系统服务组织共同维持的时间尺度，是世界各国授时服务的基础。

10.1.3　国际标准时间的产生

国际权度局利用全球 80 多个时间实验室，500 多台连续运转的守时原子钟产生的数据（数据来源于 BIPM），首先采用 ALGOS 算法经过加权平均得到一个稳定

的时间尺度，即自由原子时。

　　每个月月初参加国际原子时合作的各时间实验室向国际权度局发送上个月的 UTC(k)–GPST（或由 TWSTFT 得到的 UTC(j)–UTC(k)）和 UTC(k)–Clock(k, i) 的数据，其中 k 为守时实验室代码，i 为守时实验室 k 的原子钟序号，$i=1,2,\cdots,n$。全球所有参与国际原子时计算的原子钟通过式(10.1.3)归算到当前的国际时间比对中心站 UTC(PTB)：

$$
\begin{aligned}
&\mathrm{UTC(PTB)} - \mathrm{Clock}(k,i) \\
=\ &[\mathrm{UTC(PTB)} - \mathrm{GPST}] \\
&-[\mathrm{UTC}(k) - \mathrm{GPST}] + [\mathrm{UTC}(k) - \mathrm{Clock}(k,i)]
\end{aligned}
\tag{10.1.3}
$$

　　国际权度局按照 ALGOS 算法对由式(10.1.3)获得的 UTC(PTB)–Clock(k,i) 钟差数据进行加权平均处理，得到 UTC(PTB)–EAL，由此计算得到自由原子时[6]。

　　得到自由原子时后，国际权度局通过国际时间传递手段得到几个守时实验室基准频率标准的频率（进行广义相对论和黑体辐射改正后）加权平均，用于与自由原子时的频率进行比对，利用分析函数对自由原子时的频率进行驾驭，从而得到既稳定又准确的时间尺度——国际原子时。

　　国际标准时间的产生[7]如图 10.1.4 所示。

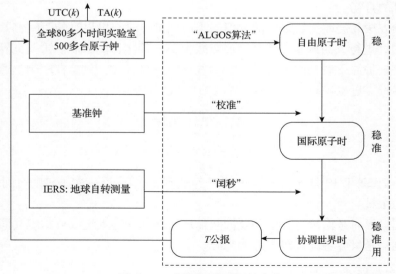

图 10.1.4　国际标准时间的产生

　　(1)自由原子时是利用全球参加国际原子时合作的 500 多台原子钟通过加权

平均得到的，每台原子钟的加权主要考虑自由原子时的长期频率稳定度。

（2）国际权度局通过时间传递手段得到几个守时实验室基准频率标准的频率（进行广义相对论和黑体辐射改正后）的加权平均，用于与自由原子时的频率进行比对，对自由原子时的频率进行驾驭而得到国际原子时。

（3）国际权度局在计算得到国际原子时时，根据 IERS 提供的 UT1 与协调世界时之差确定闰秒时刻，由此得到协调世界时 UTC。

10.1.4　协调世界时的物理实现

协调世界时 UTC 是国际标准时间，但它是由计算获得的纸面时间，而且滞后15～45 天向全球发布，不能获得实时应用。为此，各国会依据历史数据进行预测，产生一个协调世界时在本地的物理实现，定义为 UTC(k)（k 是国家守时实验室代码，通常是该机构的英文名缩写）。全球各守时实验室参照 UTC 时间尺度的建立方式，利用一台或一组原子钟来建立地方协调时 UTC(k)，UTC(k)是国家的时间基准。UTC(k)时间基准系统能实时输出物理信号和时间编码信息，从而使时间用户能够获得实时并接近 UTC 的标准时间频率信号。UTC(k)在满足国家授时服务的同时，与国际标准时间 UTC 保持常规比对和溯源关系[8]。

UTC(k) 通常由一个实际的原子钟输出，它是各国标准时间信号发播的基础。UTC(k)的产生和保持是每个时间实验室的首要任务，其产生流程如下。

（1）原子钟输出标准时间频率信号。

（2）本地测量比对系统完成各单台原子钟与某台特定原子钟（主钟）的测量比对，获得钟差数据。

（3）钟差数据经过一定的方法（原子时算法）算出地方原子时尺度 TA(k)。

（4）TA(k)作为 UTC(k)控制的主要参考，参与本地参考时间的控制。

（5）UTC(k)主钟系统输出标准时间频率物理信号，如：1PPS、5MHz、10MHz。

（6）参加国际时间比对获得 UTC(k)与国际标准时间 UTC 的关系。

守时的最终目的是授时服务，守时系统为授时发播系统提供标准时间频率信号和信息。由中国科学院国家授时中心产生和保持的地方协调世界时UTC(NTSC)是我国的国家时间基准，从 20 世纪 60～70 年代起即通过国家重大科技基础设施（长短波授时系统）实现我国标准时间授时发播服务。UTC(NTSC)同时也是我国各类授时设施（包括北斗卫星导航系统）时间的溯源参考，从而保证国家授时服务工作的统一[9]。根据《北斗卫星导航系统公开服务性能规范》(GB/T 39473—2020)：北斗卫星导航系统的时间基准为北斗时(BeiDou time, BDT)。北斗时采用国际单位制(SI)秒为基本单位连续累计，不闰秒。起始历元为 2006 年 1 月 1 日协调世界时 00 时 00 分 00 秒。北斗时通过 UTC(NTSC)

与协调世界时建立联系, 北斗时与协调世界时的偏差保持在 50ns 以内(模 1s)。

10.1.5　北京时间

北京时间是我国各地日常生活中使用的标准时间, 虽然我国从东到西横跨 5 个时区, 但统一使用北京所在东八区的区时为国家标准时间。UTC(NTSC)是北京时间的基础, 我国时间用户在使用的时候, 加上 8h 形成北京时间, 即北京时间为 UTC(NTSC)+8h, 如图 10.1.5 所示。

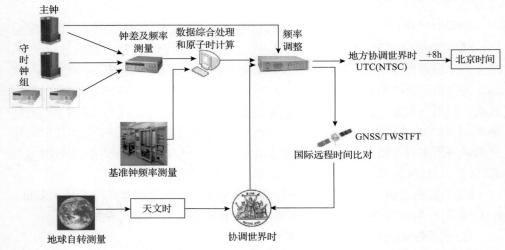

图 10.1.5　北京时间的产生[1]

UTC(NTSC)是国际标准时间协调世界时在本地的物理实现。为实现全球时间的统一, 国际电信联盟规定各国标准时间与国际标准时间协调世界时的偏差要控制在 ±100ns 以内, 即 UTC–UTC(k) < ±100ns , UTC(NTSC) 与 UTC 的偏差从 2013 年起控制在 ±10ns 以内, 2018 年起控制在 ±5ns 以内(数据来自 BIPM 网站)。目前, UTC(NTSC)的综合性能以及对国际标准时间 UTC 归算的权重贡献排在全球 80 多个守时实验室的前三位, 已经成为全球最重要的守时机构之一[1]。

10.1.6　全球卫星导航系统时间

全球卫星导航系统, 又称为天基定位导航授时(positioning navigation timing, PNT)系统, 其作用是提供时间基准和空间基准以及所有与位置相关的实时动态信息, 是国家重要的基础设施, 也是体现大国地位和国家综合实力的重要标志。全球卫星导航系统能同时提供位置信息、速度信息和时间信息, 这些信息是 PNT 系统服务能力形成的基础。

全球卫星导航系统的三大基本要素是坐标基准、时间基准和信号体制。时间基准的主要作用是为整个导航系统的测量提供时间频率参考，该参考可以是为某一测量量提供准确的时间信息，也可以是为测距信号提供标准的频率源。在人们的常规认识中，时间参考应该是一个不变的量，但实践中守时系统产生的时间信号或频率信号是一个随时间变化的量，因此需要一套规范来建立和保持该时间参考（又称为时间基准），以提供准确、稳定的参考时间。全球卫星导航系统时间基准的建立和维持就是建立一个相对稳定和准确的秒长参考量和频率参考量。

目前在建和投入运行的全球卫星导航系统主要有美国的 GPS、俄罗斯的 GLONASS、欧盟的 Galileo 系统以及中国的 BDS。这几大系统均建立和保持着其独立的内部时间基准系统，并通过一定的比对手段和控制策略与外部参考时间建立联系。GNSS 作为具备授时功能的设施，也需要遵循国际电信联盟的规定，其时间基准应尽可能接近国际标准时间 UTC 这个外部参考。由于 UTC 不是一个连续的时间尺度，存在闰秒，而全球卫星导航系统所有的测量均需要一个连续的时间量，所以多数全球卫星导航系统的时间基准采用原子时（俄罗斯 GLONASS 除外），在导航电文中发播全球卫星导航系统时间 GNSST 与 UTC 的偏差信息，以实现授时功能[10]。

1. GPST

GPST 是协调整个 GPS 运行的内部参考时间。GPST 是连续的原子时，无闰秒调整，其初始历元为 1980 年 1 月 6 日 0 时。美国海军天文台负责 GPST 的产生和控制。GPST 由星载原子钟和地面原子钟通过综合时间尺度算法产生。

GPST 以天的偏差自动驾驭到美国海军天文台保持的地方协调世界时 UTC(USNO)，以保证和美国国家时间基准 UTC(USNO) 的偏差在 1μs 以内，但在实际应用中该项偏差一直保持在数纳秒以内。驾驭设备的分辨率最早计划从 1994 年 3 月直到 GPST 的 2300 年 1 月 12 日设计为 $\pm 1.0 \times 10^{-19}$ s/s^2，但在 2011 年驾驭设备的分辨率已提升到 $\pm 5.0 \times 10^{-20}$ s/s^2。

作为 GPST 的溯源参考，美国海军天文台保持的地方协调世界时 UTC(USNO) 与国际标准时间 UTC 的偏差控制在 ±10ns 以内，其最重要的应用是对 GPST 的控制以及对罗兰 C 系统的发播控制。美国海军天文台时间尺度由华盛顿总部的原子钟建立的 UTC(USNO MC#1) 和 UTC(USNO MC#2) 与位于科罗拉多州的施里弗空军基地建立的基准备份系统(USNO AMC)的原子钟共同产生。目前，USNO AMC 由 3 台氢原子钟和 12 台铯原子钟组成，USNO MC#1 和 USNO MC#2 由 12 台氢原子钟和 50 台铯原子钟组成。USNO AMC 和 USNO MC 通过卫星双向建立比对链路，实时比对二者之间的偏差，通过频率驾驭使得 USNO AMC 和 USNO MC 的时间偏差始终保持在 2～3ns。实时 UTC(USNO) 物理信号由 1 台氢原子钟+频率综合器产生，UTC（USNO）的控制依据是计算的纸面时间 UTC（USNO）。美国海军天文台通过监测获得 GPST 与 UTC（USNO）的偏差，控制中心依据一定的策略对 GPST 进行驾驭。

　　美国海军天文台采用 GPS 精密单点定位以及卫星双向时间频率传递技术，通过 GPS 双频接收机以及卫星双向时间频率传递设备实现与 UTC 的比对和量值溯源。用户所需要的协调世界时是通过 GPS 电文中发播的各星载原子钟和系统时间的偏差参数，以及 UTC（USNO）–GPST 的偏差，来校正时间偏差和闰秒信息。

　　国际权度局在其时间公报中公布了用户通过 GPS 获得 UTC 的时间相对于 UTC 的偏差信息。用户通过 GPS 发播的 UTC 信息定义为 UTC（USNO）_ GPS。GPS 发播的 UTC 时间和国际 UTC 的时间偏差由国际权度局指定的守时实验室进行监测，并在时间公报中进行公布。图 10.1.6 是国际权度局监测的 UTC–UTC（USNO）_GPS 的时间偏差。

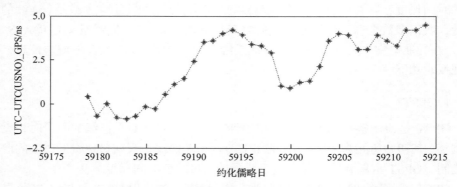

图 10.1.6　国际权度局监测的 UTC–UTC（USNO）_GPS 的时间偏差

　　该偏差的监测由法国巴黎天文台（OP）记录高仰角的 GPS 卫星的观测数据，首先使用 IGS 的精密轨道和电离层产品（TEC-map）修正，然后通过平滑方法获取 [UTC（OP）–UTC（USNO）_GPS]在 UTC 0 时刻每天的时间偏差值，再通过对[UTC–UTC（OP）]的线性插值推导到与 UTC 的偏差值上。

　　2. GLONASS 时间

　　GLONASS 时间（GLONASS time, GLONASST）以俄罗斯时间计量与空间研究院保持的协调世界时 UTC（SU）为参考，与 GPST 不同，GLONASST 溯源到协调世界时 UTC，有闰秒调整。GLONASST 与 UTC（SU）的偏差控制在 1μs 以内。

　　GLONASS 的地面监控部分配置若干台高精度氢原子钟和铯原子钟，这些高精度原子钟置于中心控制站和各监测站中。这些钟组经纸面钟技术的综合，构成了稳定的 GLONASST。实时的 GLONASST 由地面综合控制中心的氢原子钟产生，卫星时间由星载铯原子钟保持，地面综合控制中心每天比对系统时间和卫星时间两次，并将星钟改正值上传至卫星。UTC(SU) 是俄罗斯国家标准时间，其由位于莫斯科的俄罗斯时间和频率服务计量中心保持。GLONASST 同步于俄罗斯国家标准时间 UTC(SU)，与 UTC(SU) 同步闰秒，GLONASST 与 UTC(SU) 间的修正数以及 GLONASS 卫星钟改正数在导航电文中发播，每 30min 更新一次。

GLONASST 的控制精度保持在 1μs 之内 (模 1s)。GLONASS 和 GPS 类似，也在其地面控制系统和星钟配置中采用了冗余技术，这些冗余配置的原子钟组为卫星轨道估算以及星载钟的准确校准提供了可靠支撑。

GLONASST 是一个与协调世界时 UTC 类似但又不完全相同的原子时系统。与 GPST 不同的是 GLONASST 引入了闰秒调整，并以莫斯科时间为基准。因此，它与俄罗斯时间空间计量研究所产生和保持的俄罗斯本地协调世界时 UTC(SU) 之间存在 3h 的系统差，即

$$T_{\mathrm{GLONASS}} = \mathrm{UTC(SU)} + 3\mathrm{h} \qquad (10.1.4)$$

UTC(SU) 作为俄罗斯国家标准时间是 GLONASS、俄罗斯陆基无线电授时系统、电视、网络等授时服务系统的溯源参考。目前，UTC(SU) 由 10 台俄罗斯国产氢原子钟组成，独立原子时 TA(SU) 的归算基于全部参加守时的氢原子钟组并参与国际原子时的归算合作。UTC(SU) 是由氢原子钟组计算得到的"软件钟"并溯源至国际标准时间 UTC，UTC(SU) 与 UTC 目前采用 TWSTFT 方法与 GNSS 精密单点定位相连接。UTC(SU) 通过 GNSS 共视技术被传递到 GLONASS 地面主控站，是 GLONASST 的溯源参考。俄罗斯时间频率基准另外一个重要组成部分是其两台连续运转的铯喷泉基准钟，其中 CsF01 的 B 类不确定度小于 3×10^{-13}，另一台 CsF02 的 B 类不确定度小于 5×10^{-16}，两台铯喷泉钟作为基准钟定期对独立原子时 TA(SU) 的频率进行校准。其中，CsF02 的数据被国际权度局用于国际原子时的频率校准，根据国际权度局 2014 年 3 月第 315 期时间公报，CsF02(SU) 6 次被用于自由原子时的频率校准。图 10.1.7 是 GLONASST 溯源示意图及 UTC(SU) 与 UTC 连接结构示意图。

GLONASS 未来发展计划包括地面控制站建设和改进时间比对连接手段。按照计划，UTC(SU) 和 GLONASS 地面控制站之间将会建设基于专用光纤的时间比对链路，以提高 GLONASS 主控站向 UTC(SU) 溯源的时间比对精度，实现 |GLONASST−UTC(SU)| ≤ 1ns 的目标。同时，几个地面控制站间也将使用光纤实现高精度同步。到时用户获得的 GLONASST 精度也会提高到几十纳秒，未来 GLONASS 地面时间控制系统如图 10.1.8 所示。

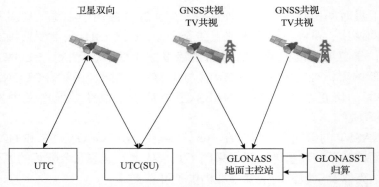

图 10.1.7　GLONASST 溯源示意图及 UTC(SU) 与 UTC 连接结构示意图

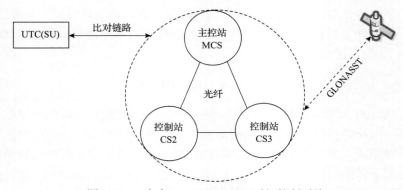

图 10.1.8　未来 GLONASS 地面时间控制系统

UTC 与 GLONASST 之间的偏差是由放置于波兰天文地球动力学天文台的 GNSS 接收机观测结果获得的，数据在国际权度局的 T 公报中发布，如图 10.1.9 所示。

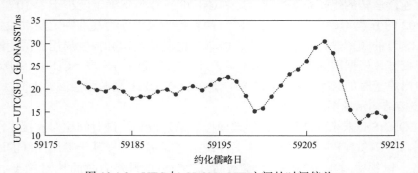

图 10.1.9　UTC 与 GLONASST 之间的时间偏差

3. Galileo 系统时间

Galileo 系统时间简称为 GST，类似于 GPST，GST 是连续的原子时间尺度，无闰秒调整，其国际溯源参考是国际原子时。Galileo 系统规定，GST 与 TAI 的偏差应该控制在 ±50ns 以内，不确定度为 28ns。

　　Galileo 系统星上时间子系统包括星载钟组、时间偏差监测和控制单元。Galileo 卫星装载了两种原子钟：铷原子钟和被动型氢原子钟，其中氢原子钟是主钟，铷原子钟为备份钟。该时钟系统为导航信号的产生提供了参考时间。时钟监测与控制单元由选定主钟的 10MHz 参考信号生成并保持稳定的 10.23MHz 的主定时参考频率，实现卫星时间的保持。2005 年发射的 GIOVE-A 实验卫星上装载了两台铷原子钟，而 2008 年升空的 GIOVE-B 卫星上则装载了两台铷原子钟和一台氢原子钟。

　　Galileo 系统地面部分由位于德国的奥伯法芬霍芬（Oberpfaffenhofen）和意大利的富奇诺（Fucino）两个伽利略控制中心组成。精密时间设施是 GST 产生的重要组成部分，由稳定和精确的原子钟系统组成，精密时间设施具备如下双重功能：①为系统的导航功能短期稳定性提供参考；②为系统授时功能的中长期稳定性提供参考。系统的轨道测定和时间同步在估计卫星轨道和星地钟差相关参数时，需要很高的短期频率稳定度（1s 到几小时），以尽量降低时钟噪声对系统状态估计的影响。在伽利略传感器站进行载波相位测量时会受到秒量级稳定度的影响，在系统轨道和钟差参数的最大更新时间数小时内会受到小时量级稳定度的影响。

　　GST 是由欧洲几个主要守时实验室：德国联邦物理技术研究院、法国巴黎天文台、英国国家物理实验室、意大利国家标准计量院等联合起来作为系统时间服务供应商，共同参与 Galileo 时间基准系统的建立和维持，形成分布式的精密时间设施，这些地面原子钟由 Galileo 控制中心的两个精密时间设施汇集并通过综合原子时算法产生 GST，这两个精密时间设施均配备两台主动型氢原子钟和四台高性能铯原子钟。每一个时间产生单元由两套主钟系统以及多台高性能原子钟组成，两套主钟系统实时运行，形成互为备份、实时切换的连续运行的守时系统。

　　GST 采用组合钟时间尺度，由所有地面原子钟及星载钟通过适当加权处理来建立和维持。时间服务供应商提供的授时服务对提高 GST 的长期频率稳定度以及确保 GST 向 UTC 溯源非常关键。时间服务供应商的主要任务是向伽利略控制中心的精密时间设施提供 GST 向 UTC（模 1s）溯源所需要的校正量。校正量的更新是通过与欧洲主要时间实验室之间的共视和双向时间比对获得的，并由外部时间服务供应商每天提供。时间服务供应商需要估计出精密的校正量，以保证 GST 具有较好的中期和长期频率稳定度。时间服务供应商在正常工作模式下是全自动运行的，每天从精密时间设施以及欧洲几个主要时间实验室 UTC(k) 采集时间同步数据和原子钟比对数据，并将这些数据与从国际权度局获得的各个主要实验室的原子钟数据进行融合，计算出相应的调整量，并以每天一次的频率自动传输给精密时间设施，进而产生用于导航和授时的参考时间 GST。图 10.1.10 为 GST 与 UTC 之间的时间偏差。

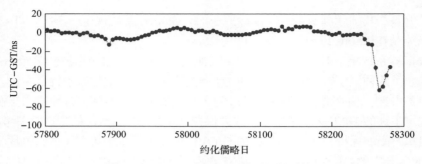

图 10.1.10　GST 与 UTC 之间的时间偏差

　　上述结果为 NTSC 通过多模监测接收机监测的 Galileo 初始服务后近两年的时间保持性能。可以看出，GST 在约化儒略日为 58262（2018 年 5 月 24 日）左右产生了一个较大的波动，电文参数准确发播了该波动，因此定位和授时用户并未受到明显的影响。

4. 北斗卫星导航系统时间

　　依据北斗卫星导航系统空间信号接口控制文件以及官方发布的白皮书中的描述，北斗卫星导航系统时间的基准为 BDT。BDT 采用国际单位制（SI）秒为基本单位连续累计，不闰秒，起始时间为 2006 年 1 月 1 日协调世界时（UTC）00 时 00 分 00 秒，采用周和周内秒计数。BDT 通过 UTC（NTSC）与国际标准时间 UTC 建立联系，BDT 与 UTC 的偏差保持在 100ns 以内（模 1s）。

　　北斗卫星导航系统的建设分为三个阶段：从 2000～2012 年的第一阶段，称为北斗实验验证阶段，在此阶段为中国及其周边用户提供卫星无线电定位服务和短报文服务。从 2012～2020 年的第二阶段，无线电卫星导航服务实现区域导航功能，卫星星座由 5 颗 GEO 卫星（58.75°E、80°E、110.5°E、140°E、160°E）、5 颗 55° 轨道倾角的 IGSO 卫星以及 4 颗 MEO 卫星组成。第三阶段，北斗卫星导航系统的卫星增加至 27 颗，其星座结构为 Walker 24/3/1，定位精度优于 10m，授时精度优于 ±20ns[1]。

　　北斗地面主控站时间系统主要由多台国产原子钟组成运行钟组，其中数台在线并配置热备份，图 10.1.11 是北斗地面主控站时间频率系统构成。在线运行的原子钟选择一台作为主钟，输出 10MHz 信号作为时间频率系统的信号源，经过区分放大、频率综合、脉冲信号产生等各种设备，产生北斗地面运控系统主控站各类设备所需要的频率信号与脉冲信号，其中脉冲信号产生器输出的所有 1PPS 信号在 100m 末端具有相位一致性，任何一路 1PPS 信号均可作为 BDT 的时间起点，其余各类频率信号与脉冲信号均与 BDT 保持相位一致。

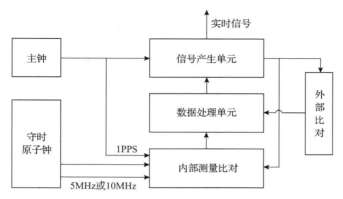

图 10.1.11 北斗地面主控站时间频率系统构成

BDT 由纸面时间实现，通过主控站的主钟系统产生和保持。用于守时的原子钟以氢原子钟为主，包括部分铯原子钟，钟组的规模在 10 台以上。系统时间计算的算法通过优化形成性能良好的纸面时间，算法中充分考虑了原子钟自由运行的频率偏差、频率漂移以及频率稳定度。原子时的取权重方式主要采用扣除钟斜率的阿伦方差和最大权限制。BDT 为了尽量与 UTC 保持一致，采用频率驾驭的方式在适当的时候调整其与 UTC 的偏差，该调整量将不大于 5×10^{-15}。

BDT 系统通过国内守时实验室与 UTC 建立的时间传递链路，以及国内守时实验室与北斗地面主控站的常规时间比对链路获取 BDT 与国际标准时间 UTC 的偏差，并通过上述的频率驾驭方法控制 BDT 与 UTC 尽可能保持在系统设计范围内。图 10.1.12 为北斗溯源示意图[1]。

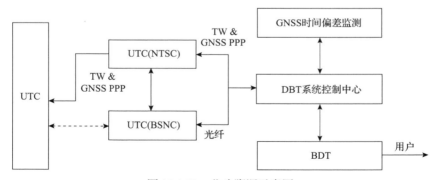

图 10.1.12 北斗溯源示意图

10.2 现代守时系统

现代守时系统是由多个功能子系统组成的综合系统，通常包括频率基准子系统(基准原子钟、守时原子钟组)、测量比对子系统(本地、远程、国际、国内)、数据分析处理子系统(原子钟性能分析、比对数据处理、钟差数据分析处理、原子时尺度计算)以及条件保障子系统(专用供配电系统、环境控制系统)。现在守时系统的功能是产生标准时间频率信号和信息,守时性能直接影响授时服务水平。

10.2.1　现代守时系统的组成

　　现代守时系统通常由原子钟组、基准频率标准、本地测量比对、标准时间信号产生与分配、远程时间比对、守时与原子时数据处理以及守时系统条件控制等部分组成,图 10.2.1 是现代守时系统结构图。原子钟组是现代守时系统的核心,其功能是输出频率信号和秒信号;基准频率标准用于对守时型原子钟和原子时间尺度进行频率校准;本地测量比对系统完成原子钟间的钟差测量比对,钟差数据是原子时时间尺度计算的基础;标准时间信号产生与分配包括主钟系统和信号分配单元,主钟系统产生所需要的标准时间频率信号,通常将主钟系统中频率调整设备的输出端口定义为标准时间参考点;远程时间比对完成本地时间与国际标准的连接和溯源;守时与原子时数据处理是现代守时系统另一个核心单元,基于数学方法完成守时各类数据的分析处理,同时利用原子时算法完成本地时间尺度的计算;守时系统条件控制包括专用供配电和精密环境控制系统,环境因素在某种程度上已经成为影响原子守时性能的关键因素[1]。

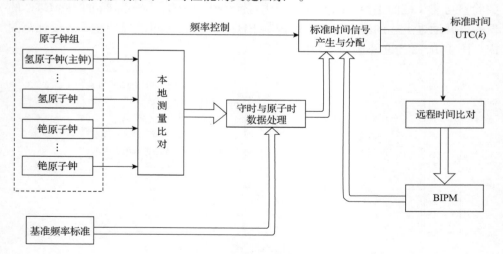

图 10.2.1　现代守时系统结构图

　　TAI/UTC 是滞后的纸面时间尺度,因此各个守时实验室需要建立本地时间基准系统(守时系统)UTC(k),用于产生可实时使用的标准时间频率信号物理输出,并完成国际标准时间的量值溯源。图 10.2.2 是 UTC(k) 与 TAI/UTC 之间的溯源关系[1]。

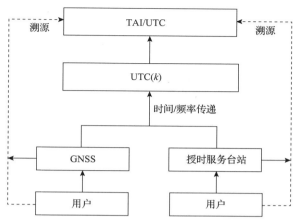

图 10.2.2　UTC(k) 与 TAI/UTC 之间的溯源关系

10.2.2　标准时间信号的产生与分配

主钟系统是标准时间信号产生与分配的主要组成部分。主钟系统由主钟(通常是钟组中一台性能稳定的钟)和频率调整设备(如相位微调仪)组成，如图 10.2.3 所示。主钟系统输出实时、连续、稳定的频率信号和秒信号以及标准时间频率信号，如 1PPS、5MHz 和 10MHz 频率信号。UTC(k) 的参考点一般定义为频率调整设备的输出端，也可根据实际情况定义到系统中的某一点。主钟频率调整也就是对 UTC(k) 进行频率控制或者驾驭，不是对主钟本身进行频率修正，主钟本身自由运转，修正只针对主钟输入到频率调整设备的频率信号[1]。

图 10.2.3　主钟系统

氢原子钟信号具有相对较小的噪声，从而具有较好的短期频率稳定度，因此通常用来作为主钟频率源。主钟频率调整的基本原理如图 10.2.4 所示，通过计算参考时间尺度与实时物理信号之间的偏差，并通过相应的算法预报该值，进而计算频率调整量，并将频率调整量输入到频率调整设备中，以修正输出的实时物理信号，其中参考时间尺度来自协调世界时 UTC 或者快速协调世界时 UTCr。

对主钟信号的调整通常通过频率驾驭方式进行。频率调整应注意调整量过大将破坏主钟本身的频率稳定度。通过频率调整，在不破坏主钟信号性能的情况下改善某些指标，例如，当主钟是氢原子钟时，通过对其输出频率的控制使得在输出信号短期频率稳定度不被破坏的情况下改善其长期频率稳定度；当主钟是铷原子钟时，通过频率调整使得在不破坏输出信号长期频率稳定度的情况下改善其短期频率稳定度。

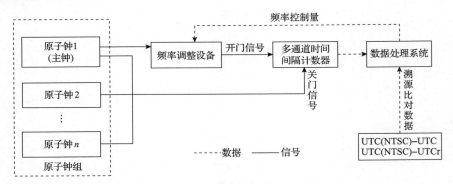

图 10.2.4　主钟频率调整的基本原理

同时要考虑主钟频率调整的调整频度，在实际工作中，如果驾驭动作过于频繁，则会影响主钟系统输出信号的短期性能，但如果调整频度过低，则可能造成输出信号相对于外部参考信号偏离过大。

10.2.3　守时系统的条件控制

现代守时是基于量子物理、电子、通信和信息系统以及数据分析处理等学科门类的综合性研究工作，同时也是涉及原子钟、精密测量比对设备、导航和通信卫星接收等多种仪器设备的实验科学，守时系统中的仪器设备具有不同的温度效应、电磁效应，例如，MHM2010 主动型氢原子钟的温度系数可达 $1.0×10^{-14}/℃$，磁灵敏度可达 $3.0×10^{-14}/G$[①]，电源灵敏度可达 $1.0×10^{-14}/A$。因此，一个完整的守时系统除了原子钟组、精密测量比对设备等设施外，还需要环境(主要是温度、湿度)、电磁、供电等条件保障(辅助)系统才能完成精密守时工作[1]。

原子钟是利用原子能级间的跃迁频率作为参考而运转的，原子核周围的电子因为吸收或者释放能量而发生跃迁，从而辐射出频率极其稳定的电磁波，因此原子钟内部的原子与电磁场间相互作用是时刻发生的。原子钟内部都有良好的电磁屏蔽设计，特别是氢原子钟会设置多达 4～5 层屏蔽层，以防止外界磁场变化引起频率不稳定度的变化。尽管如此，原子钟运行环境的磁场变化依然会引起原子钟实际性能的变化。

另外，电力保障是现代守时系统运行的基本条件，现代守时系统依赖稳定的电力供应才能可靠运行。有效接地、供配电不同相之间的平衡、电磁兼容是影响

---

① $1G=10^{-4}T$。

守时系统性能的又一个重要因素。有实验表明，地磁场对设备性能的影响可以忽略，但地电阻的影响不容忽视，曾观测到设备接地不良时的信号畸变现象，但具体机理及定量描述需要进一步实验验证。经验要求时间基准系统接地电阻应小于0.4Ω。在现代守时系统中，守时系统连续可靠运行的外部条件包括电力保障、温湿度控制、电磁环境控制等。

1. 守时电力保障

现代守时系统各单元主要是电子类设备，因此对电力供应具有极高的要求。时间的起点一旦被定义就必须连续不间断地保持下去，以完成标准时间信号的积累、编码和分配，如果时间基准系统中断后重新启动，则势必要重新定义时间起点，将对一个国家造成不可估量的损失，因此电力保障系统设计首先必须考虑系统运行的可靠性，采用多路供电以避免电力中断。以中国科学院国家授时中心时间基准系统电力保障为例，我国时间基准系统 UTC（NTSC）作为国家重大科技基础设施——长短波授时系统的重要组成部分，采用国家军工一级供电，两路高压供电来自东西方向的不同电站，设施内备有大型发电机组，提供给守时实验室的是经过稳压后的符合守时运行重要仪器设备要求的交流电，最终通过不间断供电系统为时间基准系统提供电力。同时，原子钟本身通常会配备内部备用干电池组，以保证在运输等特殊情况下外部电力缺失时的不时之需。因此，现代守时系统实际上具有四级供电保障。图 10.2.5 是国家时间基准系统供配电系统结构，图 10.2.6是国家时间基准系统专用低压配电系统[1]。

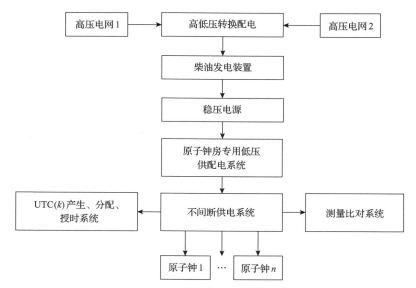

图 10.2.5　国家时间基准系统供配电系统结构

图 10.2.6   国家时间基准系统专用低压配电系统

2. 守时环境控制

温度是影响守时结果的主要因素之一。原子钟作为物理装置通常要放置在恒温恒湿、电磁稳定的环境中才能可靠运行。守时实验室都建有精密控温机房，一般来说氢原子钟要求温度变化范围为 ±0.1℃（VCH-1003M21 氢原子钟技术指标说明：在环境温度（22±0.1）℃时，其频率稳定度的环境影响可被排除在外），铯原子钟要求在 ±0.5℃。精密测量比对设备时延、电缆时延都会随着温度的变化而改变，因此本地测量比对系统通常也需要放置在温控较好的专业实验室，一般要求温度变化在 ±2℃。GNSS 接收天线放置在室外，因此通常要求配置恒温天线，同时 GNSS 接收系统要选用低温度系数电缆。

氢原子钟 1000s 以下的短期频率稳定度靠其自身的温控层保障，中期频率稳定度、长期频率稳定度则主要来自氢原子钟房的环境温度影响。环境温度变化是造成氢原子钟输出频率长期漂移的主要因素。原子钟的温度特性及效应要求保持其热平衡状态。温度的设置应便于实现恒定控制。以美国海军天文台为例，为了保证原子钟及测量比对系统的性能，美国海军天文台专用原子钟房温度控制在 ±0.1℃、相对湿度变化控制在 ±3%（部分资料是 1%）。在保持原子钟房恒温的同时，还要注意温度梯度及空调设备气流的影响，尽量保持均匀热交换，保持守时环境的稳定性，图 10.2.7 是部分守时实验室使用的原子钟恒温箱。已经实验观测到在换季时温度剧变对原子钟性能的影响，因此有条件时，应将原子钟放置在相对独立的恒温箱中。

相关研究表明，湿度主要对守时型氢原子钟的性能有一定影响，国外研究报告认为应该将氢原子钟房的湿度控制在 ±5%，湿度对铯原子钟性能的影响还没有明确的结论。由于气候变化，要保持 ±5% 湿度变化并不容易实现，需要建立经专门设计的恒温恒湿精密原子钟实验室或者专业的恒温恒湿装置才能实现。

图 10.2.7　原子钟恒温箱

原子钟运行的外部环境因素包括温度、湿度、电磁场及地磁场、振动、大气压力等。这些不确定因素都会引起原子钟性能的变化，而且不同的环境因素所带来的影响不同，确切机理很复杂。然而其最终结果都会表现在钟输出频率的突变和漂移上，会不同程度地影响到守时系统工作的稳定性。目前，针对诸多不确定因素对原子钟性能的影响还难以建立确定的数学模型，从而很难完全消除，但是可以通过改善和控制环境因素来减弱环境带来的影响。国内外许多文献对环境因素影响进行了程度不同的分析研究，但需要指出的是，大多数研究所建立的模型或者数据分析基本属于定性分析，没有实现完全定量研究。一些专家认为，在目前的技术基础和条件下，对所有环境因素的影响进行定量研究几乎不可能，因为环境因素变化复杂，定量模型较难建立，只能通过建立定性或者半定量模型来概略研究这些影响。同时，目前的工艺和技术水平也不能完全消除外界环境因素的影响[1]。

下面以铯原子钟为例说明温湿度和电磁环境对原子钟性能的影响。

1）温湿度

在实验室环境下，通过测量环境温度变化和原子钟输出频率的变化可以计算原子钟的温度系数为

$$F_T = \frac{f_A - f_B}{(T_A - T_B)f_0} \tag{10.2.1}$$

式中，F_T 为原子钟的频率-温度系数；T_A、T_B 分别为环境温度值；f_A、f_B 为环境温度分别为 T_A、T_B 时的频率测量值；f_0 为标称频率。

根据实验结果，氢原子钟的典型温度系数可达 10^{-14} 量级，具有明显的温度效应，原子钟个体温度系数差别较大。

2）电磁场

原子钟的内部核心部件是其物理部分，其中铯原子钟是铯束管，氢原子钟是储存泡，物理部分工作在一定强度的稳定磁场中，并经过严格的电磁屏蔽消除或

者尽量减少外界电磁场的影响，以维持内部磁场的稳定。从理论上说，这些屏蔽措施使外界磁场变化的影响减小到了可以忽略的程度。例如，原子钟磁屏蔽要求将地球磁场的影响减小到 10^{-5} 量级或更小。以铯原子钟的原理为例，它是以铯原子达到最大激发分布来标定一个固定频率的，也就是说，用一定范围内的微波去激发铯原子，能够激发最多铯原子的频率就是铯原子的固有频率，以此为标准进行计时。固有频率是事先确定的，铯原子的激发率是随着微波频率变化的，激发率随微波频率变化的峰值所对应的频率，就是确定的标准频率，而这个峰的陡峭程度则表明了测量的准确度，一般用半高宽来标定其测量的准确度。如果铯原子分布在变化的磁场中，则铯原子的能级会发生分裂，从而导致铯原子激发率随微波频率分布的峰发生展宽，从而影响精度。

原子核周围的电子会因为吸收或放出能量而发生跃迁，从而辐射出频率十分稳定的电磁波，使用这种原子谐振频率(原子在特定能级之间跃迁的辐射频率)控制的实用标准频率发生器和计时装置就是当前守时系统普遍使用的高精度、高稳定度原子频率标准(原子钟)。在铯原子频率标准中，用作参考频率标准的是(($F=4$, $m_F=0$) $\leftrightarrow$ ($F=3$, $m_F=0$))能级跃迁，其相应跃迁频率为

$$f_{cs} = f_0 + 427.446 H_0^2 \qquad (10.2.2)$$

式中，f_0=9192631770Hz；H_0 为工作磁场。因此，如果 H_0 发生变化，则输出频率就会相应变化，引起误差。

同时，原子跃迁的频率与 C 场相关，因此影响原子钟频率稳定度的主要因素还有 C 场电源不稳定、C 场屏蔽筒剩磁变化等。

3)其他环境因素影响

通常认为，温度、湿度、磁场是影响原子钟性能的主要因素，这些物理量在现有技术条件下也相对便于测量。而振动、大气压力等则难以测量，一般实验室没有相应的测试测量条件。从理论上说，大气压力变化会引起原子钟物理部分的谐振腔结构压力的变化，使原子钟发生频率变化。大气压力变化作用于原子钟电磁谐振腔周围的真空装置，破坏腔内电磁场从而改变了原子钟谐振频率。有学者对氢原子钟的气压影响分析认为，大气压力变化和原子钟漂移率存在反比关系，即压力减小，漂移率增大，反之漂移率减小，气压引起的氢原子钟漂移率可达 10^{-15} ~ 10^{-13} 量级。气压变化通过影响谐振腔频率来最终影响原子钟的输出频率。

振动则会引起原子钟核心物理部件的形变，从而改变谐振频率并最终影响原子钟的输出频率，但影响因子未有确切的实验数据。

4)环境因素综合分析

原子钟性能与环境变化因素的相关性是确定无疑的。一般来说，氢原子钟具

有较大的温湿度、振动和磁场效应，因此环境温湿度、磁场变化、剧烈振动等都会严重影响氢原子钟输出频率的稳定性。铯原子钟的环境效应相对较小。目前，守时实验室普遍采用的高性能铯原子钟内部带有温度补偿电路，利用内置智能芯片对检测到的外界温度变化进行补偿，其温度效应得到了明显改善。

磁场不均匀会引起氢原子钟二次频率漂移，因此环境变化（主要是温度和磁场）对氢原子钟性能的影响较大。湿度变化也会造成氢原子钟的速率漂移，季节性温湿度变化对铯原子钟的长期频率稳定度有影响。根据实验，MH2010 主动型氢原子钟的磁场灵敏度为 $3.0 \times 10^{-14}/G$，电源灵敏度 $<1 \times 10^{-14}$，其辅助输出产生器的温度敏感度 $<10ps/℃$，氢原子钟通常启动时需要大电流，功率可达标称稳定运行功率的 1 倍以上。5071A 高性能铯原子钟要求磁场：直流，0～2G，冲击小于 30g/11ms，3 轴振动要符合正弦测试条件对环境等级 3 的军事特性 Mil-T-28800D 要求。运行电压范围：220V，240VAC±10%，45～66Hz。

总之，守时实验室环境的诸多因素都会影响原子钟的性能，不同类型原子钟本身的特性，环境因素对氢原子钟的影响要大于铯原子钟，因此对氢原子钟房的环境控制要求更高。通过实验可知，原子钟房的环境控制满足以下要求时，其频率稳定度能基本维持标称值，不会有大的下降。

原子钟房温度保持在 20～250℃，温度要尽量保持恒定，氢原子钟房一天的温度变化要小于±0.10℃；原子钟房的湿度应保持在 30%～80%，氢原子钟房一天的湿度变化应控制在±5%；原子钟房尽量采取电磁屏蔽防护措施以减小外界电磁场变化对原子钟性能的影响。氢原子钟安放位置的磁场应小于 0.4G，其周围磁场变化应控制在±0.02G；直接供应原子钟及主要测量比对仪器设备的交流电压 220V 的最大变化应为±10%，50Hz 最大变化应为±3%，并具有良好的接地，接地电阻应小于 0.4Ω；原子钟应尽量放置在防静电和防振动专用地板或台座上，振动变化最大值应小于 0.001g。

以上仅以原子钟为例，将守时环境的影响进行了说明，实际上环境因素不仅对原子钟有影响，同时对守时系统的各个部分都有影响，如天线时延、电缆时延、测量设备噪声等，为了保证守时系统的正常稳定运行，良好的环境控制是非常重要和必需的基本要求。

10.2.4　守时系统的状态监测

1. 设备噪声和干扰

时间基准硬件系统包含原子钟、信号分配放大器、电子转换开关、相位改正设备、时间间隔计数器、相位比对设备和各型信号电缆等。最新型的氢原子钟具有极低的信号噪声，秒稳定度在 10^{-13} 量级，通常作为标准时间物理信号的频率源。

目前，要求实现亚纳秒量级的测量精度，因此时间基准系统各环节上测量比对设备及连接电缆带入的测量噪声不容忽视。反过来，一些测量比对设备又对输入的本地参考信号品质具有很高的要求，例如，用于卫星双向时间频率传递系统的调制解调器，当其输入的参考信号上升沿和信号抖动不满足需要时，比对结果会呈现很大的误差甚至出现设备不工作或工作异常。以 NTSC 四台氢原子钟（H226、H227、H296、H297）为例，采用相同时段四台氢原子钟原始比对测量数据进行比较分析，可以明显看到噪声对测量结果的影响，如图 10.2.8 和图 10.2.9 所示[11]。

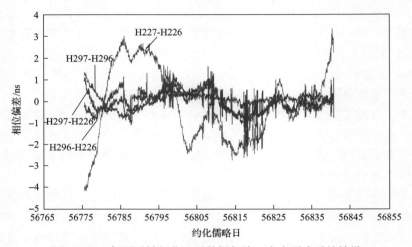

图 10.2.8　氢原子钟相位比对数据扣除 3 次多项式后的结果

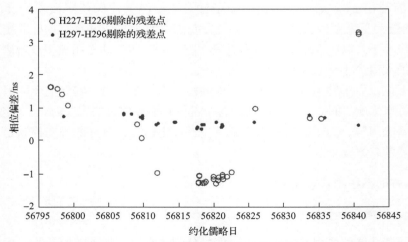

图 10.2.9　H227-H226、H297-H296 比对结果残差大于 0.30ns 的数据点

可以看到，这些异常噪声点几乎发生在相同时刻，这样的噪声大概率不是来

自原子钟本身,而应该来自测量比对系统某个环节。因此,设备噪声和干扰也是守时工作需要密切监测和处理的误差干扰源。

对图 10.2.9 曲线进行进一步平滑,用残差大于 3 倍方差原则去除大的噪声点后再次平滑,并计算比对结果在剔除大噪声点之后的方差,见表 10.2.1,可以看出,4 台氢原子钟两两比对的噪声幅度正常情况下应该在 0.1ns 左右。这进一步说明比对结果中的干扰噪声是来自测量比对硬件设备和线路的。

表 10.2.1　氢原子钟比对结果中的噪声

比对曲线	方差/ns
H227-H226	0.112
H296-H226	0.105
H297-H226	0.105
H297-H296	0.069

将 H227-H226 和 H297-H296 两条比对曲线中剔除出来的异常噪声点按照时间序列画图(图 10.2.10),可以更明显地看出这些异常噪声点在某些时间段频繁发生,其数值大于 0.3ns。仔细分析其发生的时刻可知,其并不严格限定在同一个比对时刻(原子钟比对是在每小时整点进行的)。实际上每台钟和主钟的比对时间也不是在同一个时间秒上(如果是多路并行比对,则不会出现这种情况),因此可以认为是测量比对系统中某个(或者某些)硬件设备或者信号电缆在某些时间段上因为环境或其他因素而产生噪声。图 10.2.10 和图 10.2.11 是通过各级信号隔离放大器后与参考信号的比对结果。可以看出,经过各个隔离放大器输出的信号有 0.1~

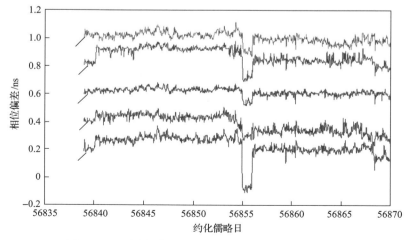

图 10.2.10　隔离放大器输出信号与主钟信号比对结果

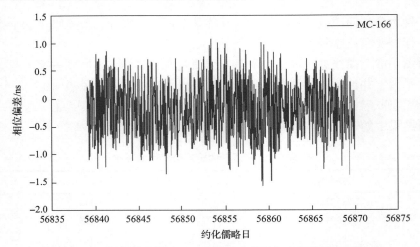

图 10.2.11　隔离放大器 MC-166 的输出信号与主钟信号比对结果

0.4ns 的相位变化，特别是编号为 MC-166 的隔离放大器噪声幅度可达 ± 1ns，这样的信号可能会引起 TWSTFT 及精密单点定位设备的工作异常[11]。

2. 系统状态实时监测

现代守时系统是精密的物理运行系统，涉及多个物理的、电子的过程。当前纳秒量级甚至亚纳秒量级的测量精度，有时条件控制会对测量结果产生重大甚至决定性的影响，因此现代守时系统状态监控和报警就显得非常重要。现代守时系统是包括守时钟、内部测量比对仪器、远距离同步设备等很多硬件的系统，对现代守时系统硬件状态实时检测并报警必须涵盖系统的各个部分。完整的系统状态监测系统包括钟房温度监控、原子钟内部参数自动收集和分析、守时系统故障监控和报警系统等一系列守时辅助系统，以保证现代守时系统的稳定、可靠。

守时钟房温度、湿度等环境参数的变化会引起原子钟输出频率的变化，从而导致原子钟长期性能变差。为避免工作人员经常性出入钟房读取数据引起的钟房环境的变化，设计了钟房环境数据自动采集、处理和报警系统，当室温超出设定值时即报警[12]。

原子钟在运行过程中其性能会发生规律性和突发性的变化，而这些变化会通过其内部参数反映出来(图 10.2.12)，因此需建立原子钟内部参数监测系统，通过对钟内部参数变化的分析判断来预报钟性能的改变，从而达到优化使用的目的。

原子钟性能的监测和评估主要以频率稳定度、频率波动、长期漂移和相位噪声数据为参考，可采用相位噪声测试分析的方法实现。

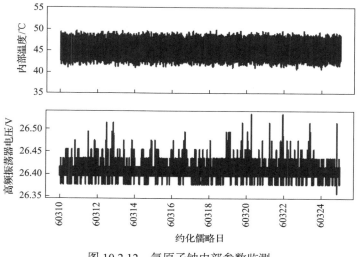

图 10.2.12　氢原子钟内部参数监测

10.3　思　考　题

1. 一个守时系统由铯原子钟、氢原子钟及少量基准频率标准组成, 如何能充分发挥各类原子钟的特性, 从而产生一个连续、稳定的时间尺度, 同时输出相对低噪声的物理信号?

2. 单个原子钟输出信号均包含各种误差和随机变化, 如何最大限度地消除误差的影响?

3. 现代守时系统主要由诸多物理设备和电子设备构成, 在构建精密的环境控制系统时应该考虑哪些因素? 环境温度变化带来的影响主要有哪些?

4. 在当前的国际标准时间 UTC 系统中, 保留和取消闰秒的利与弊有哪些?

5. 如果在 UTC 系统中取消闰秒调整, 依据目前地球变化速率大约多少年后地球钟与原子钟的读数偏差达到 1h?

6. 在当前全球几个卫星导航系统中, 其系统时间多数采用或溯源至国际原子时 TAI, 且多数 GNSS 系统采用连续时间, 不闰秒, 只有俄罗斯 GLONASST 溯源至 UTC。当插入闰秒时, 对 GLONASS 系统有何影响?

参　考　文　献

[1] 董绍武, 袁海波, 屈俐俐, 等. 现代守时技术[M]. 北京: 科学出版社, 2022.

[2] 李孝辉, 杨旭海, 刘娅, 等. 时间频率信号的精密测量[M]. 北京: 科学出版社, 2010.

[3] 董绍武, 屈俐俐, 袁海波, 等. NTSC 守时工作: 国际先进、贡献卓绝[J]. 时间频率学报, 2016,

39（3）：129-137.

[4] 童宝润. 时间统一技术[M]. 北京：国防工业出版社, 2003.

[5] 董绍武. 自转变慢，闰它一秒[J]. 科学世界, 2015, (7)：90-93.

[6] Panfilo G, Harmegnies A. A new weighting procedure for UTC[C]. 2013 Joint European Frequency and Time Forum & International Frequency Control Symposium, Prague, 2013: 652-653.

[7] Panfilo G, Arias E F. Studies and possible improvement on EAL algorithm[J]. IEEE Transactions on ULtrasonics, Ferroelectrics, and Frequency Control, 2010, 57（1）：154-160.

[8] Yuan H B, Dong S W, Wang Z M. Performance of hydrogen maser and its usage in local atomic time at NTSC[C]. Joint the Meeting of Frequency, Control Symposium, Geneva, 2007: 889-892.

[9] 董绍武, 武文俊, 张首刚. 北斗卫星时间系统的建设与应用[M]. 北京：电子工业出版社, 2017.

[10] 董绍武. GNSS 时间系统及其互操作[J]. 仪器仪表学报, 2009, 30 (10)：356-357.

[11] 董绍武. 守时中的若干重要技术问题研究[D]. 西安：中国科学院研究生院（国家授时中心）, 2007.

[12] 蔡成林, 董绍武. 基于 CTI 技术的守时系统故障报警实现[J]. 时间频率学报, 2003, 26（2）：103-110.